Scintille Feltrinelli

Ludovic Slimak

L'ULTIMO NEANDERTAL

Capire come muoiono gli uomini

Traduzione di Bianca Bertola

Titolo dell'opera originale
LE DERNIER NÉANDERTALIEN
COMPRENDRE COMMENT MEURENT LES HOMMES

Traduzione dal francese di
BIANCA BERTOLA

Prima edizione in "Scintille" settembre 2024

Stampa Grafica Veneta S.p.A. di Trebaseleghe – PD

ISBN 9788807174568

L'ultimo Neandertal

Prime parole

“Ma papà, è davvero triste che le farfalle muoiano.”

Il mio bimbo mi ha appena portato un’ala di farfalla spezzata che somiglia a un delicato brandello di stoffa. Ha l’aria così scossa che le parole mi escono di bocca troppo in fretta: “Non è grave tesoro mio, magari è morta di morte naturale, perché era troppo vecchia…”. Come se la morte naturale di una farfalla potesse essere accettabile per un piccolo umano di qualche anno appena. Il mio sorriso lo riempie di domande. Come se io non vedessi. Come se non fossi più capace di vedere le cose importanti.

Eppure, sì, è *davvero* triste che le farfalle muoiano.

Quel *davvero* potente, insormontabile, segna l’esistenza di una frontiera invisibile. Siamo *davvero* penetrati nelle terre della tristezza.

Quel mattino avevo di nuovo il cuore gonfio per via di un’ala strappata. La tristezza era per la farfalla, o perché mio figlio mi aveva mostrato che non ero più capace di soffrire per le cose importanti? Forse siamo sempre tristi per noi, quando non sappiamo più vedere certe frontiere invisibili.

Quello stesso giorno, nella polvere di una grotta preistorica, avrei rinvenuto le vestigia di uno degli ultimi uomini di Neandertal. I resti di quel corpo, di quel decesso lontano, non erano semplici tracce della morte di un uomo, al pari del cadavere della farfalla. Lei era morta come se tutte le farfalle della sua specie dopo di lei avessero dovuto morire. Era morta lei, e così tutte le altre. Tutti noi moriremo un giorno. Ma immaginate di morire tutti insieme. Come un nugolo di morti senza bambini. O a causa di una morte lenta, che veda, generazione dopo generazione, l'esercito dei bambini superato da quello dei morti.

È così che muoiono gli uomini? Oppure muoiono come vivono, come ci hanno insegnato Louis Aragon e Léo Ferré, "e i lor baci da lungi li seguono"?[1] E se neppure i loro baci li seguissero più? Se tutti gli uomini scomparissero come un solo uomo? Di morte naturale, perché erano troppo vecchi.

Nessuno sa come muoiono gli uomini. Eppure, muoiono.

In questo libro sono raccolte le mie riflessioni su questo tipo di morte. Singolare, inaspettata e, tuttavia, ineluttabile. La morte si aggira, sempre. Talmente ineluttabile che forse non dovrebbe sorprenderci. Quasi che a stupirci non dovesse essere l'estinzione, ma la sopravvivenza. Come se l'anomalia non fosse la morte di tutte le umanità che ci hanno accompagnato, ma la sopravvivenza della nostra sola specie. E la morte continua a infestare i nostri pensieri, quasi l'attendessimo a ogni angolo, come la venuta di un'amica troppo vecchia. Arriverà, alla fine? Oppure l'umanità proseguirà senza mai essere portata via dalla vecchia con la falce?

Nell'agosto 2015, di fronte all'improvvisa e stupefacente scoperta di uno degli ultimi Neandertal, non ho potuto fare a meno di pensare al cammino di quell'uomo, che si era estinto per sempre insieme a tutti i suoi simili.

Quell'uomo, quel morto e la sua morte forse hanno qualcosa da dirci: a proposito del nostro cammino, a proposito del domani, mi chiedo come muoiono gli uomini.

[1] L'autore allude qui alla poesia di Louis Aragon *Bierstube Magie allemande* (tr. it. di Nino Muzzi, *Bierstube magia tedesca*, in *Poesie d'amore e di guerra*, Effigi, Arcidosso 2023), pubblicata nella raccolta *Le Roman inachevé* (1956) e messa in musica da Léo Ferré con il titolo *Est-ce ainsi que les hommes vivent?* (1961). [*N.d.T.*]

1.
Mescolanze inaspettate mentre si procede verso l'impensato

Accettare il passo nell'ignoto

Nelle antiche grotte neandertaliane, l'odore di terra e di selce ha qualcosa di indefinibile. Di pungente. Di secco e umido insieme, un po' come l'odore della carta vecchia, mi spiego?

È quasi sgradevole, ma fa venire voglia di annusarlo ancora, di ritornarci. Come per tenere a mente quel sentore che non assomiglia a nient'altro. È l'odore dei millenni? Forse di cotture, putrefazioni, infiniti abbandoni che esalano un lieve aroma di amaro. Tutte quelle ossa, le polveri d'ossa, l'humus di carni. Mille generazioni di amori. Mille generazioni di morti.

Non lo so. Quegli odori forse non sono così antichi, a ben pensarci. Chissà, magari segnalano soltanto putrefazioni recenti: le decomposizioni batteriche, i muschi, le alghe e l'intera piccola vita del suolo delle caverne. Non lo so. Ne succedono di cose, dentro a quel suolo. Non ha nulla di inerte, e la sua piccola vita continua tranquillamente seguendo il proprio ritmo microbico. Vite invisibili che sono ovunque intorno a noi.

Ma da qualche tempo le cose sono cambiate. Non è più quel leggero odore pungente che conosco tanto bene a invadere il mio spazio olfattivo, quando perlustro queste antiche terre neandertaliane.

Qualcos'altro le infesta.

Dal terreno in cui sto scavando si sprigiona regolarmente, o piuttosto in maniera molto irregolare, un forte odore di grigliato. Come di fuoco, di bruciato, di cenere, di carbone. Anzi, no. Non è davvero questo. È più forte, più inebriante. Come... come odore di selvaggina. Sì, ecco, carni grigliate, cacciagione carbonizzata, grasso bruciato. Sì, un forte odore di selvaggina grigliata. Sembra emanare dal suolo con tanta forza che per un istante l'aria è quasi irrespirabile. E a seconda degli ambienti e di quanto in profondità io stia scavando, gli odori variano. Lì c'è qualcosa di più dolce, quasi delicato; ma qualche giorno dopo, in un altro punto della grotta e in uno strato di terra più antico, l'odore di carni carbonizzate è così intenso che per un attimo mi fermo. Annuso in cerca dell'origine di quell'incredibile esalazione. Ma insomma! Ci troviamo in uno strato archeologico che ha più di 55.000 anni. Che storia è questa, odori della preistoria? Profumi neandertaliani? Non ha alcun senso. Eppure ci sono, potenti, evidenti, inconfondibili, e io non so che cosa significhino. Nessuno mi ha mai parlato di odori nel fondo di caverne vecchie di millenni. Tuttavia, quegli odori impregnano all'improvviso l'intero spazio, senza annunciarsi, e svaniscono altrettanto velocemente. Eppure ci sono. Non posso fingere il contrario. Non posso negarli. Qualcosa è sopravvissuto e abita ancora questi luoghi. Qualcosa diffonde ancora la vita di un tempo, e il naso non s'inganna. Sembra assurdo, ma bisogna farsene una ragione. È così. Alcuni odori chiaramente legati alle attività dei neandertaliani hanno travalicato il tempo per autoinvitarsi al nostro fianco, decine di millenni più tardi.

Ma a queste conclusioni, a questa presa di coscienza, sarei arrivato soltanto nel 2006. Da quasi quindici anni, per tre o quattro mesi all'anno, scavavo senza sosta in quella grotta. Da quindici anni annusavo senza capire. E, soprattutto, senza accettare. In effetti credo che i miei sensi lo percepissero, perché era evidente, ma l'impossibilità della situazione mi impediva di prendere atto di una realtà oggettiva. È proprio questo il problema delle scienze. Non si fa scienza se non compiendo un passo nell'ignoto. Quando si accetta di concepire una possibilità che sembra insensata. Quando si immagina una soluzione che a prima vista sembrava un po' ridicola. Fare scienza non significa indossare un camice bianco e affidarsi ai computer per risolvere equazioni infinite. Fare scienza significa innanzitutto prendere in considerazione l'improbabile. Ciò che è istintivamente ridicolo. E compiere quel salto nel vuoto. Il problema è il paracadute.

Il problema sono tutti gli assunti inconsci che smorzano il nostro pensiero per riportarlo delicatamente entro confini noti. Il salto nell'ignoto non è soltanto doloroso, è anche una lotta contro se stessi, contro un'infinità di filtri che ci inquadrano, ci limitano, ci sorvegliano, ci impediscono di pensare in rigorosa libertà; ci impediscono per quindici anni di capire che c'è odore di selvaggina grigliata, accidenti. Che si sente proprio la selvaggina. Il cervello filtra, ci riconduce verso ciò che è noto. Sempre. Verso il possibile, il ragionevole, il rassicurante. Mi credevo libero. Ci si crede sempre liberi, in generale. Ma siamo sempre prigionieri di noi stessi. E ciononostante bisogna accettare di compierlo, qualche volta, quel passo nell'ignoto. Accettare questa trasgressione dovrebbe essere il primo insegnamento del pensiero scientifico. Imparare a farsi male, a respingere le proprie logiche. A non respingere più l'impossibile. A riesaminare a ogni passo il campo del possibile che ci limita. Ad amare il dubbio. Volete sapere che cos'è una vera scoperta scientifica? Ebbene, è la comprensione di qualcosa che ci pare impossibile. Per essere più precisi: è la dimostrazione che qualcosa che ci sembra un po' ridicolo, un po' risibile, è una realtà. Se la scoperta non si scontra con il buon senso, non ci sfrega contro, potete star certi che si tratta di una scoperta molto secondaria. Non rappresenta un vero passo in avanti, un superamento. Se invece oltrepassate la comune nozione del reale; se l'idea appare ridicola, al punto che quasi non osate esprimerla, allora state rasentando la scienza. Avete compiuto il passo, la trasgressione verso l'ignoto. Tuttavia, per loro natura, la coscienza e il buon senso bloccano l'informazione e qualunque pensiero realmente libero. Tenetelo presente.

E poi qualcosa scatta. A un certo punto l'inconscio stabilisce alcune connessioni in serie. Sviluppa dei calcoli. Equazioni di cui non abbiamo la minima percezione e che nel momento più inaspettato presentano una conclusione alla coscienza. Non sappiamo perché la conclusione arrivi in quel preciso momento. E non sappiamo neanche perché ci abbia messo tanto tempo a manifestarsi.

Mi ricordo molto bene di quel momento.

Ero inginocchiato a terra come al solito, mi sono alzato con il mio secchio pieno di sedimenti di 50.000 anni prima e sono uscito dalla grotta. All'improvviso mi aveva preso una convinzione improbabile e pervasiva insieme, come quelle melodie che si sentono al mattino e che ci rimangono appiccicate per tutta la giornata, ripresentandosi a ciclo continuo. Capite? Dovevo verificare, testare quella strana convinzione, quell'idea che mi tormentava. Ho setacciato i sedimenti preistorici, come sempre, per assicurarmi di non aver perso una piccola selce o un pezzetto d'osso durante la perlustrazione. Ma, invece di buttare tutte le pietruzze, le ho tenute. Le ho spaccate. Me le sono avvicinate al naso. Le ho annusate. A ogni colpo, a ogni sfregamento, esplosioni di odori. Non venivano dal suolo, erano cristallizzati nelle pietruzze. Avevo raccolto i frammenti dell'antica volta della caverna, nei quali si era fossilizzata la fuliggine depositatasi sulle pareti ogni volta che i Neandertal accendevano i falò nella grotta. E ciò che ho sotto gli occhi, dopo aver frantumato le pietre, è un vero e proprio codice a barre in bianco e nero: il nero è la fuliggine, il bianco le concrezioni di calcite che l'hanno ricoperta e trattenuta. Eccoli i miei odori, intrappolati nella pietra come fossili immateriali. Fossili di respiri passati.

Ci vorranno più di dieci anni per riuscire a far parlare quelle striscette bianche e nere, ma a partire dal 2006, grazie a un istinto, a un'evidenza, siamo riusciti a travalicare il tempo.[1]

[1] Ogni anno, gli archeologi presentano all'amministrazione un rapporto sulle loro operazioni. Nel 2006 scrivevo: "La scoperta lascia intuire la possibilità di condurre una ricerca microcronologica con una precisione finora inedita". Ci avrem-

Altro luogo, altro tempo?

Non si tratta di chissà che cosa, certo; non ho appena scoperto la tomba di Tutankhamon, ovviamente no, ma quei sassolini sono una delle chiavi che ci permetteranno di ripensare all'incontro tra i Neandertal e il maledetto *Homo sapiens*.

E questo perché i sassolini non hanno intrappolato soltanto l'odore, ma anche il tempo.

Mentre scaviamo, noi archeologi non possediamo la minima nozione temporale. Non conosciamo l'età precisa dell'oggetto in selce che abbiamo appena portato alla luce. Così misuriamo e datiamo con l'aiuto di quello strumento formidabile che è il carbonio-14. E di colpo scopriamo che l'ultimo Neandertal ha 42.000 anni. Scopriamo anche che il primo *Sapiens* comparso su quel medesimo territorio ha pure lui 42.000 anni. Ma Neandertal e *Sapiens* appartengono ad anelli temporali oscillanti di circa mille anni.

Le mie pietruzze, i miei codici a barre, ci consentiranno di percepire il tempo reale, non quello dei fisici, e di osservare il passaggio delle diverse stagioni un anno dopo l'altro. La calcite si deposita progressivamente sulle pareti, uno strato nella stagione secca, uno nella stagione umida, e per la prima volta negli strati di pietra vengono fissate le tracce degli uomini. Possiamo infine osservare il tempo, studiare il Neandertal nella sua realtà temporale, di sei mesi in sei mesi. È probabile che non otterremo mai una risoluzione migliore di questa, a meno che qualcuno non inventi una macchina per viaggiare all'indietro nei secoli. A quella meravigliosa svolta scientifica si affiancherà il ritrovamento,

mo messo undici anni a pubblicare i primi risultati, mentre Ségolène Vandevelde ne avrebbe impiegati tredici per trarre tutte le conclusioni del caso in una tesi discussa nel novembre 2019 alla Sorbona di Parigi. Si veda Ségolène Vandevelde, *Y'a pas de suie sans feu! Étude microchronologique des concrétions fuligineuse. Étude de cas: le site paléolithique de la grotte Mandrin (France)*, tesi, *Archéologie et Préhistoire*, Université Paris 1 Panthéon-Sorbonne, 2019.

nella stessa grotta, di alcuni denti umani. Nove, non di più. Nove denti per trent'anni di lavoro. Ciascun dente ha richiesto circa dieci mesi di scavi continui all'interno della grotta da parte di una quindicina di persone. Un bello sforzo. La grotta è completamente aperta a nord, esposta in pieno al mistral. E spesso il vento ruggisce e ci urla nelle orecchie. Me lo ricordo benissimo; nel 2006 il vento non è mai calato. Una mattina si è messo a soffiare senza preavviso, senza ragioni comprensibili al povero archeologo accovacciato nella caverna in cui si riversavano le folate. Quattro settimane più tardi soffiava ancora. Il mistral può far impazzire. È un vento freddo che niente riesce a fermare. Che si precipita a scuotervi, gelido, a più riprese. Dopo quel mese di tormenti ero esausto, quasi inebetito. Ma era stato quello stesso vento a depositare i sedimenti nella grotta, fossilizzando così gli insediamenti preistorici. Alla Grotta Mandrin non si sa più se considerare il mistral una maledizione o una benedizione. Quei nove denti umani, dicevamo, li abbiamo pagati cari, con trent'anni di scavi. Ma ci avrebbero raccontato qualcosa di inaspettato e di grande impatto scientifico e storico. Sono quasi tutti denti da latte, appartenuti a bambini del Paleolitico. I più antichi hanno oltre 100.000 anni. Gli ultimi risalgono a un periodo tra i 40.000 e i 50.000 anni fa, ai tempi dell'estinzione dei Neandertal. Nove dentini per 60 lunghi millenni. Sono pochi. Eppure rappresentano una delle più importanti documentazioni antropologiche continuative rinvenute in uno stesso luogo nella vecchia Europa. Com'era prevedibile, le analisi avrebbero mostrato che erano per lo più denti di Neandertal. Ma il quarto, caduto all'incirca 54.000 anni fa, è diverso.

Questo dente modifica in maniera fondamentale ciò che credevamo di sapere a proposito di uno dei principali snodi della storia d'Europa. Ci ricorda che in realtà sappiamo davvero poche cose, e che la nostra comprensione dell'antichissima storia degli ultimi Neandertal e dei primi uomini moderni sul nostro continente si regge su basi assai fragili. Questo dente di 54.000 anni dovrebbe appartenere a un Neandertal. In fondo sappiamo bene che il *Sapiens* raggiungerà il continente europeo soltanto 12.000 anni dopo, no?

No.

No, il dente ci racconta un'altra storia. Stando alle analisi, apparteneva a un bambino fra i tre e i sei anni morto 54.000 anni fa. Esaminandone la morfologia mediante alcune tecnologie ad altissima risoluzione, Clément Zanolli – uno dei membri del Centro nazionale di ricerca scientifica (Centre national de la recherche scientifique, CNRS) che hanno partecipato agli scavi nella Grotta Mandrin – ha scoperto che quel bambino non era un Neandertal, bensì un antico *Homo sapiens* paleolitico, senza alcun dubbio. Avevamo fatto un gigantesco salto nel tempo. Nessuno si aspetta di imbattersi in resti attribuibili ai *Sapiens* in epoche così remote in quella parte d'Europa. Se si fosse trattato della Turchia occidentale, o della Grecia, o degli estremi confini del Caucaso, sulle immense montagne incastrate tra Mar Nero e Mar Caspio che separano l'Europa dall'Asia, sarebbe stato concepibile, ma nella Valle del Rodano, nelle regioni occidentali dell'Europa continentale, non ha il minimo senso. Eppure, nel febbraio 2022, io e i miei collaboratori avremmo pubblicato le nostre conclusioni su quei nove dentini. E la nostra scoperta avrebbe letteralmente infiammato i mass media di tutto il mondo.

È incomprensibile, inaspettato, impensabile! Ci troviamo proprio sul lato opposto alle rive orientali del Mediterraneo, dove sappiamo che il *Sapiens* bazzica da almeno 150.000 anni, senza però essersi mai rivolto verso ovest, senza mai guardare all'Europa.

Impensabile?

Attenzione a certe conclusioni e a coloro che potrebbero sentirsi in diritto di fare commenti acidi proprio perché qualcosa sembra impensabile. In realtà tutto era stato considerato, ponderato, valutato, pubblicato. Pubblicato anni prima di rivelare che quel famoso dente apparteneva a un *Homo sapiens*. Di fronte all'impensabile, però, spesso si preferisce non leggere, non considerare, non citare. Cinque anni prima della pubblicazione con cui veniva annunciata la scoperta di un dente di un uomo moderno di 54.000 anni fa, l'analisi comparata di migliaia di selci ritrovate nei pressi aveva già permesso di intuire che quelle tecnologie potevano essere attribuite soltanto al *Sapiens*.[2] La nostra conclusione dunque non si basava sulla scoperta di un unico dentino isolato, ma su migliaia di resti, che indicavano assai chiaramente una presenza molto antica dell'uomo moderno nelle aree mediterranee dell'Europa occidentale.

Intorno alla reliquia di quel piccolo *Homo sapiens* abbiamo trovato centinaia o forse migliaia di punte di selce. Ne abbiamo scoperte 1499 nei 50 metri quadrati perlustrati all'interno della grotta, ma il sito è molto più ampio; si estende ben oltre le pareti di questa piccola caverna, e al di qua del suo ingresso occupa superfici ben più vaste in ottimo stato di conservazione. Il suolo è disseminato di migliaia di punte di selce: sono magnifiche, tutte prodotte in serie e quasi identiche, con uno scarto di 1 o 2 millimetri, letteralmente standardizzate. Non avevo mai visto niente di simile presso i Neandertal; nessuno ha mai visto niente di simile presso i Neandertal. Nel 2004 ho definito questo complesso di manufatti "Neroniano", senza avere la minima idea di chi potesse esserne l'autore. Insomma, il fatto che fossero straordinariamente moderni e standardizzati non significava che non potessero essere opera dell'uomo di Neandertal. La creatura

[2] Ecco cosa scrivevo nel 2017: "Le filiazioni che possiamo proporre qui non sono ascrivibili al concetto generico di 'produzione' (ossia alla realizzazione di punte predeterminate a partire da sistemi tecnici ancora parzialmente legati all'antico metodo Levallois), ma evidenziano una rigida riproduzione di sistemi; i sistemi tecnici del Neroniano rinvenuti nell'area mediterranea occidentale sono simili a quelli documentati nel Mediterraneo orientale, risalenti all'inizio del periodo conosciuto come *Initial Upper Paleolithic*. [...] Sembra dunque possibile ipotizzare modelli storici nei quali l'arrivo delle prime società di *Homo sapiens* in Europa non si registrerebbe nel momento stesso dell'estinzione dei Neandertal, ma la precederebbe di 7000-10.000 anni", in J.-J. Cleyet-Merle *et al.* (a cura di), *Le Troisième Homme. Préhistoire de l'Altaï*, catalogo dell'omonima mostra, Éditions de la Réunion des Musées Nationaux-Grand-Palais, Les Eyzies-de-Tayac, Paris 2017, p. 130.

avrebbe potuto sorprenderci. Del resto, chissà? "Chissà" è sempre stata la mia posizione, una posizione forte. Di principio. Non ne sappiamo niente. Ma se le aveva davvero fabbricate l'uomo di Neandertal, allora lui era come noi. Voglio dire che pensava come noi. Comprendeva il mondo come noi. Nel 2004 non avevo raggiunto nessuna conclusione definitiva sull'autore di quei manufatti neroniani, ma avevo ben piantate in testa queste ultime tre frasi. Se l'autore è davvero un Neandertal, comprendo immediatamente, a un primo sguardo, le sue creazioni artigianali. Le comprendo in quanto opere di uno sperimentatore, di uno scheggiatore di selce, di un artefice, di un umano. Le comprendo subito, con facilità, d'istinto. È nel dubbio che avevo definito il Neroniano. Per me, tutto si giocava su questa definizione.

O il Neandertal era come noi, oppure era la creatura straordinaria che mi aveva lasciato intravedere le sue creazioni da una parte all'altra dell'Europa, in tutti i luoghi in cui l'avevo inseguita. Di questa ricerca e di questa creatura ho raccontato nel mio libro precedente, *Néandertal nu*.

Nessuna riserva. Nessun preconcetto. Il dubbio, sempre. Il dubbio mi pervade, mi abita, mi ossessiona. Era un Neandertal? Un *Sapiens*? Proprio non sapevo. Tutto era possibile. Perché un Neandertal non poteva fare una cosa del genere? Perché no? Nessuno sa niente.

Io non so niente.

Poesie francesi...

Nel 2016 ho dovuto fare i conti con un altro shock legato alla tecnica. Ci troviamo negli Stati Uniti, in Massachusetts, alla Harvard University. In una sorta di bunker sotterraneo dove, dopo averci fatto firmare un elenco interminabile di scartoffie amministrative, i conservatori del Peabody Museum ci autorizzano ad aprire i cassetti che dalla fine della Seconda guerra mondiale custodiscono le collezioni dell'Oriente mediterraneo. Prima però dobbiamo travestirci da astronauti o da caricature di scienziati pazzi, con camici bianchi, cuffie in testa, copriscarpe, guanti chirurgici, mascherine e tesserini di sicurezza con codici da ripetere due volte, pena l'attivazione di tutti gli allarmi dell'edificio, un castigo che si ripeterà più volte nel corso degli otto mesi della nostra permanenza nel bunker sotterraneo. È sempre un po' imbarazzante chiamare in gran fretta i conservatori per spiegare che abbiamo invertito una cifra, o che abbiamo aspettato troppo prima di reimmettere il codice, o ancora che abbiamo fatto un pasticcio a un certo punto, tra la procedura di apertura e quella di chiusura della porta blindata. Ah già, cavolo, quando si esce bisogna reimmettere il codice prima di passare il tesserino, non dopo… I conservatori alzano gli occhi al cielo, un'altra volta. Questi francesi, che poeti. Ma che serietà, qui, e che mancanza di poesia in questi sotterranei pieni di armadi in metallo. Qui ci sono selci vecchie di 50.000 anni, mentre in altri armadi laggiù, quattro piani più in basso, archi, frecce, faretre, pelli dipinte o istoriate raccontano storie di conflitti tra i popoli delle pianure e i coloni europei.

Altro luogo, altro tempo. Altra storia? O riverbero attraverso le epoche?

Smarrimenti nelle nostre navate termonucleari

Sono venuto qui per aprire i cassetti che custodiscono i reperti di 40.000-50.000 anni fa. Vi sono racchiuse decine di migliaia di selci prelevate da un immenso sito preistorico dell'area mediterranea orientale, sulle pendici del Monte Libano. Tra il 1937 e il 1948, le operazioni archeologiche condotte in loco hanno rivelato tracce di insediamenti preistorici unici in tutto il territorio eurasiatico. Qui vediamo delinearsi progressivamente, millennio dopo millennio, modi diversi di stare al mondo, come quelli degli antichi *Sapiens* che, perfino 50.000 anni fa, esprimevano chiaramente le nostre medesime concezioni dell'universo. Già da sola tale conclusione apre mille finestre su quella che è la nostra umanità, spingendoci nel frattempo a interrogarci sugli altri modi di vivere, su come siano scomparse le antiche tradizioni neandertaliane, e su come siano state spazzate via dai nuovi modi di vivere. Dai nuovi modi di pensare il mondo.

Come sono atterrate queste migliaia di selci sulla costa orientale degli Stati Uniti? Immagino nella stessa maniera dei bassorilievi egizi e degli affreschi mesopotamici, al tempo in cui gli occidentali scavavano ovunque in cerca delle cose più belle e più antiche, in cerca della reliquia che avrebbe fatto la differenza. Quella che avrebbe attirato un acquirente da centinaia o migliaia di chilometri di distanza, garanzia di notorietà. Garanzia che il museo sarebbe stato eccezionale. Garanzia di prestigio, di grande fama. Garanzia di durata nei secoli dei secoli...

Il vecchio culto medievale delle reliquie, in virtù del quale i corpi dei santi venivano sezionati e ripartiti fra le più belle cattedrali d'Europa, rappresenta l'invisibile collegamento tra i nostri musei e le immense navate degli antichi luoghi di culto. Le chiese ospitavano non soltanto membra dei santi in grado di intercedere presso l'unico Dio, ma anche i resti di creature favolose, che lasciavano presagire magie di ogni sorta. Nella cattedrale di Saint-Bertrand-de-Comminges troverete, ancora esposto, un coccodrillo essiccato e appeso per la coda. Quella bestia ricoperta di squame aveva infestato le foreste dei Pirenei fino a che il vescovo di Comminges non l'aveva abbattuta nella sua tana. Nel tesoro della cattedrale potrete anche ammirare due enormi corna di liocorno. In questo caso i vescovi si erano spinti fino alle soglie di un altro mondo. Se invece visitate la Sainte-Chapelle di Parigi, vi imbatterete in una zampa di grifone.

Bisogna ammettere che, nella vecchia Europa, il culto delle reliquie non richiama più le folle, ma ci siamo comunque premurati di trasferire nei musei le reliquie dei tempi moderni, i ricordi ricomposti di ogni epoca e di ogni continente. Ricomposti, ma alimentati da un respiratore artificiale. Si tratta pur sempre di evocazioni, di mitologie moderne che durano poco, perché le conoscenze evolvono. Gli sguardi cambiano. I musei si trasformano di continuo al ritmo del nostro sapere e delle sensibilità dei nostri sguardi. E queste moderne mitologie ci permettono di costruire un linguaggio che parli delle nostre origini, di noi, degli altri. Ma, come nelle antiche cattedrali, si tratta sempre e solo del nostro sguardo, espresso con parole semplici. E quando diventano troppo complicate paiono lampeggiare come sos. sos lanciati dalle teche dei musei. sos, è tutto troppo complicato. Allora si ispessisce il tratto, si stilizza, si semplifica, si spiega. O meglio... si spiega ciò che si è compreso, e la storia, la grande storia, quella del mondo e di tutti gli esseri umani, viene raccontata come fosse una filastrocca. Certo, è una filastrocca per adulti, ma resta una filastrocca. Non che quei racconti siano falsi, anzi, probabilmente sono i più giusti che siano mai stati narrati, ma la complessità del mondo che ci circonda è tale che non la si può comprendere se non stilizzandola. Così ascoltiamo la storia dell'universo, la storia dell'umanità, la storia delle società. E vi ravvisiamo una sorta di insegnamento, di morale, come fossimo bambini.

Non è mai la storia, ovviamente. Intendo dire che queste filastrocche per adulti non sono mai la Verità. Una verità fissa. Noi ricercatori procediamo a tentoni. Interroghiamo, decostruiamo, dubitiamo. Percepiamo l'immensità di ciò che non si conosce. La nostra storia, il passato, il nostro passato, è sempre ricomposto, fugace, ma riflette il bisogno di inscriverci nel tempo: un tempo molto lungo, che si estende fino alle prime parole della prima storia, fino ai lidi dei primi uomini e di quel lontano Big Bang, detonatore di tutte le cose. Tuttavia, questa storia immensa ci trascende completamente, con i suoi miliardi di anni di esplosioni termonucleari, di vite che emergono dai minerali più inerti, di batteri diventati tirannosauri, di dinosauri spazzati via dal fuoco e di primati che diventano uomini. Nella sua realtà, nei suoi processi concreti, questa storia ci trascende tutti, completamente. Può risultare comprensibile soltanto alla condizione ultima di ridurla a misura del nostro intelletto.

Una riduzione immensa, ma necessaria di fronte all'antico culto delle reliquie, così semplice, così evidente da poter essere riassunto in un unico libro.

Il mio libro personale è costituito da migliaia di selci di 50.000 anni fa. È il mio modo di affrontare questa storia immensa ingigantendo i dettagli. In fondo, del Grande Tutto non sono forse modellizzabili soltanto l'inizio e la fine, quelle combustioni termonucleari che vanno dal Big Bang al Big Crunch universale? Ognuno di noi, al proprio livello, tenta di colmare il vuoto tra le due esplosioni di luce infinita. Ognuno si scontra con l'immensa complessità delle realtà del nostro piccolo mondo. Il dettaglio che scelgo di ingigantire è costituito da qualche centinaio di millenni. Una storia piccola piccola, quasi un aneddoto, ma di qualunque tipo sia, quelle selci custodite nei cassetti del Peabody Museum mi appariranno straordinariamente familiari, come un copia-incolla di qualcosa che conosco alla perfezione. Eppure, non avevo mai analizzato in prima persona collezioni archeologiche provenienti dal Libano e dalle pendici orientali del Mediterraneo. Quei cassetti contengono migliaia di punte di selce. Ma esistono mille modi di fabbricare delle punte, e quelle non sono punte qualunque. Al Peabody Museum ritrovo le tecnologie del Neroniano. Il Neroniano è proprio l'interrogativo che avevo sollevato nel 2004 riguardo alle punte di selce standardizzate emerse da cinque siti molto ravvicinati nel cuore della zona centrale della Valle del Rodano.

Si tratta di tecnologie molto particolari. Non ci troviamo di fronte a semplici somiglianze, ma a società che, con ogni evidenza, condividevano conoscenze tecniche sofisticate e assai singolari. Nel corso degli otto mesi trascorsi nel bunker di quell'istituzione americana, gli elementi dell'equazione vanno a posto e io analizzo, passo al vaglio, decifro con grande precisione più di sedicimila selci senza rilevare alcuna differenza sostanziale tra quelle tecnologie provenienti dalle due sponde opposte del Mediterraneo. Niente da fare, sono uguali. Le medesime tradizioni. È la stessa identica cultura tecnica che vedo profilarsi dietro le piccole punte di selce.

Il problema è che nella Valle del Rodano il mio Neroniano è incuneato all'interno di una lunga sequenza archeologica il cui artefice è senza ombra di dubbio l'uomo di Neandertal. Mentre le punte rinvenute sui pendii del Monte Libano sono opera dell'*Homo sapiens*. I due siti distano fra loro più di 3000 chilometri, e le due tecnologie sono l'una la copia dell'altra. Devo cercare di capire che cosa ho sotto gli occhi. Sembra complicato. È sempre più complicato di quel che si pensava. Ma qui si tratta degli ultimi Neandertal e della colonizzazione dell'Europa da parte dei *Sapiens*. No, in verità è semplice.

Bisogna riscrivere tutto.

Nanotecnologie dei primi uomini

Dunque il *Sapiens* non è approdato in Europa tra 45.000 e 42.000 anni fa. Dunque l'arrivo del *Sapiens* non segna l'estinzione delle popolazioni neandertaliane in un processo immediato e lineare. Dunque *Sapiens* e Neandertal hanno condiviso alcuni territori in Europa. Non in Europa orientale, ma nella parte occidentale dell'Europa occidentale. Dunque quegli antichi *Sapiens* di 54.000 anni fa erano portatori di tradizioni culturali tanto forti, tanto omogenee che è possibile seguirne e riconoscerne le tracce precise in spazi transmediterranei separati da diverse migliaia di chilometri. Non vi è nulla di banale in tutto ciò, e queste diverse conclusioni aprono altrettante porte che aiutano a comprendere il preciso assetto di quelle antiche società.

Le prime società che si confrontarono con i Neandertal sul continente europeo padroneggiavano tecnologie impressionanti. I loro manufatti in selce sono straordinariamente standardizzati e attestano l'esistenza di produzioni normalizzate, in serie, con uno scarto di 1 o 2 millimetri. Tali progettazioni artigianali indicano una precisa maniera di stare al mondo. La nostra maniera. È semplice comprendere gli obiettivi dei loro autori, cosa che non accade mai con le selci neandertaliane. Vi si intuiscono le nostre stesse logiche. E anche saperi molto antichi, tradizioni altrettanto antiche, rigidi processi di trasmissione delle conoscenze che orientavano l'organizzazione di quelle popolazioni. Sarebbe impossibile identificare una medesima tradizione culturale sulle due sponde opposte del Mediterraneo, a 3000 chilometri di distanza, se le due popolazioni non fossero state strutturate e vincolate da una forte unità culturale. E le tecniche con cui sono state ottenute quelle punte di selce sono davvero notevoli. Fra le 1499 punte del Neroniano rinvenute nella Grotta Mandrin riconosciamo due categorie ben distinte: una di punte grandi, lunghe 4 o 5 centimetri, e una di punte piccole. A livello tecnico le due categorie sono del tutto identiche, solo che nel secondo caso si passa a una modalità lillipuziana. Vere e proprie microtecnologie di 54.000 anni fa. In certi casi, sono così piccole che si potrebbe parlare di nanotecnologie del Paleolitico. Quelle "nanopunte" di selce misurano meno di 10 millimetri di lunghezza e 2 o 3 millimetri di spessore al massimo. Per fare un confronto: se prendete in mano una moneta da un centesimo di euro, vedrete che è tutt'altro che grande. Ebbene, su quel centesimo si potrebbero poggiare due delle punte del Neroniano più piccole senza che sporgano dal bordo. Stupefacente, no? Sono troppo piccole anche per poter essere usate come stuzzicadenti. Qual era dunque la funzione delle impressionanti nanotecnologie dei primi uomini moderni d'Europa?

Laure Metz, componente dell'équipe di scavo alla Grotta Mandrin, avrebbe impiegato cinque anni a rispondere a questa domanda. La sua tesi di dottorato, discussa nel dicembre 2015 all'Università di Aix-Marseille, presentava conclusioni quantomeno inattese. Quelle nanotecnologie sono strettamente legate alle tecnologie di combattimento delle società che le hanno prodotte. Sono tutte armi. Armi funzionali, riportate nella Grotta Mandrin al ritorno dalla caccia o dalla guerra dopo essersi spezzate. Quelle piccole punte di pochi grammi potevano essere efficaci soltanto se scagliate da un arco. Ci troveremmo quindi davanti a un utilizzo dell'arco risalente a 54.000 anni fa, cioè una quarantina di millenni prima di quella che in teoria sarebbe l'invenzione dell'arco in Eurasia. Non è cosa da poco. A quell'epoca i Neandertal utilizzavano lance pesanti da tenere in mano, sormontate anch'esse da punte di selce che però pesavano cento volte di più delle minipunte volanti dei *Sapiens*. Se la domesticazione del fuoco è spesso considerata un progresso fondamentale in campo tecnologico e ancor più nell'ambito dei processi di socializzazione dei nostri antenati, l'utilizzo dell'arco non costituisce un semplice salto dialettico. L'utilizzo dell'arco è tutto un altro universo. È alta tecnologia, una tecnologia degna di un orologiaio che richiede di comprendere, padroneggiare e soprattutto mettere in relazione e in sinergia materiali con proprietà radicalmente diverse. Bisogna sfruttare l'energia elastica e la forza della fibra del legno e legare a quest'ultima altre fibre flessibili e resistenti. E infine associare il tutto a elementi compositi, punta, fusto, legature, impennaggio, il cui peso e lunghezza sono intimamente correlati alla lunghezza e alla forza dell'arco. L'utilizzo dell'arco rivela già una comprensione globale delle proprietà dei materiali naturali e delle loro potenzialità combinate. Siamo davanti a livelli di proiezione mentale e di concettualizzazione così pertinenti ed efficaci che la medesima tecnologia, 54.000 anni più tardi, continua a occupare un posto di rilievo in molte società del mondo. Se la Federazione francese di tiro con l'arco conta quasi 80.000 membri, si calcola che negli Stati Uniti circa 24 milioni di persone si dedichino regolarmente a questo sport. E dove non sono stati spazzati via dalla sfrenata globalizzazione degli ultimi decenni, l'arco e le frecce hanno ancora un ruolo essenziale nell'economia di numerose società di cacciatori-raccoglitori. Sono tecnologie vivissime, e molto lontane dalle competenze accertate fra i Neandertal. La domanda giusta non è se anche i Neandertal fossero capaci di fare questo o quello. Se non si fossero estinti avrebbero anche potuto camminare sulla Luna, chissà... Io non lo so. La questione è cercare sempre di capire che cosa abbiano realizzato nel concreto. Ancora una volta, io non lo so. Io analizzo, interrogo. Mi limito a constatare, a indagare dove qualcosa non torna, dove in genere non si ama guardare troppo da vicino. Dunque faccio una semplice constatazione: queste tecnologie non rientrano fra quelle che le nostre conoscenze relative alle popolazioni neandertaliane attribuiscono loro. Perlomeno finché non si scoprirà un'antichissima base lunare neandertaliana. L'idea in sé mi piace, ma per il momento constato che il Neandertal non l'ha realizzata.

Dall'impressionismo allo spessore del tratto

Le società *Sapiens* si distinguono per le loro tecnologie straordinarie, e ne abbiamo scoperto la rigidità, il rigore, la ripetitività attraverso migliaia di chilometri e al di là del mare.

Società tanto rigide non sembrano brillare per creatività, né per capacità di emancipazione dai loro principi tradizionali. Non c'è alcun paradosso qui. Benché tecnicamente impressionanti, le loro alte tecnologie non rappresentavano una novità, 54.000 anni fa; è anzi probabile che replichino consuetudini tecniche già molto antiche. Se l'utilizzo dell'arco non sembra avere antecedenti in Eurasia, è comunque possibile rintracciarlo presso diverse società africane di oltre 80.000 anni fa. Dunque si può considerare un'innovazione soltanto sul supercontinente eurasiatico. I nostri neroniani e i loro antenati hanno semplicemente sviluppato un determinato insieme di norme tecniche e culturali associate a quelle tradizioni di fabbricazione e utilizzo dell'arco. Tradizioni che sono già vecchie di oltre 30.000 anni nel momento in cui emergono nelle regioni occidentali dell'Eurasia. Ovviamente non posso individuare un collegamento diretto tra l'antico uso dell'arco in Africa e le tecnologie del Neroniano. Parliamo di soluzioni che avrebbero potuto essere dimenticate e reinventate varie volte nel corso del tempo. Diciamo che, in assenza di brevetti, simili idee e sinergie geniali dovettero trapelare e divampare come un incendio attraverso tutti i continenti non appena un individuo assistette al volo della prima freccia. Ma forse anche questa è una visione semplicistica e ingenua, che evita di confrontarsi con la complessità della propagazione delle idee.

La questione delle modalità di diffusione delle grandi innovazioni tecniche attraverso il pianeta rimane uno degli enigmi destabilizzanti delle nostre discipline. Nessun articolo scientifico affronta in maniera diretta il tema della comparsa delle varie tecnologie. Sulle principali riviste internazionali campeggiano titoli da prima pagina; i *questo* e *quello* più antichi e l'invecchiamento progressivo delle nostre scoperte permettono l'irritante moltiplicazione dei grandi proclami sui media. Le prime grotte dipinte, gli ornamenti più antichi, i primi segni di intelligenza compaiono regolarmente fra le informazioni online. Invecchiano tutti da una settimana all'altra; è un po' come tentare di riprendere un rocchetto caduto in terra tirando il filo, mentre il rocchetto continua a rotolare senza mai avvicinarsi a noi. Il primo arco, la prima forma d'arte, la prima freccia, il primo fuoco, la prima pietra scheggiata sono sempre quel rocchetto che si srotola senza sosta e non torna mai verso di noi. Ci si immagina che quando avremo tirato tutto il filo rimarranno soltanto la sua estremità e il rocchetto sul quale era avvolto. Ma nella storia delle tecniche tutto è incerto. Le prime pietre scheggiate, che da decenni si credeva avessero 2,6 milioni di anni, nel 2015 ne hanno di colpo guadagnati 700.000, arretrando fino a 3,3 milioni di anni fa, un'epoca addirittura precedente al genere *Homo*; ciò ha sollevato profondi interrogativi sulle prime tecnologie, che avevamo voluto sincronizzare direttamente con la semplice comparsa dei nostri antenati biologici. La questione dell'origine di tutte le cose è di una complessità immensa, così come la questione della diffusione delle idee, dei sistemi, dei concetti e delle tecniche. Alcune tecnologie si propagano a macchia d'olio e di colpo ci sembrano universalmente note all'insieme delle società umane, una sorta di bene comune immediato che in un istante travalica qualunque spazio planetario.

La risposta breve, semplice, facile è la fuga di informazioni, lo scambio, l'analisi, la copia. Ma per quanto riguarda noi archeologi, che indaghiamo l'origine e l'evoluzione delle cose umane, l'interrogativo probabilmente è legato anche alla mancanza di risoluzione dei nostri dati e delle nostre procedure d'analisi. E alla difficoltà di valutare tempi così lontani. Stabilire se sia venuto prima l'uovo o la gallina rappresenta sempre una sfida, soprattutto quando né l'uovo né la gallina sono entità biologiche ma idee, concetti, conoscenze tecniche. Inoltre, può darsi che queste idee, per quanto geniali, siano emerse mille volte e siano state abbandonate altre mille. Oggi, vista la distanza di decine di millenni e vista la nostra incapacità di identificare con precisione l'origine di tutte le cose, da lontano tali idee possono apparirci sfocate, come un enorme quadro impressionista. Un quadro in cui ogni tocco di colore sembra sfumare in quello vicino, in modo tale da far risplendere quel *Levar del sole* che in realtà non è che una somma di macchie colorate indipendenti, prive di continuità o regolarità. Quando alla fine ci avviciniamo, si vedono soltanto piccole protuberanze, piccole pennellate. Ma da lontano tutto ha un senso. In verità questa metafora non funziona davvero. In un quadro ci sono un pittore, un progetto, una visione. Nell'impressionismo c'è un impressionista. Un pittore illusionista di talento. All'origine dell'arco e di tutte le grandi invenzioni, invece, non c'è un grande progetto che trascende gli uomini. C'è soltanto la constatazione della loro presenza. O della loro assenza. Si constatano certi modi di scheggiare la selce che, in un istante, sono ovunque. Ma l'istante, la sincronia, è un'illusione. Per molto tempo abbiamo pensato che determinate maniere di scheggiare la selce, la cosiddetta tecnica Levallois, risalissero a 300.000-350.000 anni fa. Resta comunque un'incertezza di 50.000 anni. Ammettiamolo. Quei 50.000

anni corrispondono allo spessore del tratto delle nostre risoluzioni archeologiche. Peccato però che siano soltanto una bella illusione. Un'illusione da cui spero si lascino abbindolare pochi archeologi.

Mille millenni di trasgressioni anatoliche

Vent'anni fa diressi alcuni scavi in Anatolia centrale, nel cuore della Cappadocia, sui pendii di un enorme vulcano chiamato Göllü Dağ. In cima, a oltre 2000 metri d'altezza, trovammo i resti di una città ittita del IX secolo prima della nostra era. Le sue fortificazioni erano impressionanti, con colonne risalenti all'epoca della XXIII dinastia d'Egitto sorrette da leoni di pietra. Più di un milione di anni prima, il vulcano aveva eruttato immense colate di ossidiana, diventate vere e proprie scarpate di vetro naturale che andavano dal nero profondo al grigio traslucido. Quelle distese di ossidiana sarebbero state sfruttate in diverse epoche. Con il loro vetro nero, gli ittiti realizzarono vasi incredibili. Mille anni prima, i mesopotamici se n'erano serviti per fabbricare amuleti magici. Nel X millennio gli ultimi umani preistorici l'avevano utilizzato per farne specchi scuri. Qualche millennio prima dei grandi scheggiatori di pietre, alcuni artefici specializzati avevano prodotto con l'ossidiana del Göllü Dağ punte molto grosse e notevolmente affilate, che in tutta probabilità erano sia oggetti di valore sia semplici punte di freccia. Questi manufatti ricavati dal vetro naturale rimandano ai concetti di lusso e autorappresentazione e alle conoscenze magiche delle relative società di appartenenza.

Un giorno, esplorando i dintorni di quei recenti "atelier" di una decina di millenni fa, scorsi in una valle riarsa la mandibola di un cavallo che un tempo doveva essersi spinto fin lì, sui pendii erosi del vulcano. Mentre mi inerpicavo su quel pendio scivoloso intravidi intorno alle ossa alcuni frammenti di ossidiana nera. Li raccolsi e mi ritrovai in mano due piccoli oggetti la cui tecnologia mi era familiare. Si trattava di lame Levallois: quella famosa tecnica di scheggiatura, tanto diffusa fra gli artefici neandertaliani, che consisteva nel sagomare in un blocco di materiale – selce, ossidiana o cristallo che fosse – la forma dell'oggetto da estrarne. In tal modo era possibile ottenere tagli ovoidali (le schegge Levallois) o tagli molto slanciati (le lame Levallois), oppure tagli perfettamente triangolari chiamati punte Levallois. In questa parte di Eurasia, simili tecnologie scomparvero all'incirca 40.000 anni fa, proprio insieme ai Neandertal. Il cavallo a cui era appartenuta la mandibola doveva dunque essere morto da oltre 40.000 anni. In seguito alla scoperta, mi ci sarebbero volute sette campagne di scavo per aprire un enorme fossato lungo i pendii del vulcano e addentrarmi fino a 8 metri di profondità in quella piccola porzione di deserto anatolico. Le polveri vulcaniche depositatesi nel terreno avrebbero consentito di orientarci nel tempo. Presentavano infatti firme fisico-chimiche molto particolari, che era possibile attribuire a una o all'altra eruzione vulcanica. Quegli orli neri che coloravano i bordi del fossato erano ottimi marcatori dei vari eventi esplosivi.

L'Anatolia è una terra di vulcani immensi, che eruttando danno vita a caldere altrettanto immense. Le campagne di scavo ci avrebbero rivelato che il nostro cavallo, i cui resti giacevano direttamente sotto uno spesso manto di ceneri vulcaniche nere, aveva in realtà più di 160.000 anni. Ma, soprattutto, quell'ampio fossato aveva registrato i passaggi delle popolazioni preistoriche nel corso del tempo. 160.000 anni in alto, e probabilmente 1.300.000 anni in basso... Le tracce di quelle presenze sugli altopiani anatolici furono una sorpresa. Dalle ceneri vulcaniche avremmo estratto i primi bifacciali mai rinvenuti negli strati archeologici turchi. E, insieme a loro, tutta una serie di antichissime tecnologie. Tecnologie di uomini primitivi, di molto precedenti ai *Sapiens*. E anche ai Neandertal. Di quale umanità si trattava? Non si sa, ma evidentemente nelle steppe eurasiatiche di quelle epoche lontane si aggiravano dei bipedi. E di sicuro non li conosciamo tutti. Sul fondo del fossato si dispiegava l'intera collezione delle tecnologie dell'antichità, i cui nomi trovano eco nelle industrie arcaiche del continente africano: bifacciali, *hachereaux* (strumenti a tranciante), *choppers* e *chopping-tools* (utensili da taglio), poliedri, grosse schegge litiche, enormi frammenti abbastanza tipici del primo Paleolitico. E proprio in fondo, fra le remote colate laviche raffreddatesi forse 1.300.000 anni fa, un magnifico e impressionante nucleo Levallois. Uno, poi due, poi tre grandi frammenti Levallois. Caricature di Levallois. A questo punto bisogna sedersi un attimo e riflettere. Perché le tecniche Levallois sono state inventate circa 300.000 anni fa, considerando un'approssimazione di 50.000 anni. Ma quel nucleo Levallois doveva avere un buon milione di anni. Quindi adesso ci sediamo cinque minuti, va bene?

Va bene.

Il mio nucleo Levallois è lì, non ci sono dubbi. Inutile cercare l'animale, la talpa gigante in grado di rimescolare gli strati archeologici. Ogni cosa è al suo posto. La cosa bizzarra è che quando un oggetto di ossidiana scivola in profondità nel terreno si riga subito, la sua superficie registra immancabilmente lo spostamento. Quel nucleo Levallois invece è intonso. Sembra nuovo. È rimasto imballato in quelle polveri vulcaniche per oltre un milione di anni e non si è più mosso, finché non abbiamo scavato a mano a 8 metri di profondità per riportarlo alla luce.

Bene. Ci siamo seduti. Ci siamo fermati. Possiamo cominciare a pensare davvero. Le tecniche di scheggiatura Levallois non hanno 300.000 anni, né 350.000. Sono tre volte più antiche, tutto qua. È semplice. Constatiamo, analizziamo, accettiamo. Le nostre idee, i nostri concetti sono sbagliati. Tanto meglio. Andiamo avanti. Probabilmente più di un milione di anni fa, l'uomo già padroneggiava magnifiche tecniche Levallois. Rispetto ai soliti grossi ciottoli realizzati con tre colpi sommari – in linea con le tecnologie di oltre 3 milioni di anni fa – quegli oggetti risultano eleganti. Sono di tutt'altro livello. Questo ci permette di pensare. Di tanto in tanto, in un'intera vita di archeologo ci si imbatte in questo genere di dettagli incongrui. Ce ne si nutre, se ne parla. Ci si riflette. Non vengono per forza resi pubblici; non si può pubblicare tutto, e che fatica sono le pubblicazioni sulle grandi riviste internazionali! Si passa per i comitati di esperti, si spacca il capello in quattro, ci si dilunga, si disquisisce, si esamina a fondo la questione fra specialisti. È un processo fondamentale, nonché uno dei migliori strumenti ideati dalle nostre discipline per presentare i progressi graduali delle nostre conoscenze. Tuttavia, ogni tanto la cultura generale e l'apertura mentale dei revisori sono pari alla cruna ostruita di un ago. Ed è evidente che non si può perdere tempo a svegliare tutti gli zucconi del pianeta, a meno di fermare la ricerca, la ricerca vera, quella che parte con la concreta estrazione dei dati sul campo. Si pubblica tutto quel che si può. Si mette a disposizione della comunità internazionale il maggior numero di dati possibili, in modo che chiunque possa progredire insieme a noi, soprattutto coloro che non hanno capocchie di spillo al posto della testa. Ma qualcosa rimane sempre fuori. Una parte talvolta importante che resta in mano, che tentiamo di trasmettere almeno ai nostri studenti affinché arrivino più lontano di noi. Affinché almeno loro sappiano. Probabilmente è la parte che si chiama esperienza. Quella che non viene dai libri né dagli articoli, ma dal contatto diretto con la materia. Ho in mente un migliaio di storie del genere. Un migliaio di episodi inediti, miei personali e di compagni di scavo. Fra questi troviamo gli aneddoti più inaspettati, più barocchi. Troviamo individui che 12.000 anni fa recuperavano il ferro dai resti dei meteoriti per scheggiare le ossidiane, o uomini di Neandertal che nascondevano tra gli anfratti delle rocce lo strumento con cui avevano sezionato i corpi dei loro morti. Troviamo i più antichi ornamenti al mondo, che non sappiamo classificare. Tutte cose straordinarie per cui è necessario sedersi un attimo a riflettere, prima di parlare.

Quindi: in alcuni luoghi il Levallois ha più di un milione di anni, ma a ben pensarci ciò non ha nulla di stupefacente. Abbiamo potuto osservare, presso queste antiche società, determinati elementi tecnici che ne attestano la propensione a organizzare e predefinire le forme dei propri utensili in pietra. In fondo, un balzo all'indietro di 700.000 anni è poco più di un episodio nella storia della tecnica, perché queste tecnologie non rappresentano davvero un salto dialettico fondamentale. Rimandano anzi a una modalità piuttosto generica di utilizzare la pietra, che è del tutto possibile sia stata sviluppata più volte nel corso della storia.

Torniamo alle produzioni dei primi *Sapiens* d'Europa. Le tecnologie piuttosto generiche che vediamo emergere qua e là, con uno scarto di 700.000 anni, non caratterizzano affatto l'impostazione tecnica dei primi uomini moderni, la cui notevole rigidità non può che far pensare a un quadro culturale molto solido che doveva regolare completamente l'organizzazione di queste società.

Mitologie dei primi uomini moderni

Ripartiamo quindi dalla Francia mediterranea, dai primi *Sapiens* del continente europeo.

Le loro microtecnologie dimostrano che presso quei gruppi umani esistevano norme molto forti. Si trattava di norme tecniche, certo, che però non dipendevano da alcun vincolo meccanico. Né le proprietà della pietra, né le attività per cui venivano utilizzate le punte rendevano necessario lo sviluppo di regole e costrizioni tecniche tanto rigide. Tale rigidità non ci parla dei materiali né della natura delle attività di quelle popolazioni, né tantomeno delle loro conoscenze o tecnologie. È una rigidità da cui emergono i vincoli che quelle società si autoimponevano e la cui origine va ricercata nella loro storia, nella loro concezione del mondo, nel loro desiderio di riprodurre gesti ancestrali e di riprodurli in maniera normata. Quelle società erano chiaramente vincolate da solide strutture mentali e regole culturali. E da lì deriva tutto il resto, le tradizioni, i doveri, i tabù. Si fa così e non si fa mai in modo diverso, altrimenti... I tabù sono i limiti, i confini, e ovviamente anche i miti, anzi, soprattutto. Fra noi umani le tradizioni hanno le loro ragioni, che la ragione non conosce e non comprende. È il peso delle tradizioni: le loro ragioni non sono mai razionali, funzionali, semplicemente logiche. In verità potrebbero benissimo esserlo, ma non si dice mai: "Non andare da solo nella foresta, altrimenti ti perderai", anche se il vero motivo, la logica del divieto, è quello. Di solito la cosa viene espressa così: "Non andare da solo nella foresta, altrimenti il grande lupo cattivo ti mangerà". Dietro ai vincoli tecnici, alle normalizzazioni tanto rigide delle tradizioni tecniche e dei metodi sempre identici di scheggiatura delle selci si celano quelle storie e quei divieti; le filastrocche sul primo uomo, sulla prima selce scheggiata, le storie che raccontano come gli umani abbiano scoperto la prima punta di selce. A ciascuno il suo Prometeo. A ciascuno il suo Odino, rimasto sospeso per un piede ai rami dell'albero cosmico per poter accedere alla conoscenza delle rune, della scrittura, della magia, e offrirla agli uomini. In quelle filastrocche si spiega come, per non offendere gli spiriti, si debba compiere un determinato gesto prima di ricavare la punta dalla selce. Una punta implacabile, che garantisce sempre selvaggina al cacciatore. Tutte le società umane sono fatte così. E più le tradizioni artigianali sono normalizzate, maggiore è il peso di quell'eredità, che si radica sempre più nella storia. Non proprio nella storia degli uomini come la definiremmo oggi, ma nella storia mitica, narrata. La storia che viene ripetuta ogni volta che si fabbrica una punta. Ecco la cosa importante di quelle punte di 54.000 anni fa: ci lasciano intravedere concezioni del mondo che sono le stesse di tutti gli esseri umani presenti oggi sulla Terra.

Ci raccontano che già allora l'umano era umano. È questa l'informazione importante, la grande informazione.

Il resto sono dettagli. Dettagli interessanti, fondamentali, degni di nota, talvolta straordinari; ma comunque dettagli. Così per esempio sappiamo che 54.000 anni fa, mentre i nostri *Sapiens* si aggiravano nell'Europa occidentale sulle stesse terre dei Neandertal, all'estremità orientale dell'Eurasia intere popolazioni attraversavano immense distese marine per colonizzare l'Australia. Padroneggiavano con grande abilità lo strumento della navigazione, con i suoi manufatti di legno e di fibre invisibili all'archeologia. Lo sappiamo perché nessuno avrebbe potuto attraversare quelle immense distese marine senza navigare. Lo sappiamo soltanto in negativo, è una conoscenza invisibile, ma lo sappiamo con certezza.

Sappiamo che all'altro capo dell'Eurasia, proprio nello stesso periodo, i nostri neroniani erano maestri nella fabbricazione degli archi. Altri legni, altre fibre, anch'essi scomparsi. Lo sappiamo grazie all'analisi molto precisa delle loro punte di frecce non decomponibili perché fatte di selce, un materiale quasi eterno. Di nuovo, la certezza di fronte a realtà sostanzialmente invisibili.

Sappiamo anche che quegli umani impostavano il loro mondo, il loro immaginario, le loro origini, come facciamo noi, vale a dire intorno a storie e a miti. Un'altra informazione dal regno dell'invisibile, ma comunque certa. Mi sarebbe piaciuto narrarvi alcune di queste storie lontane, ma credo che siano davvero andate perdute. È un peccato, perché probabilmente ci avrebbero raccontato parecchio del momento in cui il *Sapiens* incontrò il Neandertal in Europa.

Uomini chiamati ombre

La Grotta Mandrin nella Valle del Rodano ci racconta quel primo contatto che retrodata di 12.000 anni l'arrivo dei *Sapiens* nell'Europa occidentale. Ma tale retrodatazione è soltanto l'ennesimo particolare che non ci dice nulla delle popolazioni coinvolte. Non ci dice nulla a proposito delle loro origini, delle loro tradizioni, del loro incontro con i Neandertal nell'Occidente del mondo. L'evento ha avuto luogo 54.000 anni fa. Potrebbe benissimo essere accaduto 100 o 100.000 anni fa, non è così importante. Gli elementi di rilievo sono altri. L'assetto di quelle popolazioni rispetto agli indigeni neandertaliani; l'organizzazione di quelle società; le specifiche interazioni che potrebbero aver avuto con le altre società presenti sullo stesso territorio; la loro origine geografica e soprattutto l'impostazione delle loro tradizioni tecniche, e ciò che esse ci raccontano a proposito delle strutture fondamentali di quelle società.

La questione del tempo sembra infine risolta, stagione più, stagione meno. A un certo punto, quei *Sapiens* si trovano in territorio neandertaliano, e forse, per la prima volta sul continente europeo, possiamo ipotizzare un contatto diretto con le popolazioni autoctone, con i Neandertal. È soltanto una possibilità. Ed è già un notevole passo avanti, ma può darsi che si tratti soltanto di un contatto a distanza. Un contatto visivo in cui forse uno guarda l'altro di nascosto, a sua insaputa, senza mai palesarsi.

Le analisi della fuliggine depositata nella grotta ci consentono di calcolare le precise tempistiche di quel momento. Non con un'approssimazione di un migliaio d'anni, ma di circa sei mesi. In tutta probabilità, tra l'ultimo fuoco neandertaliano e il primo fuoco *Sapiens* trascorre meno di un anno. Un anno al massimo. Per la prima volta si profila un incontro. Non è ancora definito; nella compressione del tempo da mille anni a qualche mese non c'è nulla che ci permetta di distinguere un contatto tra le due umanità. Semplicemente, su 2000 anni di incertezza abbiamo guadagnato 1999 anni di precisione cronologica. È già qualcosa, e dal punto di vista metodologico rappresenta una vera e propria conquista. L'incertezza del tempo sembra infine venir meno. Ormai, soltanto qualche mese potrebbe separare le nostre due umanità. L'incontro è a portata di mano, ma non ha ancora preso forma. Diciamo che qui – e per la prima volta – viene suggerito. L'incontro improbabile tra due umanità separate da mezzo milione di anni di evoluzione parallela. Sapevamo che aveva avuto luogo, ma lo sapevamo soltanto in negativo, come un sottinteso, un non detto, o piuttosto come qualcosa che non si riesce a vedere. Che non si riesce a classificare, che non si riesce neppure a immaginare, tanto pare indicibile e lontano da qualunque nostro schema mentale. Lo sapevamo soltanto grazie all'analisi dei nostri geni, che custodiscono ancora l'impronta di quei contatti. E pensavamo di saperlo anche grazie alle tracce delle trasmissioni culturali che ci sembra di ravvisare in alcuni manufatti degli ultimi Neandertal.

Ma queste umanità si sono effettivamente incrociate da qualche parte sul continente europeo? O dobbiamo prendere in considerazione l'esistenza di processi di evitamento così radicati da indurre le popolazioni neandertaliane a rifuggire da qualsiasi contatto con i nuovi venuti? Da spingerle a rendersi invisibili nel loro stesso ambiente? Sì, lo so, viene da sorridere, ma questo sorriso non sarà uno dei tanti indizi rivelatori della nostra incapacità di concepire quello straordinario momento della storia umana? Riusciamo a immaginare che intere popolazioni abbiano deciso di rendersi invisibili agli occhi di un'umanità diversa venuta a stabilirsi sul loro territorio?

In tal caso, il primo contatto non sarà stato nemmeno visivo; sarà avvenuto semplicemente nel pensiero, nella certezza di trovarsi in un territorio occupato senza scorgerne mai l'occupante, ma riconoscendone talvolta le tracce nelle grotte. Riconoscendo i resti del fuoco acceso fino a un attimo prima, senza vedere nulla se non le ombre dell'altro.

Di uomini chiamati *ombre*.

È uno scenario che si discosta parecchio dai nostri comportamenti e dalla nostra storia, nel corso della quale l'incontro con altre civiltà è sempre stato diretto, frontale, brutale. Pensiamo alla guerra gallica, alle crociate, agli scontri con l'impero mongolo, alla colonizzazione dell'Australia e dell'Africa, alla conquista delle Americhe. Siamo sempre stati abituati ad annunciarci a gran voce. E questa voce ha finito per risuonare ben oltre il nostro sistema solare, raggiungendo anche gli insondabili orizzonti galattici. L'abbiamo incisa sui dischi d'oro, in quei messaggi indirizzati al vuoto infinito e imbarcati nel 1977 sulle prime sonde spaziali *Voyager I* e *Voyager II*, otto anni dopo aver piantato le nostre bandiere sulla Luna il 21 luglio 1969. Difficile non notare i nostri spostamenti, tanto ci sembra naturale rivendicare la nostra presenza ovunque e a ogni passo.

Come potremmo immaginare dunque degli uomini chiamati *ombre*?

È qualcosa di così distante dalle strutture culturali delle nostre società che facciamo fatica a concepire seriamente l'esistenza di profondi processi di evitamento. Eppure, l'ipotesi in realtà è tutt'altro che incongrua. Fin dalla conquista delle Americhe, i coloni sono stati sovente evitati e osservati, senza che i loro osservatori si rivelassero mai. Spesso gli esploratori se ne accorgevano, sapevano di trovarsi in territori abitati, ma di norma venivano evitati. Era la prima strategia delle popolazioni aborigene di fronte a quegli strani viaggiatori. E non pensate che tale politica dell'ombra fosse una semplice tattica temporanea per prendere tempo, qualche giorno, qualche settimana o qualche mese, per riuscire a comprendere il bizzarro straniero prima di incontrarlo. Oltre quattrocento anni dopo Colombo e Cortés, il 29 agosto 1911, J.B. Webber, sceriffo della cittadina californiana di Oroville, ricevette una chiamata di buon mattino: "Abbiamo catturato un selvaggio. Venite. Non sappiamo cosa farne".[3] Lo sventurato "selvaggio" era andato a morire fra i diavoli bianchi. Era l'ultimo del suo popolo. L'ultimo nativo yahi, una popolazione di cui fino ad allora si era ignorata l'esistenza. Non si sapeva neppure che lingua parlasse. Nel suo libro *Ishi. Un uomo tra due mondi*, Theodora Kroeber descrive con grande efficacia l'epopea di quest'uomo, la cui tribù aveva scelto di mantenersi invisibile per secoli. Ishi aveva visto morire i suoi compagni uno dopo l'altro. Un mattino rimase l'ultimo. Sua madre era morta. Erano tutti morti nei loro nascondigli. Morti in-

[3] Theodora Kroeber, *Ishi in Two Worlds. A Biography of the Last Wild Indian*, University of California Press, Berkeley 1961 (tr. it. di Marco Grampa, *Ishi. Un uomo tra due mondi*, Jaca Book, Milano 1985).

visibili agli occhi dei milioni di persone che occupavano il loro antico territorio. Era dunque rimasto solo. E lo sarebbe rimasto per tre lunghi anni, dal 1908 al 1911. Ma l'isolamento doveva terminare. Quel mattino d'agosto del 1911 Ishi si mise in marcia verso Oroville, la strana cittadina dei bianchi, per andare incontro alla propria morte. Non si vive soli in eterno. Non si vive per se stessi. Ishi trascorse i suoi ultimi anni fra i bianchi, ma non li comprese mai del tutto, proprio come i bianchi non riuscirono mai a comprenderlo davvero. I suoi ultimi atti furono sempre intrisi dei pudori e dei condizionamenti delle sue tradizioni, di cui non sappiamo nulla. Il suo stesso nome ci è sconosciuto. *Ishi*, la parola con cui si riferì a se stesso, non era il suo nome. Significava "umano". Il contatto con l'alterità, con la differenza, rappresenta sempre quel passo verso l'ignoto di cui abbiamo detto, che sia avvenuto 113 anni fa o 54.000 anni fa. Ma forse 113 anni vi sembrano ancora molti, troppi per essere percepiti come reali e non come quei bei racconti che ci si scambia per intrattenersi, come quelle storie magiche e bizzarre con cui si fanno addormentare i bambini. In fondo il 1911 è sostanzialmente il Far West. Si odono i cavalli e i calessi, si vedono i cowboy con i loro cappelli Stetson in testa. Siamo ancorati ai nostri immaginari, alle nostre mitologie. Il 1911 è un'epoca lontana, un periodo distante, scomparso, dove la storia è già stata sostituita dal mito. Indiani e cowboy, la conquista dell'Ovest, le ultime corse all'oro. Il tempo lontano prima delle grandi guerre industriali, teatri di macellazioni seriali, di massacri in batterie ordinate. Il tempo di prima. Dimenticate però le filastrocche dei tempi passati. Gli "indiani" d'America esistono ancora, e sappiamo che si nascondono, invisibili, nelle ultime grandi foreste vergini. Di tanto in tanto su Internet girano video in cui si vedono guerrieri con il corpo nudo dipinto che lanciano frecce contro un elicottero. Ci viene venduta così l'immagine degli ultimissimi "selvaggi", degli uomini che non sono mai entrati in contatto con la "civiltà". Ma se guardate con attenzione a lato, noterete un catino fin troppo grigio e scintillante, probabilmente in alluminio. Il metallo ammaccato non indica la lavorazione della bauxite da parte delle popolazioni amazzoniche; indica semmai che i "selvaggi" non ignorano affatto quei mangiatori di foreste. Li conoscono anzi fin troppo bene per avvicinarsi a loro. Anche quegli uomini sono sicuramente diventati *ombre*. Lanciano le loro frecce contro l'elicottero non perché temano quell'impressionante uccello di ferro, ma perché sanno benissimo di non volere più alcun contatto con i bianchi. Bisognerebbe leggere e rileggere *Le Massacre des Indiens* di Lucien Bodard per prendere un minimo di coscienza dei massacri industriali perpetrati non ai tempi delle filastrocche per bambini, di Cortés o degli ultimi cowboy, ma negli anni sessanta,[4] e poi ripresi nel 2022 sotto Bolsonaro. "*O índio mudou, está evoluindo, está cada vez mais um ser humano igual a nós*."[5] La generosità sarà la sua rovina... Questa frase orribile è del 2020. Puzza di campo di rieducazione e trova un'impressionante contestualizzazione negli scritti di Bodard. Che cosa accade ancora nella grande foresta amazzonica, sotto i nostri occhi impassibili? Il libro è indescrivibile. Parla di corpi fatti a pezzi, letteralmente e per sempre. Parla di schiavitù che precede le torture. Parla di tutte le porcherie più inimmaginabili di cui l'autore si fa testimone. Spesso i nativi si limitano a stendersi a terra per morire nello sgomento più totale e, altrettanto spesso, come ultima risorsa, scappano e diventano *ombre*. A volte scappano prima del contatto, quando un semplice rumore annuncia l'arrivo dei bianchi o dei meticci, che non di rado sono peggio dei bianchi nel loro terribile desiderio – in quanto individui senza radici – di essere riconosciuti come bianchi autentici. Altre volte i nativi subiscono, e capiscono che soltanto l'invisibilità può offrire ancora una piccola speranza di vita.

[4] Lucien Bodard, *Le Massacre des Indiens*, Gallimard, Paris 1969.

[5] "L'indio è cambiato, si evolve, è sempre più un essere umano come noi." [*N.d.T.*]

> Ostilità con trame complicate. Sono stati i memcromotir ad attaccare. Sono celebri assassini, ma in parte civilizzati. Intrattengono da tempo rapporti con i bianchi, che spesso si servono di loro per tenere d'occhio la foresta, assoldandoli come informatori e spie della selva, e anche per "contattare" le tribù selvagge. [...] La guerra tra i nativi è anche un mezzo per sbarazzarsi di loro. Inoltre, gli avventurieri bianchi dell'Arinas desiderano soprattutto non dover più temere i kraiacara, individui assai particolari, molto diffidenti e importuni, di origine incerta. Dovrebbero essere uno speciale sottogruppo dei capajos, perché discendono da antichi meticci ormai dimenticati, degenerati, indianizzati, cioè diventati indiani al contrario dei meticci attuali. In effetti, nelle profondità dell'Amazzonia si assiste a strane situazioni, strane mescolanze.
> Ma i memcromotir sono troppo numerosi. Avendo già subito alcune sconfitte, sono ancora più furiosi. Vogliono assolutamente uccidere tutti i kraiacara o farli sloggiare altrove, lontano, molto lontano. In effetti alla fine i kraiacara se ne sono andati. Sono addirittura spariti. Anche troppo. Aleggia il mistero. Si sono rifugiati in un nascondiglio più lontano o riappariranno all'improvviso, pericolosi, dove meno ce li si aspetta? Una certa paura si diffonde sulla parte alta del fiume Xingu. Di nuovo, come sempre in Amazzonia quando si teme un gruppo di nativi, si sparge la voce che quei kraiacara, diventati invisibili, siano individui giganteschi che misurano dai due metri ai due metri e venti di altezza.

Dalle parole di Bodard capiamo che ci è diventato impossibile comprendere queste realtà del nostro mondo, tanto sono lontane. Tanto somigliano a quelle storie per bambini, a quelle filastrocche in cui viene descritta la scomparsa dei folletti dalla Bretagna o dall'Irlanda. Il piccolo popolo delle brughiere si è trasformato, diventando tanto piccolo che nessuno riesce più a vederlo; così ai nostri occhi è sparito del tutto, ma non si sa davvero se esista ancora. Se sia mai esistito. Il dubbio si insinua, ma noi continuiamo a temerli. In certi periodi dell'anno, in Irlanda, in Islanda e in Norvegia, ai folletti si lascia da mangiare e da bere, per accoglierli all'interno del focolare e ricevere da loro buoni auspici.

Dunque gli uomini spariscono come i folletti? Diventano *ombre*? Si trasformano fisicamente in giganti invisibili o in folletti delle nebbie? È una storia affascinante. E probabilmente è vera. Probabilmente è così che muoiono gli uomini, scivolando dalla storia nell'immaginario. Dalla loro realtà nelle nostre storie, nei nostri miti.

Torniamo ai dati fondamentali. Per stabilire se quel singolare momento di contatto si è davvero verificato, è necessario incrociare le due grandi discipline di cui si serve l'archeologia: l'antropologia fisica e l'antropologia culturale. Per sapere se quello che abbiamo per le mani è il primo contatto tra due umanità ci serve la loro traccia biologica. I loro resti ossei, o le firme genetiche. Dobbiamo anche definire la struttura delle loro tradizioni tecniche, e capire quali specifiche relazioni sia possibile accertare fra le loro produzioni artigianali e le altre tradizioni tecniche presenti a quel tempo in Eurasia. Dobbiamo cercare di determinare fino a che punto quelle tradizioni siano associabili ai reperti di altre comunità umane esistite nello spazio e nel tempo in cui tutte loro esistevano.

È attraverso questo approccio strutturale che possiamo trovare un senso, mai nel singolo episodio, ma nell'intreccio degli eventi che l'hanno reso possibile. Negli intrecci che ne delineano i remoti processi storici.

Un primo contatto in senso inverso

Pare possibile identificare non il primo contatto, ma un primo contatto, nella Francia mediterranea. È facile intuire che i diversi gruppi culturali dovettero affrontare processi storici molto particolari. Con ogni probabilità, le società neandertaliane di questo piccolo spazio mediterraneo non vissero le medesime concatenazioni di eventi sperimentate dai neandertaliani dei lontani Monti Altaj, in Siberia. Anche a livello locale, presso le popolazioni della vicina Borgogna a nord, o della Valle del Po al di là delle Alpi, sembra ormai assodata l'esistenza di società e traiettorie storiche ben distinte. Si trattava senz'altro di Neandertal, degli ultimi Neandertal; eppure, le loro tradizioni sono profondamente diverse. E il loro incontro, il loro primo contatto con l'altro, se il primo degli ultimi contatti è davvero avvenuto, racconterà altre storie ancora. Altri processi. Le mie ricerche nella Valle del Rodano ci permettono dunque di accedere soltanto a una piccola storia. È una storia priva di ambizioni, che forse non racconta davvero la grande storia; ma potrebbe raccontare uno degli incontri più importanti nella storia di queste due umanità. Un momento storico assolutamente critico, in cui la nostra umanità è sul punto di espandersi su un continente sconosciuto e un'altra sta per estinguersi per sempre. Una minuscola finestra sul lontano passato.

Minuscola, ma non per questo meno entusiasmante, perché si apre su uno dei più importanti corridoi migratori del continente europeo. Dal punto di vista geografico l'Europa è molto segmentata, e il corridoio del Rodano rappresenta uno dei principali assi naturali che collegano direttamente gli spazi mediterranei alle grandi steppe dell'Europa settentrionale. È proprio nel cuore di questo spazio migratorio tanto peculiare che rileviamo la prima presenza delle popolazioni *Sapiens* nel continente europeo all'incirca 54.000 anni fa, dodici millenni in anticipo rispetto a quanto si era ipotizzato prima della pubblicazione del nostro studio nel febbraio 2022. Attenzione però: non parliamo di dodici millenni di scambi europei tra *Sapiens* e Neandertal, ma di una semplice pulsazione di circa quarant'anni, quasi un solo episodio, durante la quale gruppi di uomini moderni si sono installati per poco sulla riva opposta del Mediterraneo. È un primo contatto, un contatto singolare. La determinazione del momento in cui avvenne è leggibile su almeno tre scale diverse. Una rimanda al tempo ipotetico delle misurazioni fisico-chimiche. Quel 54.000 è una chimera su cui ci siamo accordati per poterci ancorare a un punto preciso, come fosse un faro che guidi da lontano navi smarrite. In realtà, il momento di cui stiamo parlando corrisponde statisticamente a un arco di tempo che va dai 52.000 ai 57.000 anni. Si estende quindi su cinque millenni. Cinque millenni è l'esatto periodo che separa il primo sbarco sulla Luna dalla prima dinastia egizia. Non è un tempo concepibile su scala umana, e nemmeno sulla scala delle culture o delle società per come le intendiamo noi, anche se presso le popolazioni fondate sull'oralità i ricordi, le trasmissioni e le tradizioni possono perpetuarsi per ben oltre cinque millenni. Ma le società della scrittura sembrano più fragili in termini di memoria, più suscettibili a varie forme di amnesia rispetto a quelle orali.

Dobbiamo probabilmente invertire di nuovo il nostro sguardo: *verba manent, scripta volant*.

Il tempo fisico-chimico è dunque di interesse molto secondario, e non ci consente di toccare con mano nessuna realtà di quelle società. Tuttavia, negli strati archeologici della Grotta Mandrin è stato possibile stabilire altri due tempi, questa volta grazie all'analisi della fuliggine. Qui ci muoviamo su una scala umana; essendoci affidati alle tracce dei fuochi accesi dagli uomini, parliamo letteralmente di tempi umani.

Il primo tempo è quello del contatto. Il contatto tra Neandertal e *Sapiens*.

Il secondo è la durata. La durata precisa dell'occupazione del territorio neandertaliano da parte dei *Sapiens*.

Si tratta di due elementi cruciali in queste equazioni a più incognite. Non mi dilungherò sui metodi di analisi sviluppati dalle mie équipe a partire dalle tecniche dell'archeologa Ségolène Vandevelde. Basti tenere presente che, pur essendo metodi straordinariamente complessi da mettere in pratica, si reggono su principi semplici, cosa che ne garantisce la solidità e la sorprendente precisione. Senza troppi preamboli, ecco a cosa corrispondono quei tempi umani: sei mesi il primo e quarant'anni il secondo.

Circa sei mesi separano l'ultimo fuoco neandertaliano nella grotta dal primo fuoco dei *Sapiens*. Lo consideriamo un tempo massimo, che include anche la possibilità di un tempo zero, dove il *Sapiens* e la nostra creatura si sarebbero incrociati nella caverna. Oppure no. Restiamo sui sei mesi. Teniamo quest'unico punto fisso, perché se ci diamo appuntamento fra sei mesi potremmo anche incontrarci, ma la possibilità di una cena insieme, faccia a faccia, appare ancora aleatoria. Insomma... potrebbe succedere, chissà, intanto diamoci appuntamento.

Quarant'anni è la durata dell'insediamento dei *Sapiens* nel territorio dei Neandertal. Perché se anche i due gruppi non si fossero mai incontrati, è comunque certo che i primi *Sapiens* del continente europeo si stabilirono in pieno territorio neandertaliano; territorio che resterà tale per una buona dozzina di millenni ancora. L'analisi delle ceneri depositatesi sulle pareti della caverna rivela che i *Sapiens* fecero ritorno lì dentro ogni anno di quel quarantennio. Non è un tempo insignificante, e l'occupazione ricorrente del sito dimostra che non ci troviamo di fronte a un semplice episodio. Non abbiamo a che fare con un piccolo accampamento di qualche giorno o di qualche settimana. Né con un gruppetto di cacciatori che si addentrano in terre sconosciute appena scoperte. Quarant'anni sono una vita umana, e con ogni evidenza il gruppo era già piuttosto nutrito. Ricordiamo infatti che, in base agli studi, il dente del piccolo *Sapiens* rinvenuto sul sito apparteneva a un bambino che aveva fra i tre e i sei anni. E il materiale archeologico che vi è associato è estremamente ricco. Non parliamo di qualche utensile sparso e abbandonato da un gruppetto di cacciatori di cavalli e bisonti, ma di migliaia di oggetti, di un'incredibile quantità di manufatti in selce. Un'abbondanza straordinaria di reperti archeologici. Il gruppo comprendeva donne e bambini, ed era composto da diversi individui, abbastanza numerosi da potersi organizzare per diversi decenni su un ampio territorio intorno alla grotta. L'estensione del territorio appare chiara se si osserva la circolazione delle selci. Queste rocce hanno origini geologiche precise, talvolta altamente localizzate a livello geografico; in genere sono distribuite a distanza di alcuni chilometri, talvolta di un centinaio di metri soltanto. È proprio questa la cosa straordinaria. Il nostro gruppo di *Sapiens* di 54.000 anni fa, che per una quarantina d'anni è rimasto in quella vasta regione centrale della Valle del Rodano, conosce molto bene la zona. Voglio dire che la conosce troppo bene per una popolazione che si stabilisce in una terra sconosciuta per soli quarant'anni. Diverse delle loro selci provengono da un'area che si estende dai 30 ai 100 chilometri intorno alla caverna in tutte le direzioni, dal dipartimento del Gard all'Ardèche, dai monti della Vaucluse al Vercors. Tutte le risorse disponibili sembrano essere conosciute e impiegate, perfino le rocce rare estratte da remote valli incassate e immerse fra i rilievi, visibili e accessibili soltanto per un centinaio di metri. Com'è possibile? I Neandertal le conoscevano alla perfezione, ma loro occupavano quegli spazi da sempre, da decine di millenni. La conoscenza precisa della zona veniva tramandata di generazione in generazione. Questo è un territorio di diverse migliaia di chilometri quadrati, e non si capisce bene come una popolazione abbia potuto passare al setaccio una tale distesa di spazio nell'arco di una sola generazione, come sia potuta arrivare a conoscerne ogni minima risorsa in tempo record.

L'enigma si infittisce ulteriormente.

Analizzando i territori dei Neandertal intorno alla Grotta Mandrin nel corso del tempo, a partire da 120.000 anni fa fino alla loro estinzione 42.000 anni fa, è possibile individuare tradizioni artigianali ben distinte. I Neandertal di 55.000 anni fa non avevano le stesse tradizioni tecniche di quelli di 52.000 anni fa, i quali a loro volta non avevano le stesse competenze di quelli di 51.000 anni fa. Ciascuna società era portatrice di stili, culture e saperi ben distinti e piuttosto riconoscibili. E se è facile riconoscerne le produzioni artigianali, anche i territori e le preferenze in fatto di rocce da utilizzare cambiano in maniera altrettanto netta. A ogni fase culturale corrispondono specifici territori e maniere particolari di sfruttare le risorse a disposizione. Il problema è che qui emerge una continuità di saperi molto evidente tra gli ultimi Neandertal e i primi *Sapiens* di 54.000 anni fa. Due popoli separati da sei mesi. Non solo i *Sapiens* conoscono ogni risorsa presente su quelle migliaia di chilometri quadrati, ma, fatto ancora più stupefacente, i tipi di rocce che prediligono sono proprio gli stessi del gruppo di Neandertal che li ha preceduti nella caverna. Un tale rapporto particolare con le rocce e il territorio non è rilevabile in nessun altro punto dei dieci strati della sequenza archeologica analizzata, pari a 80.000 anni. È quello specifico rapporto con rocce provenienti da un'area di diverse migliaia di chilometri quadrati a unire chiaramente le due popolazioni.

Stiamo toccando con mano un processo di trasmissione molto peculiare: la trasmissione delle conoscenze dei Neandertal ai *Sapiens*. E se abbiamo immaginato le mille trasformazioni che avrebbero potuto subire le società neandertaliane in seguito al contatto con i primi *Sapiens* europei, non abbiamo mai preso in considerazione il contrario. La direzione inversa non è mai stata immaginata, né tantomeno documentata.

Fare buon viso a cattivo gioco

Quando si parla dell'incontro tra le due popolazioni, vengono sistematicamente ipotizzati processi di trasmissione culturale. Ma sono sempre unilaterali: il *Sapiens* avrebbe portato la luce della tecnologia al Neandertal, che avrebbe assistito al rapido mutamento delle sue antiche tradizioni tecniche. Eppure, come si possono immaginare assimilazioni, trasmissioni, acculturazioni senza reciprocità? Come se quei processi potessero annunciarsi a distanza, come se l'arrivo dei *Sapiens* in Europa fosse stato preceduto da una voce, da una campanella che segnalava la fine dell'intervallo neandertaliano. Una ventata potente che avrebbe spazzato via il mondo antico preparando l'avvento della modernità. Così potente da precedere la stessa avanzata dei *Sapiens* verso ovest. Uno scontro di civiltà senza scontro, perché ne avrebbe risentito soltanto una delle due. L'acculturazione prima dell'estinzione, come se il Neandertal non avesse avuto nulla da offrire ai nuovi arrivati. E così eccoci di fronte a uno stupefacente paradosso: metamorfosi culturale senza contributo genetico presso i Neandertal e mescolanza genetica senza arricchimento culturale presso i primi *Sapiens*. Questo è quanto ci rivelano da una parte la genetica e dall'altra l'analisi delle tradizioni culturali di quelle società. Ma siamo proprio sicuri dei nostri collegamenti, delle nostre costruzioni, delle nostre conclusioni?

In realtà, i resti umani risalenti a quella fase cruciale della nostra storia sono così rari che non riusciamo più a distinguere davvero gli attori di questa strana opera. È come se non fossero più presenti né in scena né sullo sfondo. Bisognerebbe ritrovare in ogni sito sia le arti sia gli artigiani. Gli strumenti, le armi e i corpi. Ma pur avendo trovato milioni di oggetti, in genere i corpi ci mancano. Intanto, sono stati davvero i Neandertal a lasciarci quegli oggetti? Gli antichi resti umani sono di una rarità incredibile. Fortunato chi scopre qualche dente o un po' di DNA più o meno alterato. E in nessun punto dell'Europa è stato possibile identificare un contesto per i tre resti di *Sapiens* appena più completi di cui disponiamo: due crani umani meravigliosamente conservati in fondo a un sistema carsico in Romania e il cranio di una femmina preservato in una grotta boema. Sono fra i più antichi resti di popolazioni *Sapiens* mai rinvenuti sul continente. Non c'è quasi nulla che li faccia parlare. Sono stati trasportati da fiumi sotterranei? Impossibile associarli con certezza a un quadro archeologico preciso, o anche soltanto a un unico oggetto lasciato dalle rispettive società. Quali erano le loro conoscenze, le loro tradizioni, il loro gruppo, le loro tecnologie, la loro storia? Non abbiamo quasi nulla che ci consenta di collegare quei tre resti straordinari alle altre tracce archeologiche dei primi *Sapiens* in Europa. Senza un contesto preciso non possono più parlarci. Neppure l'organizzazione delle loro società può essere ricostruita. Quei crani risalgono con ogni evidenza a oltre 30.000 anni fa. Ma la loro età è incerta, e probabilmente la datazione stabilita indica un tempo minimo. Potrebbero benissimo avere 40.000 anni. E il cranio di quella femmina in Boemia non ne avrà più di 50.000? In verità è impossibile trarre conclusioni. Il cranio boemo, scoperto negli anni cinquanta, era stato ricostruito con la colla animale. I frammenti ossei ne erano a tal punto impregnati che, quando i ricercatori hanno tentato di risalire al DNA, hanno ottenuto il genoma mitocondriale completo di... un bovino. La sventurata bestia i cui resti erano serviti a realizzare la colla usata settant'anni fa era stata geneticamente immortalata dalle équipe paleogenetiche del Max-Planck-Institut di Lipsia...

Dunque si tenta di rimediare in qualche modo e si fa buon viso a cattivo gioco, moltiplicando le analisi fisico-chimiche. Si provano a colmare le lacune con prelievi e misurazioni genetiche, radiometriche, isotopiche. Tutte le conoscenze della fisica vengono sfruttate. Non sappiamo nulla delle tradizioni di questi uomini e dei loro percorsi, ma la genetica lascia intravedere un incontro con i Neandertal a qualche generazione di distanza. Un incontro avvenuto cento, duecento o trecento anni prima della nascita di due dei tre individui i cui resti sono giunti fino a noi. In qualche punto di quell'intervallo, probabilmente. Tuttavia, le loro tracce non ci raccontano nulla di preciso di questa piccola storia; nulla della nuda realtà: nulla degli amori, degli approcci, delle violenze e di tutte le altre vicende inscritte nel genoma di quei vecchi *Sapiens*. E al di là di questi crani?

Centocinquant'anni di ricerche archeologiche ci hanno restituito sette denti e un po' di DNA. Per l'intero territorio europeo. Decisamente i conti non tornano.

Non che con il Neandertal sia andata meglio, perché anche lui è stato molto discreto. Abbiamo una ventina di resti neandertaliani distribuiti tra Belgio e Croazia e datati direttamente tra 50.000 e 40.000 anni fa, ma sono stati trovati parecchio tempo fa, tra l'inizio del XIX secolo e gli anni settanta. Soltanto sei siti hanno prodotto resti databili in maniera diretta, grazie ai migliori metodi di purificazione del collagene sviluppati in questi ultimi anni dal laboratorio di Oxford, in Inghilterra, dove opera quella che in tutta probabilità è una delle migliori équipe al mondo nel campo della datazione al carbonio-14. E per la maggior parte di quelle ossa non è stato possibile determinare con precisione un contesto archeologico.

Così si presenta l'insieme degli attori sulla scena di una delle maggiori sostituzioni umane mai registrate. In tutta l'Europa continentale, gli archeologi faticano ancora a reperire una minima traccia significativa di quelle remote popolazioni. Il nostro Sacro Graal non sarebbe soltanto un cranio o uno scheletro più o meno completo; anche un semplice dente o un frammento di DNA può fare la differenza, ma la vera svolta sarebbe poter cominciare ad associare con sicurezza le ossa e le popolazioni corrispondenti alle loro produzioni artigianali e alle loro tradizioni. Alle tracce materiali concrete, le uniche a consentirci di definire i reali processi storici che hanno preso forma in quella fase cruciale di transizione e di estinzione di un'intera umanità. In mancanza di un contesto, il testimone passa dunque alle scienze dure, che tentano di estrarre informazioni anche minime dalle poche ossa disponibili. Di farle parlare al posto degli uomini. A forza, come si farebbe con un prigioniero sotto tortura, arrivando perfino a far parlare i resti del bovino con cui erano stati incollati quei vecchi crani... Ma tutte le conoscenze della fisica e della chimica messe insieme possono davvero compensare la nostra incapacità di definire le società umane e i processi storici? Probabilmente no, ed è soprattutto in casi del genere che dobbiamo fare buon viso a cattivo gioco. Ma che cosa succederebbe se potessimo incrociare gli studi sulle strutture sociali e culturali di società ben definite con la scoperta di resti umani più o meno completi? Se potessimo lavorare non su ossa umane rinvenute nel 1970 o nel XIX secolo, ma su ossa appena scoperte?

Dopo essermi imbattuto in quel Sacro Graal archeologico nella Grotta Mandrin nell'agosto 2015, mi sono dovuto scontrare con i limiti del metodo. Di quasi tutti i nostri metodi. Malgrado la speranza di ottenere finalmente qualche certezza a buon mercato, ho raccolto soltanto altri dubbi. Nient'altro che dubbi. Come se i conti non tornassero mai, come se nulla dovesse funzionare. Come se quell'ultimo

Neandertal si rifiutasse di essere impacchettato senza colpo ferire. Da quelle nebbie sarebbero emerse alcune possibilità, che però ponevano altre domande. Sollevavano altri dubbi, tutti inaspettati e stupefacenti.

Pensieri. Turbolenze indefinite che mi portano a riflettere su come morirono quegli uomini. O su come muoiono tutti gli uomini? È il caso di porsi qualche altra domanda.

2.
L'ultimo Neandertal?

Un incontro improbabile

Ma no! Non può essere vero! Che cosa ci faceva là per terra, tra quel tronco di bosso e quella vecchia quercia?

Sono sbalordito.

Insomma! Non si scopre un corpo neandertaliano passeggiando per la foresta, così, ai margini del sentiero. È assurdo. Sono più di quarant'anni che non si rinvengono corpi di Neandertal un minimo completi in Francia. E i resti della creatura non sono così facili da trovare. O meglio... così si poteva pensare finora. Non è neppure all'interno della grotta, ma all'esterno, lungo il pendio, a circa 4 metri di distanza dall'ingresso della piccola caverna, all'aria aperta, così, sotto le stelle da... quanto sarà, 42.000 anni? In ogni caso, meno di 50.000, è evidente. Ma non so ancora nulla di preciso su questi resti sorprendenti, portati alla luce da un semplice colpo di spazzola ai margini del sentiero che conduce alla grotta. Un bel colpo, con cui ci siamo limitati a spolverare il terreno e a rimuovere le foglie secche della gariga. "Ludovic, puoi venire a vedere?" Mi hanno appena chiamato sul posto. Sono giusto lì a fianco, sotto quel sole cocente oscurato dalla cenere delle grotte. E vedo bene. Vedo molto bene cinque denti. "Oh wow. Eh... Bravi. Bene, ok. Fermiamo tutto." È ora di prendersi del tempo. Di fermarsi, di riflettere. Un po' come quella volta in cui mi sono imbattuto nei vetri di origine vulcanica impiegati in tecnologie che si riteneva fossero state inventate soltanto 700.000 anni dopo. Quando si vedono cose del genere, e di tanto in tanto succede, ogni dieci o vent'anni quando si fa parecchia strada, bisogna cominciare facendo un passo indietro. Come sempre davanti a una situazione che rientra nel campo dell'improbabile, la mia prima reazione è quella di congelare l'istante. Immediatamente. Bisogna fermare il tempo, immobilizzare lo spazio. Controllare l'azione in tutto e per tutto. Lo scavo viene interrotto di colpo; inutile correre, il nostro uomo ha aspettato per parecchie decine di millenni. Sì, il nostro uomo, perché non si perdono tanto facilmente cinque denti in un colpo solo. Soprattutto, i denti appaiono grossomodo nella loro posizione originaria: molari e premolari sono allineati così come lo erano nella bocca del loro proprietario. È possibile perdere un braccio, o una gamba, e proseguire. Alcune popolazioni si sottopongono a mutilazioni volontarie che prevedono amputazioni di ogni tipo, talvolta rituali, talvolta punitive e come marchio d'infamia. Ritrovare un piede o due, un braccio o due, non garantisce la presenza di un corpo. Le amputazioni corporali sono esistite in ogni epoca e in ogni società. Esistono ancora. Nella Yakuza giapponese, un potente gruppo mafioso che sostiene di discendere dagli antichi samurai, l'amputazione di un dito stigmatizza in maniera definitiva chi ha infranto le regole. In Nuova Guinea, presso i dugum dani, sono le ragazzine a doversi amputare un dito o due per placare lo spirito di un parente appena morto. Nella Cina antica, sotto le dinastie Shang e Zhou, per circa 1500 anni prima della nostra era, la pratica punitiva dello *yue* prescriveva l'amputazione delle gambe o dei piedi, e talvolta si tagliava fino a metà del femore. Lo *yue* puniva non meno di cinquecento crimini. Si mozzava per prima la gamba sinistra; ai recidivi si tagliava poi anche la destra. In alcuni casi, si è tentato di spiegare la frequente raffigurazione di mani mutilate nelle pitture rupestri chiamando in causa questo genere di pratiche, senza tuttavia poterne dimostrare l'esistenza nelle società preistoriche. Ma non ci si amputa una porzione così ampia della mandibola senza lasciarci la pelle, e quei cinque denti hanno senz'altro segnato la morte del loro proprietario. D'altra parte, il corpo potrebbe aver subito altri traumi in seguito. I galli dell'odierna Francia meridionale, per esempio, erano soliti ornare i portici delle loro città con crani inchiodati, che accoglievano i visitatori; forse per umiliare i nemici sconfitti e rimarcare la forza dei vincitori. In effetti è probabile che una tale visione risulti più efficace di un cartello rosso, bianco e nero che impone di avanzare a passo d'uomo quando si entra in un'area urbana. E bisognava davvero avanzare a passo d'uomo per analizzare un segnale tanto particolare. Un segnale realizzato con il corpo, con pezzi di corpo, con quel che resta della carne; quasi tutto è possibile. In ogni caso, la nostra scoperta non è affatto banale. Ma ecco che la situazione si complica. I resti giacciono a terra, in un terreno sabbioso assai friabile. E per comprendere il significato di quelle ossa bisogna risalire alla posizione precisa di ogni elemento. È fondamentale recuperare la posizione originaria. Quel dente lì va in orizzontale o in verticale, la parte smaltata è in alto o in basso? L'esatta sistemazione dei fossili nel suolo, al millimetro, nell'inclinazione più esatta, ha qualcosa da raccontarci, ma accidenti, è tutto così friabile che anche un leggerissimo colpo di pennello rischia di spostare qualcosa. Non riuscirò a restituire a ogni elemento la sua posizione. E abbiamo aspettato quasi quarant'anni per ritrovare un corpo del genere in Francia. Ogni minima informazione al riguardo è infinitamente preziosa, ed è improbabile che incontreremo di nuovo una simile creatura.

Bene... dobbiamo riflettere ancora un po'... E, ancora una volta, non si riflette incollando la faccia al dente neandertaliano. Rimango seduto a guardare l'immenso paesaggio che mi si apre davanti. L'immensa Valle del Rodano che si estende tra le ultime alture del Massiccio Centrale e delle Alpi. I bisonti, i cavalli, i mammut, i rinoceronti sono stati sostituiti da file interminabili di mezzi meccanici. Si infilano uno dopo l'altro nella gola al di sotto della grotta. Tutto passa di là. Traffico nazionale, regionale, autostrada, TGV; oggi il 70 per cento della circolazione europea sull'asse nord-sud si stipa in quella gola. Si corre verso le spiagge del sud come un tempo si seguivano le migrazioni stagionali dei grandi erbivori. Si cercano sabbia e sole come all'epoca si cercavano le grandi praterie erbose. Si sale e si scende, in un movimento incessante. Da quando il Rodano è il Rodano. Questo ampio corridoio migratorio, il secondo nella regione mediterranea dopo il Nilo, non è mai stato esplorato quanto meriterebbe. Siamo lontani dalla regione "classica" della preistoria. Lontani dalla Dordogna, dal Périgord, dal paese dell'uomo preistorico, come talvolta lo si chiama. Di fronte a questo paesaggio che rivela tutta l'immensità del Rodano, nel 1976 François Bordes, il grande studioso di preistoria del secolo scorso, non poté fare a meno di esclamare: "La Dordogna! Piscio di gatto in confronto al Rodano!". È un'immagine forte. E particolarmente evocativa delle posizioni delle due entità geografiche all'interno dei rispettivi ecosistemi. In effetti, il nostro enorme solco migratorio si inscrive nel quadro del grande Mediterraneo, spazio geografico improbabile nonché unico mare intercontinentale che da solo unisce l'intero mondo antico, dall'Africa all'Asia, per venire a morire su questo piccolo lembo di terra europea, strada senza uscita a ovest della grande Eurasia. Ultima fermata prima delle distese salate dell'Atlantico. Ed è vero che, in certi punti della mappa, il bel paese dell'uomo preistorico appare come un vicolo cieco alla fine del mondo, uno degli ultimi angoli d'Occidente in cui può vivere bene, ma sicuramente non là dove i popoli passano, si incrociano, si scambiano, sfregano bruschi gli uni contro gli altri per creare ogni volta un'esperienza umana più nuova. È qui, in questo enorme solco – uno dei principali abbeveratoi del Mediterraneo, il mare "nel mezzo delle terre", il *Mare internum* – che si gioca tutto. Che si è giocato tutto. E non sono venuti in molti a cercare. Per capire. Per tentare di raccontare la storia del luogo da cui passano i popoli per risalire verso nord. Per riscendere verso sud.

E i camion sfilano senza sosta.

Bene... abbiamo pensato. Posso distogliere gli occhi dal paesaggio sconfinato e tornare a guardare, direttamente, i miei resti straordinari.

So che cosa dobbiamo fare. È semplice. Non passeremo il pennello: troppo rischioso. Non gratteremo: troppo pericoloso. "Ah? Ma allora come facciamo?" esclama il resto della squadra. Rimuoveremo ogni granello di sabbia. Granello per granello, uno dopo l'altro. Con le pinzette. Gli altri sono esterrefatti. Ma è questa la soluzione. L'unica, ne sono convinto. Forza, si comincia.

L'intera operazione richiederà sette anni di lavoro, due mesi per anno, e porterà alla luce trentuno denti, la mandibola, frammenti di palato e di cranio e una serie di falangi della mano sinistra. Le ossa non si sono quasi spostate dalla morte dell'individuo. Una volta trasportate giù per il pendio avrebbero potuto sparpagliarsi in quel centinaio di metri davanti alla grotta per decine di millenni, in una lenta reptazione minerale, come se questa creatura avesse strisciato per l'eternità dopo aver smesso di camminare. Invece no: se ne sta lì, immobilizzata nel tempo. Come se quei quarantadue o cinquanta millenni non fossero passati. Come se il tempo si fosse fermato. Perfino qui, fuori dalla grotta. Il nostro uomo giace impassibile, circondato da un nutrito gruppo di reperti archeologici in cui è possibile riconoscere un mammut, un bisonte e un mucchio di oggetti in selce, alcuni dei quali di ottima fattura. Dorme là dove quelli del suo gruppo l'hanno abbandonato. A meno che non fosse l'ultimo. Sì, perché considerato il punto in cui l'abbiamo trovato, in cima agli strati archeologici, a un livello molto recente per i Neandertal, potrebbe davvero essere stato l'ultimo. A tutti gli effetti. Decidiamo di battezzare la creatura Thorin, un'allusione alle opere di J.R.R. Tolkien. Thorin è uno degli ultimi nani che regnano sotto la montagna... E il Neandertal, in quanto creatura straordinaria, è già parte integrante della cultura pop. È all'interno di questo immaginario che desidero rendere omaggio a quella popolazione estintasi alcune decine di millenni fa. Ecco il nostro Neandertal, fra gli ultimi re nani.

Ci sarebbe voluto ancora un po' di lavoro per capire Thorin. I milioni di colpi di pinzette erano un primo passo necessario, ma non bastavano a comprendere la storia di quell'uomo. Il primo trovato in Francia dal 1979. Sembra essere stato calato lungo un'antica parete di pietra e sistemato in una piccola conca, abbastanza profonda da contenere un corpo. Il terreno non appare scavato, si tratta di una conca naturale. Probabilmente si era formata parecchio tempo prima. Difficile dirlo. È stato tutto casuale? Oppure il corpo è stato deposto lì dentro con molta cura? E la grossa pietra accanto al cranio di Thorin, che dal punto di vista geologico non c'entra nulla con quest'area? E quella stupenda lama in selce, la più bella fra le migliaia di oggetti rinvenuti nei 100 metri quadrati circostanti in cui abbiamo scavato, comparsa a pochi centimetri dalla sua mano? È tutto frutto del caso? È una costruzione? Una mia costruzione? Una mia pareidolia? O davanti a me c'è davvero una sepoltura neandertaliana? È fattuale, sono tutte constatazioni da cui è possibile ricostruire la commovente cerimonia di un popolo che per proteggere il corpo di un morto lo ha sistemato in quella cavità, un po' roccia e un po' conca, sotto alcuni grossi blocchi di pietra, dopo avergli deposto accanto meravigliosi oggetti in selce. Ma è altrettanto possibile ipotizzare che la sua posizione sia casuale e che l'unica cerimonia mai avvenuta qui sia quella che stiamo costruendo ora, tracciando incerti collegamenti fra i singoli fatti. Stiamo davvero esplorando l'immaginario e i rituali della creatura o siamo limitati dalle nostre proiezioni, dalle nostre fantasticherie, dalle nostre interpretazioni, sempre troppo evidenti per essere vere? Siamo di fronte a comportamenti reali, alla storia, alla coscienza di creature scomparse da oltre 40.000 anni, o stiamo costruendo una realtà che non trova riscontro in quel che è davvero accaduto all'ingresso della grotta?

E questo tipo di realtà esiste? Intendo dire: esiste una realtà storica oggettiva, indipendente dall'osservatore? Oppure, come nella fisica quantistica, l'osservatore influisce profondamente sul risultato dell'esperienza?

Mentre scrivo queste righe non ho nessuna soluzione definitiva da offrire. Non ne ho idea. Il dubbio, sempre. Di fatto, il corpo è ricoperto da migliaia di oggetti in selce, spesso scarti, come se il luogo in cui era stata depositata la salma fosse poi diventato una sorta di discarica. Una pattumiera. Forse si limitavano a gettare nella pattumiera i cadaveri dei loro morti? Oggetti vivi, oggetti morti. I morti con i morti, poi i millenni e l'oblio. La bellissima lama in selce non sarà stata soltanto uno dei tanti oggetti abbandonati? Complimenti a chi saprà rispondere. Per il momento bisogna scavare ancora, continuare a esplorare e attendere ancora una decina d'anni di colpi di pinzette... Vedremo.

A questo punto, però, emergono altri interrogativi fondamentali. A quando risale questo Neandertal? È una domanda delicata. Dato che si trova in una conca, ci si presentano due ipotesi. O la conca esisteva già quando l'individuo è morto, oppure quella leggera piega del terreno si è formata in seguito. A seconda dell'interpretazione, il nostro individuo può avere tra i 42.000 e i 45.000 anni o tra i 46.000 e i 50.000 anni. È già un bel margine. Oscilliamo ancora incerti tra due strati geologici, B o C. Ma calma, non agitiamoci; tutto sommato, questo Neandertal rimane fra i meglio datati al mondo. Un intervallo di quattro o cinque millenni può forse dare le vertigini, ma per noi studiosi del Paleolitico rappresenta già un notevole vincolo cronologico. Beato colui che trova un Neandertal. Beato colui che può attribuirgli con qualche sicurezza un'età approssimata a circa 5000 anni... Capite cosa intendo, quando dico che il dubbio è il nostro compagno quotidiano? Ci si abitua... In ogni caso, il quadro culturale della popolazione a cui appartiene Thorin è ben definito. Gli strati B e C corrispondono alla cosiddetta cultura del Post-Neroniano II, che ho identificato per la prima volta una ventina di anni fa nella mia tesi di dottorato.

Ricordate? I neroniani sono quelle popolazioni di *Sapiens* che esploravano gli spazi europei 12.000 anni prima del previsto. I miei post-neroniani sono dunque le popolazioni di Neandertal che li hanno sostituiti in quello stesso territorio nella parte centrale della Valle del Rodano. Comunque sia, ho davanti un esemplare di quegli ultimi Neandertal. Di quella cultura finale che chiudeva quasi 200.000 anni di esperienza neandertaliana sulle distese eurasiatiche. Uno degli ultimi Neandertal. È magnifico, incredibile. Ma bisogna lavorarci ancora. Fra le mille domande che mi assillano c'è questa: Thorin è uno degli ultimi Neandertal, o l'ultimo Neandertal?

Per fortuna, la mia squadra di lavoro è composta da una quarantina di ricercatori internazionali, i migliori nelle rispettive discipline. Il *dream team* del Paleolitico. Decido quindi di esaminare la questione insieme al mio vecchio amico Tom. Tom Higham, direttore del laboratorio di datazione dell'Università di Oxford, è uno dei maggiori esperti di datazione al mondo.

L'ultimo Neandertal!

Per datare però bisogna distruggere, ridurre in polvere una determinata quantità di ossa del nostro Neandertal. È sempre difficile decidersi a polverizzare le ultime vestigia di un individuo morto da decine di millenni e i cui resti hanno travalicato varie epoche per arrivare fino a noi. Tanto più che il risultato è incerto. Si tratta di fossili antichi, e le analisi fisico-chimiche o biomolecolari, tutte pratiche distruttive, potrebbero anche non fornire alcun risultato. È una scommessa, una valutazione dei pro e dei contro. Rischiamo di ridurre in polvere il nostro individuo per niente. Per scoprire soltanto che è tutto troppo degradato per poter ottenere la minima misura affidabile. Cosa ancora peggiore, potremmo ottenere misure che *forse* sono valide. E in quel *forse* si annida il dubbio. Non il dubbio positivo. Non quello che porta a interrogarsi. Quello che appanna la nostra comprensione, offusca la conoscenza e, una volta reso noto, seppellisce i buoni risultati sotto una massa di roba priva di interesse. A quel punto è difficile separare il grano dalla pula. È ciò che è successo nel Medioevo con la falsificazione e svalutazione delle monete, quando il mercato venne inondato di denaro in lega d'argento, mescolato sempre più spesso con metalli vili, dal piombo al rame. La pratica divenne sistematica sotto Filippo il Bello, detto il re falsario, il quale lasciò circolare molte più monete rispetto all'argento fisico in suo possesso, ossia quello dell'autentica moneta sonante, di buona lega, che tintinnava per bene se gettata su un bancone. La lega d'argento aveva un suono sordo, non tintinnava, ma ci si acquistavano gli stessi prodotti. Nel giro di poco tempo, però, il popolo reagì ritirando la moneta autentica dal mercato. Non appena le monete smisero di tintinnare, quelle di argento vero diventarono introvabili, nascoste sotto i materassi per il futuro, per quando la cattiva moneta fosse scomparsa. Così, con l'immissione di denaro falso, tutte le monete di buona lega sparirono dal mercato. La moneta cattiva scacciò quella buona. Settecento anni dopo Filippo il Bello, il mondo scientifico funziona un po' allo stesso modo. Le buone date, le analisi precise, i risultati solidi, sofisticati, che aprono orizzonti del pensiero inaspettati, in genere vengono sommersi da una brodaglia di dati fragili. E il dato scientifico, quello che cambia le carte in tavola, che potrebbe interessare tutti, rischia di affogare in una marea di annunci incerti. La scoperta, la bella scoperta, il progresso vero può andare perso non soltanto per il grande pubblico ma anche per le principali riviste scientifiche, generaliste per definizione, le quali possono decidere che una grande scoperta non è abbastanza originale per essere pubblicata sulle loro pagine. Il valore del dato buono viene profondamente svalutato. Anche qui la cattiva moneta scaccia la buona. Tutte le discipline scientifiche risentono di questa realtà e la separazione del dato dalla cattiva lega può essere considerata un intervento soggettivo al quale di solito segue un pensiero debole. Si ha così una porta spalancata, una strada aperta a tutte le teorie dominanti. Il mio non è disincanto. Questi processi, queste lacune con cui bisogna fare i conti, sono già stati ampiamente studiati e non sono specifici delle scienze umane ma riguardano tutte le discipline del pensiero e della ricerca, dalla medicina all'astrofisica, fino alla fisica quantistica. La questione qui non è tanto la fragilità etica della scienza, ma piuttosto il procedere per tentativi che è alla base di ogni scienza. Le esitazioni e le incertezze sono assolutamente necessarie per l'esplorazione della conoscenza. Sono un male necessario, in un certo senso; la scienza ha bisogno anche del dubbio, il tempo poi farà la sua cernita. Tuttavia, ne concludiamo che i progressi del sapere sono spazi delicati, e che è possibile valutarne la qualità e i limiti soltanto sul lungo periodo e soltanto in assenza di pensieri dominanti e di immediati interessi politici o amministrativi. La necessità di proteggere la ricerca, e soprattutto i ricercatori, da qualunque forma di pensiero dominante ci riporta al concetto di "valutazione della ricerca", una pratica portata avanti ovunque da coloro che, in qualità di ricercatori o decisori, si vorrebbero amministratori della scienza. Al di là della pura gestione, quindi di un controllo dello sviluppo del pensiero, tale pratica è al contempo impossibile e sostanzialmente pericolosa nelle sue applicazioni. Anche nell'ambito delle datazioni antiche la cattiva moneta è assai diffusa. E bisogna dire che il Neandertal ha avuto l'infelice idea di scomparire nell'arco temporale più vago, proprio al limite delle nostre capacità tecniche di misurare il tempo mediante quello straordinario strumento che è il carbonio-14. Essendo scomparsa in un periodo precedente a 40.000 anni fa, la nostra creatura si colloca precisamente in quell'intervallo cronologico per il quale quasi nessuna squadra di ricerca al mondo riesce a ottenere risultati affidabili con l'aiuto dei metodi di datazione tradizionali.

Non abbiamo fortuna, la creatura è morta sulla linea di arrivo. Fosse successo una manciata di millenni dopo, avremmo potuto datare con facilità decine di siti. Ma oltre i 40.000 anni il residuo di carbonio-14 nelle ossa è talmente esiguo che la minima particella di carbonio recente, magari proveniente dalla mano di chi manipola il campione o da un suo minuscolo schizzo di saliva, può far pendere l'ago della bilancia verso un altrove temporale. Quindi si purifica la polvere d'osso, si seleziona, si distingue il recente dall'arcaico. Il laboratorio di Oxford ospita senza dubbio la migliore squadra al mondo se si tratta di purificare i campioni e datare l'impossibile. Queste procedure, che consentono di assegnare una data in base a un unico amminoacido, rappresentano attualmente la possibilità più avanzata nel campo della purificazione dei materiali datati al carbonio-14. Il problema dell'inquinamento quindi non si pone più. Il metodo appena sviluppato dal laboratorio di Oxford è già stato testato e ci ha permesso di retrodatare di molto le ultime società neandertaliane in Europa. Ormai non si datano più le particelle inquinanti presenti nei campioni; nessuna interferenza da parte di materiali recenti, soltanto la materia antica viene passata al carbonio-14. Nel 2014 abbiamo pubblicato su "Nature" la nostra revisione della cronologia dell'estinzione dei Neandertal: un lavoro di quarantasette co-autori, in rappresentanza dei responsabili di tutti i siti europei analizzati. Le datazioni includevano anche quelle della Grotta Mandrin, al cui ingresso abbiamo poi ritrovato i resti del nostro Neandertal.

Telefono dunque a Oxford per informare Tom della nostra scoperta appena un anno dopo la pubblicazione di quella grande sintesi sugli ultimi Neandertal. È entusiasta. Applicheremo il loro famoso metodo del singolo amminoacido. Vedremo.

Tuttavia, l'idea di sacrificare anche il minimo frammento di quelle preziose ossa è inconcepibile. Intorno ai denti giacevano minuscoli frammenti ossei di qualche millimetro che avrebbero potuto essere i resti della mandibola disintegrata. Solo che è del tutto impossibile distinguere una scheggia umana da una scheggia di mammut, e sarebbe un peccato datare un pachiderma pensando di datare un uomo di Neandertal... Qualche anno prima, in occasione di una delle mie visite a Oxford, avevo incontrato un giovane ricercatore – britannico in tutto e per tutto, dall'accento ai capelli rossi – che nel 2010 aveva sviluppato un metodo molto interessante. Analizzando la composizione di un osso era in grado di identificare la specie di appartenenza. Questo valeva per una briciola d'osso di topo come per un'intera zanna di mammut. In un sacchetto contenente migliaia di frammenti ossei millimetrici, Mike poteva distinguere un resto umano. Un vero e proprio miracolo della scienza, che pareva uscito da un racconto fantascientifico. Così le nostre numerose schegge ossee, in parte conservate per principio nel corso di decenni di scavi archeologici, avrebbero finalmente parlato. In fondo, esistono principi positivi...

La strategia è semplice, e io ho recuperato ogni singolo frammento, compresi alcuni elementi minuscoli emersi a contatto con il dente di Thorin. L'idea è che, fra tutte le varie particelle ossee, Mike riesca a riconoscere quelle con una firma umana e le spedisca a Oxford per farle datare secondo il protocollo stabilito da Tom. Così avremo la certezza di aver datato proprio il nostro Neandertal. Ho selezionato una manciata di frammenti minuscoli e li ho spediti all'Università di Manchester, a Mike. Qualche settimana dopo, bingo! Fra gli ossicini ritrovati a contatto con i denti neandertaliani, Mike ha individuato quattro frammenti recanti una firma chiaramente umana. Gli chiedo di inoltrarli a Oxford. Thorin è stato scoperto in agosto e siamo ormai alle vacanze di Natale, ma Tom ha avviato la procedura e il nostro campione è in cima alla lista delle priorità. Avrà la precedenza su centinaia di altri campioni estratti dai siti archeologici sparsi per tutto il territorio eurasiatico, cosa che riduce i tempi di attesa da due anni a... qualche mese...

Ed eccoci arrivati al mese di maggio. Tom mi contatta. Dal messaggio sembra allegro. Il collagene delle nostre ossa era ben conservato, e la sua équipe ha ottenuto buoni risultati.

Caro Ludovic,
abbiamo concluso ora la datazione del materiale osseo di Thorin. Abbiamo datato l'idrossiprolina, che permette di eliminare ogni probabile contaminazione. Il risultato della datazione al radiocarbonio, ottenuto dopo aver corretto il rumore di fondo del nostro strumento, è 33.210 ± 780 BP. Chiaramente, si tratta di un tempo molto più recente di quello che ci aspettavamo, considerato il livello di ritrovamento attribuito – a cui dovrebbe corrispondere un'età di 43.000 anni – e tenendo conto del fatto che si tratta di un Neandertal. Sarebbe l'esemplare più recente mai datato in maniera attendibile. Gli altri esemplari altrettanto recenti non erano stati datati con metodi solidi e, dopo averli datati una seconda volta, sono invecchiati parecchio, passando dai 30.000-32.000 anni a più di 45.000. In seguito alla calibrazione, l'età effettiva delle ossa su cui abbiamo lavorato potrebbe aggirarsi tra i 35.000 e i 39.000 anni, non oltre.
A mio avviso, il risultato è così sorprendente che bisogna essere sicuri di un paio di cose: 1) si tratta davvero di un Neandertal? 2) la data è attendibile, e la si può testare? Per quanto riguarda l'ultima domanda, l'unica cosa da fare sarebbe quella di ripetere le datazioni. Penso che, di fronte a una cosa così importante, sia sempre preferibile confermare i risultati con una doppia misurazione!
Un saluto affettuoso,
Tom

I risultati sono sorprendenti. Qualche giorno dopo io e Tom ci sentiamo al telefono, per precisare il valore di quella datazione. Tom è una persona prudente. Ha lavorato sui più importanti siti d'Eurasia, e i risultati ottenuti hanno sistematicamente retrodatato la comparsa dell'*Homo sapiens* sul continente europeo e l'estinzione delle popolazioni neandertaliane. Grazie ai suoi studi, il complesso dei siti neandertaliani, ai quali si attribuivano meno di 40.000 anni, era stato retrodatato a 42.000-45.000 anni. Prima che Tom avviasse il suo vasto programma di ridatazione dell'insieme delle sequenze archeologiche del continente, avevamo rilevato una permanenza di popolazioni neandertaliane in alcune regioni montane dei Balcani o del Caucaso, o nell'estremo sud della penisola iberica, regioni allora considerate come possibili zone rifugio in cui i Neandertal avevano continuato a esistere per millenni dopo l'estinzione in altri territori europei. I metodi di purificazione e datazione molto mirati delle équipe di Oxford avevano fatto arretrare parecchio il momento dell'estinzione. Questa volta invece il problema era opposto: gli stessi metodi permettevano di immaginare una presenza molto più tardiva, risalente a circa 37.000 anni fa, ben 5000 anni dopo l'estinzione dei Neandertal sul continente europeo. Per telefono, Tom mi dice di voler datare una seconda volta il nostro Neandertal, aggiungendo che rimarrebbe sorpreso se la seconda operazione dovesse modificare radicalmente i risultati già ottenuti, dato che il metodo utilizzato è al momento il più solido che esista. Ma vogliamo entrambi ripetere le analisi. Intanto perché io non ho trovato nulla che attesti la presenza di stanziamenti di 37.000 anni fa nella Grotta Mandrin. Dunque non posso collegare Thorin a nessun dato certo fra le mie documentazioni archeologiche. Gli ultimi insediamenti paleolitici rilevati, ben definiti dopo quasi trent'anni di ricerche, sono datati a 42.000-44.000 anni fa. Come spiegare allora il fatto che un corpo di Neandertal fosse stato abbandonato all'ingresso della grotta 37.000 anni fa? Senza contare che quel corpo poteva anche avere 35.000 anni. Innanzitutto, bisognava capire se quei resti umani appartenevano davvero a un Neandertal, perché non stavamo soltanto datando la sopravvivenza delle tradizioni culturali neandertaliane, ma proprio i resti fisici di un individuo morto all'ingresso della grotta. Tuttavia, da quando avevo inviato i campioni ossei a Manchester erano trascorsi parecchi mesi, e un altro campione analizzato dall'Università di Copenaghen ci aveva fornito qualche informazione genetica sul nostro individuo. Non conoscevo ancora i dettagli, ma da Copenaghen mi avevano subito contattato per comunicarmi che erano riusciti a estrarre una porzione di DNA antico dal nostro individuo, e che si trattava senza ombra di dubbio di un Neandertal. Non era neppure un meticcio: secondo le prime analisi, non era avvenuto il minimo scambio genetico tra i *Sapiens* e la popolazione a cui apparteneva Thorin. Puro distillato di Neandertal. Avevamo dunque per le mani un vero corpo neandertaliano, e datazioni molto più recenti di tutte le altre mai ottenute in Europa con il metodo del carbonio-14. Thorin era davvero troppo recente. Troppo recente di 5000-7000 anni. L'Europa, a partire da 40.000 anni fa in avanti, non aveva più niente a che vedere con quella dei 300.000 o 400.000 anni precedenti. Tutto era stato ribaltato all'improvviso, e sembrava che nulla avesse resistito alla grande ondata del nuovo mondo, destinata a riconfigurare non soltanto il continente europeo ma l'insieme degli equilibri umani nel territorio eurasiatico.

Immaginari tra due mondi

Di fatto, che Thorin avesse 35.000 o 39.000 anni – i due estremi statistici individuati dalla datazione dei suoi resti – non cambiava granché. Circa 40.000 anni fa sparisce ogni traccia di Neandertal e di Musteriano, la tradizione artigianale associata a quelle popolazioni sul continente europeo. Stando all'esteso programma di datazioni condotto dal laboratorio di Oxford negli ultimi anni, era improbabile che i Neandertal fossero sopravvissuti oltre 40.000 anni prima della nostra era. A prescindere dai motivi e, a dire la verità, i motivi non sono davvero documentati. Anzi, a essere precisi non lo sono affatto. È un po' come se la creatura fosse evaporata. La ricerca delle ultime tracce neandertaliane nei vari siti non porta a nulla. Si vede soltanto un prima e un dopo, senza alcuna linea di demarcazione tra le due fasi. Senza sconvolgimento di biotopi. Senza genocidio. Senza niente. Neandertal, ci sei? Semplicemente, non c'è più. Sparisce, ma senza che i territori vengano abbandonati. Nessuna distesa europea priva di umanità. È arrivato il *Sapiens*. Prima c'era uno, poi l'altro. Tutto qua. Dunque il nostro corpo, qualunque sia la sua età precisa, rappresenta una bella scoperta. In genere, la vecchia creatura neandertaliana non si trova. Ne seguiamo i percorsi, le tracce, le selci, i frammenti di ossa di bisonte o di mammut che ha lavorato e tutti gli attrezzi che può aver lasciato dietro di sé. Non era tipo da mettere ordine, per cui una selce lasciata nei recessi di una grotta dovrebbe essere ancora lì 40.000 anni dopo. Ma che cosa ci raccontano questi oggetti, quando manca l'umano? Immagini, pareidolie che si accumulano l'una sull'altra nel corso del tempo. Costruzioni vaghe; una di più, una di meno. Nient'altro. La nostra creatura se n'è andata. Si è congedata. L'immenso lavoro di ridatazione degli ultimi siti neandertaliani portato avanti dall'Università di Oxford aveva causato un primo tracollo della struttura interpretativa. Fino ad allora, si era immaginata una permanenza dei Neandertal in varie zone rifugio, in angoli distanti dalle grandi aree di scambio. Come se la nostra creatura avesse continuato a esistere lontano dal mondo, sulle montagne ai limiti dell'Europa oppure alle due estremità del continente, da qualche parte verso la sua punta meridionale, nell'area della Rocca di Gibilterra, o ai gelidi margini settentrionali intorno al circolo polare artico sui pendii degli Urali, la lunga catena montuosa che traccia una linea di separazione molto ipotetica tra l'Europa e la Siberia. Ipotetica perché, pur estendendosi per 2000 chilometri, le sue cime non raggiungono mai i 2000 metri di altezza. La parte centrale somiglia più a un insieme di altopiani che a un massiccio montuoso. Qui il fiume Čusovaja attraversa le alture e raggiunge la Siberia, mescolando Asia ed Europa nello spazio compreso tra due operose città, l'europea Perm' e l'asiatica Ekaterinburg. Ma alla fine sono europee o asiatiche? Si trovano esattamente tra due mondi. Ed era proprio quello spazio intermedio a interessarmi quando, nel 2008, partecipai ad alcuni scavi lungo la Čusovaja insieme ai colleghi russi delle università di Syktyvkar, nel grande Nord europeo, e di Perm', negli Urali. Il mio collega Pavel Pavlov aveva dedicato la carriera a recuperare tracce di insediamenti paleolitici sui rilievi uralici. Fra questi, due siti straordinari avevano attirato la mia attenzione: Byzovaja, sulle pendici degli Urali artici, e Zaozer'e, molto più a sud, in zona subartica, in quell'area strategica dove Europa e Asia si abbracciano lungo l'ampio corso di un fiume. Dall'alto dei suoi 28.500 anni, Byzovaja mi aveva sbalordito. I suoi manufatti in selce erano tipici delle tradizioni neandertaliane che conoscevo molto bene, ma risalivano ad almeno 10.000 anni dopo la presunta estinzione di quelle popolazioni. Il grande rimescolamento di carte effettuato dall'Università di Oxford qui non valeva. L'età di Byzovaja era incontestabile. Le carcasse di mammut erano rimaste congelate nel permafrost. Le ossa erano straordinariamente ben conservate, e tutti gli indicatori utilizzati dalla squadra di datazione erano positivi. Lo stesso Tom Higham, vero e proprio sterminatore di date troppo recenti, a proposito dei risultati ottenuti per Byzovaja mi avrebbe detto: "Sai Ludovic, tutti gli indicatori mostrano che la conservazione delle ossa nel sito è eccezionale. Non c'è nulla da ridire sulle datazioni. È probabile che Byzovaja sia il deposito musteriano meglio datato al mondo". Peccato che, in teoria, il Musteriano e tutte le antiche tradizioni neandertaliane avrebbero dovuto sparire parecchio tempo prima. Nessun dubbio neppure sulle tecnologie utilizzate, dato che non avevano nulla in comune con le tradizioni dei *Sapiens* diffuse nello stesso periodo in Europa. Era dunque possibile rintracciare quelle popolazioni non alle distanti latitudini meridionali della vecchia Europa bensì in quei dintorni, sulle pendici degli Urali? Qui i siti antichi sono rari. Pavel Pavlov aveva rinvenuto un deposito interessante lungo gli ultimi contrafforti uralici prima della Siberia. Un sito fluviale, dove un gruppo di cacciatori di cavalli si era stabilito alcuni millenni prima delle nostre popolazioni musteriane artiche. Tuttavia, Zaozer'e si trovava 500 chilometri più a sud di Byzovaja e in un ambiente ben diverso: una zona di passaggio naturale tra l'Europa e l'Asia, non un recesso polare del continente europeo. Le tecnologie di Zaozer'e, vecchie di circa 35.000 anni, somigliavano a tutte le altre tecnologie dei *Sapiens* del Paleolitico europeo, con ornamenti di conchiglie o di fossili perforati, punteruoli in osso e le solite lame e lamelle in selce sottili e slanciate, prodotte in serie. Un classico dell'antica industria dei *Sapiens* continentali, a differenza di Byzovaja, dove invece erano emersi grossi strumenti a tranciante ritoccati e le famose tecniche Levallois in stile neandertaliano. In ogni caso, né gli scavi al circolo polare né le ricerche nel cuore degli Urali ci avrebbero restituito un solo osso umano. In questi casi bisogna affidarsi unicamente ai manufatti, alle tradizioni tecniche e ai reperti a cui queste sono collegate altrove, quando ci si imbatte in tradizioni paragonabili e associabili a un dentino o a un frammento di DNA. Ma in quelle remote aree tra due mondi i confronti potevano essere tracciati soltanto a distanza. Tra i nostri due siti c'è un salto di 500 chilometri e 5000 anni. Un'inezia sulla scala delle epoche paleolitiche, certo, ma un vasto universo per le nostre piccole scale umane, e sono proprio queste a interessarci quando si parla di estinzione umana. Tutto il resto, tutti gli immensi meccanismi su scala continentale non ci parlano di umanità, ma di tabelle, tendenze, statistiche e costruzioni. Le nostre scienze, i nostri immaginari. Le nostre pareidolie? C'è il rischio che, adottando sempre più gli orpelli della scienza, della scienza dura, quantificata, che produce tabelle precise, tali costruzioni si allontanino in misura crescente dalla materia che emerge dal suolo e diventino sempre più fragili, artefatte, lontane. Intendo dire, lontane dalle realtà umane. Bisogna senz'altro utilizzare tutte le scienze e scegliere la migliore fra le nostre migliori discipline, costringendoci però a sporcarci le mani, lasciandoci sabbia e argilla sotto le unghie. Non esiste scienza senza questo tipo di consapevolezza, senza prossimità all'oggetto di studio. È un'altra forma di osservazione partecipativa, come la si può applicare nell'etnografia. Sporcarsi le mani come rivendicazione, immergendole "nella merda e nel sangue", per riprendere Sartre.[1] Senza guanti di gomma. Nel caso di Zaozer'e, le mani erano più che altro immerse nel ghiaccio e nell'argilla, a Byzovaja nella sabbia e nella ghiaia. I begli oggetti rinvenuti sembravano indicare i *Sapiens* in un caso, i Neandertal nell'altro, e in quell'intrico indefinito non c'era un solo osso che potesse

[1] Jean-Paul Sartre, *Les mains sales*, Gallimard, Paris 1948 (tr. it. di Vittorio Sermonti, *Le mani sporche*, Einaudi, Torino 1964). [*N.d.T.*]

dirci chi avesse fatto cosa. Soltanto analogie, incerte per definizione, tra due mondi. Né Europa né Asia. Né *Sapiens* né Neandertal? Oppure entrambi, o no? Sempre lo stesso dubbio, di cui ho scrostato la superficie in *Néandertal nu*. I nostri immaginari spogliati. So che questo dubbio è disturbante. È quasi una sofferenza. Ma è proprio qui che bisogna insistere, senza arrivare a sanguinare. A volte, però, il fastidio è troppo. Capite?

Comunque sia, le datazioni di Thorin – il mio ultimo Neandertal – rimandavano allo spazio-tempo in cui si riteneva che questa popolazione fosse uscita di scena già da parecchio. Lo straordinario sito musteriano artico di Byzovaja era anche più recente. Le perle di Zaozer'e avevano invece la stessa età di Thorin. Ma com'era possibile? Com'era possibile che ai margini delle zone artiche fossero già diffuse le usanze dei *Sapiens* mentre in uno dei maggiori corridoi migratori del continente europeo, sulle rive del Rodano, i nostri Neandertal andavano avanti con le loro vite, come se niente fosse? Come se qui i Neandertal si fossero completamente disinteressati della storia europea. Delle migrazioni e di tutti i nuovi modi di pensare il mondo. Di pensarlo come noi. Come se il collasso non avesse mai avuto luogo.

Erano proprio le scienze dure e quantificate a produrre risultati del tutto contraddittori. A tal punto che ci sarebbero voluti oltre quattro anni per iniziare a vederci più chiaro. Stava per cominciare un duello tra scienze dure e scienze umane. Una battaglia dell'archeologia condotta sul campo contro le misurazioni fisico-chimiche e la paleogenetica. Non un duello mortale, ma una semplice partita a scacchi, perché nelle scienze i dati discordanti andrebbero sempre accolti; anche se questo è un atteggiamento nettamente contrario alla natura dei *Sapiens*, come abbiamo appena evidenziato. La partita si sarebbe rivelata piuttosto coinvolgente, perché avrebbe visto contrapporsi risultati completamente antitetici e incompatibili, emersi dalle interpretazioni dei miei ritrovamenti archeologici, dalle misurazioni al carbonio-14 e dai dati ottenuti dall'analisi del DNA del mio Neandertal.

Ribaltamento... Thorin ha 105.000 anni!

Caro Ludovic,
ormai abbiamo buoni risultati paleogenetici e siamo in grado di ipotizzare una cronologia per Thorin. Appartiene a un gruppo di antiche popolazioni neandertaliane riconosciute in Europa, e grazie ai nostri modelli statistici adesso possiamo calcolare la sua età. Stando ai nostri calcoli, Thorin ha circa 105.000 anni, e statisticamente non può appartenere a una popolazione che ne abbia meno di 100.000. Sono molto curioso di sapere cosa ne pensi, e come si accordano i nostri risultati con i tuoi dati archeologici.
Un caro saluto,
Martin

Martin è uno dei fantastici paleontologi di Copenaghen. Una delle migliori équipe al mondo. La paleogenetica dunque è sicura che Thorin abbia 105.000 anni. Oxford aveva ipotizzato un'età di 35.000 anni, Copenaghen fa indietreggiare il nostro Neandertal a un'epoca tre volte più antica. Indietreggiamo verso *un'altra cosa*. Un'altra cosa incerta. Dalla mia prospettiva di archeologo, se Thorin avesse 35.000 anni sarebbe dai 7000 ai 15.000 anni troppo giovane. Se ne avesse 105.000 sarebbe di 50.000-60.000 troppo vecchio. Non c'è modo di posizionarci sobriamente a metà strada. I dati dell'archeologia mi spingono a contestare sia i risultati del radiocarbonio sia quelli della genetica. Le tre discipline si contraddicono armoniosamente. Qui un attrito, là un cigolio, significa che c'è qualcosa di interessante. Qualcosa da capire. È una situazione particolare, perché bisognerà mettere a frutto un insieme di dati di discipline diverse per tentare di abbozzare un nuovo quadro interpretativo. 35.000 anni fa il Neandertal avrebbe dovuto essere definitivamente uscito di scena da un pezzo, ma una lettura interpretativa generale dei dati relativi all'Europa continentale non può escludere l'esistenza di processi assai più complessi, in base ai quali alcune popolazioni neandertaliane avrebbero potuto rimanere in circolazione molto più a lungo. Tuttavia, mi pare assai improbabile. Il Rodano non è certo una zona periferica in cui avrebbero potuto continuare a esistere per millenni società arcaiche "ritardatarie", rimaste fuori dal tempo e dalla grande marcia della storia. Il Rodano rappresenta l'asse centrale dei movimenti continentali, il collegamento tra le regioni interne e il Mediterraneo. A qualche chilometro di distanza dal fiume si trova la Grotta Chauvet, anch'essa ha all'incirca 35.000 anni ed è una delle più antiche grotte decorate al mondo. È anche una delle più straordinarie. Proprio in quest'area di circolazione si registra la prima migrazione di *Sapiens* nel continente europeo, e la compresenza di quell'iniziale popolamento e di espressioni parietali tanto antiche per me non ha nulla di casuale. Direi addirittura che la Grotta Mandrin fornisce l'illuminazione necessaria, lo spessore temporale che permette di comprendere la Grotta Chauvet. Di inserirla in un contesto. Non soltanto perché attesta l'esistenza di migrazioni antichissime di popolazioni moderne in questo territorio, ma anche perché vi sono stati rilevati stanziamenti umani di breve durata, intorno a 42.000 anni fa, da parte di altri *Sapiens*. Se Chauvet è stata occupata da gruppi aurignaziani, una delle antiche culture dei *Sapiens*, 7000 anni prima Mandrin aveva ospitato quelli che definiamo proto-aurignaziani, diretti antenati della medesima cultura. Un aneddoto interessante: negli strati archeologici alla Grotta Mandrin abbiamo ritrovato un frammento caduto dall'antica volta. Uno dei tanti frammenti che in genere contengono depositi di cenere. Questo pezzetto di pietra però non è nero per la fuliggine, bensì rosso... Ciò dimostra che la parete era dipinta di rosso e ricoperta d'ocra in alcuni punti. Vediamo quindi documentate espressioni parietali di cui non conosciamo nulla. La testimonianza di un'arte rupestre, probabilmente, rinvenuta non nelle viscere della terra, ma in una piccola cavità aperta sul mondo, non un ambiente sotterraneo e intimo. La Grotta Mandrin è un riparo sotto a una volta, una bolla nella roccia che domina l'immenso solco del Rodano, non uno spazio chiuso e nascosto nel sottosuolo a cui è difficile accedere. Qui tutto è aperto, esposto alla piena luce del giorno. Gli stanziamenti proto-aurignaziani della Grotta Mandrin hanno un valore quasi episodico: qualche utensile, qualche arma, fine. L'analisi delle ceneri mostra che quello specifico stanziamento è uno dei più discreti di tutta la nostra sequenza archeologica, che copre 80.000 anni. Come se la stessa grotta, perfetta per i Neandertal, si fosse rivelata inadatta ai nuovi arrivati e alla loro organizzazione. I sobri passaggi dei *Sapiens* di 42.000 anni fa fanno pensare a una presa di possesso del luogo. Non si registrano altre loro tracce fino a qualche stagione dopo l'ultimo insediamento neandertaliano, come per la cultura neroniana di 12.000 anni prima. E nonostante la loro discrezione, i *Sapiens* lasciano dell'ocra sulle pareti della grotta. Segni? Simboli? Non ne sappiamo nulla, il frammento della volta è grande appena qualche centimetro. La parete comunque è stata dipinta. Indice di una presa di possesso simbolica del luogo? Quanto meno, indice di un certo modo di stare al mondo. Io passo e tu mi precedi, diciamo. Ma potevano continuare a esistere dei Neandertal qui, 7000 anni dopo che i *Sapiens* avevano ridipinto il loro appartamento? Tutto sommato, è possibile. I processi storici e le società umane non hanno nulla di lineare. Nulla che sia riducibile a una qualche forma di statistica, nulla di prevedibile. In tal caso però ci troveremmo di fronte alla più lunga permanenza di popolazioni neandertaliane sul continente europeo.

Ormai però mi si presenta un altro problema. Per i genetisti, è indubbio che il nostro Neandertal abbia 105.000 anni, o almeno 100.000. Non di meno. Il dilemma è ancora più spinoso, perché se posso tentare di sviluppare un modello esplicativo per un Neandertal troppo recente, non posso svilupparne uno valido che mi permetta di capire come siano riuscite quelle popolazioni di 105.000 anni fa a lasciare un corpo in uno strato archeologico che sarebbe esistito soltanto 60.000 anni dopo… La questione, ne converrete, è un po' più delicata... Il principio generale dell'archeologia è che più si scava, più si scende, più si va all'indietro nel tempo. E se è vero che alla Grotta Mandrin esistono strati di 105.000 anni fa, si trovano un buon metro al di sotto del corpo del nostro Neandertal. Qui tutto è fisso, nulla si muove, gli oggetti di 105.000 anni fa negli strati di 105.000 anni fa, quelli di 42.000 negli strati di 42.000. Decine di datazioni radiometriche hanno appena confermato la straordinaria conservazione degli strati archeologici. Gli stessi manufatti in selce sono molto diversi da uno strato all'altro, sia per quanto riguarda le tecnologie delle varie popolazioni che hanno occupato la grotta sia per quanto riguarda la scelta delle rocce da utilizzare. Abbiamo quindi strati composti da selci nere che ricoprono strati composti da selci bionde, senza che nessuna di queste finisca fra quelle. E stiamo parlando di decine di migliaia di oggetti. L'anomalia salta subito all'occhio. Non riesco a concepire che un corpo appartenente a uno strato di 105.000 anni fa sia potuto risalire fino a uno strato di 42.000 anni fa, attraversando numerosi strati geologici e archeologici ben differenziati senza lasciare alcuna traccia del suo passaggio nel corso del tempo. No, quel corpo non si è mosso. Dev'essere stato lasciato là dove lo abbiamo ritrovato. Ma allora come può essere così antico? Inoltre, i miei genetisti sono categorici. È possibile immaginare che un corpo recente finisca in strati archeologici antichi. Per esempio, se un gruppo di individui decide di seppellire uno dei suoi morti. La terra viene scavata e il cadavere deposto in uno strato più antico. Ma allora dovrebbero vedersi tracce evidenti di scavi e di terreno e oggetti rivoltati. Un buco, una fossa, perfino una piccola galleria a opera di un verme sono facili da individuare e seguire con gli strumenti dell'archeologia. Soprattutto, non è possibile il contrario. Se è vero che posso deporre un corpo in uno strato più antico, non posso deporlo in uno strato futuro, che ancora non esiste. Uno strato che si formerà da qualche parte in alto, a uno o più metri sopra il suolo che calpesto ora. Un corpo non può essere lasciato sospeso per aria. Gli aborigeni nascondevano i corpi dei loro morti a una certa altezza da terra, all'interno dei tronchi cavi di alberi molto antichi; ma, a prescindere dalla longevità dell'albero, nel giro di cento o mille anni questo muore, si secca e finisce per ridursi in polvere. Il modello migliore che posso ipotizzare concede a quel corpo un intervallo di 1000-1500 anni, vale a dire l'età del più antico albero in grado di sopravvivere alle nostre latitudini, per esempio una vecchia quercia o un tasso. Ma su 60.000 anni me ne mancano ancora come minimo 58.500. Dunque, non ho uno schema esplicativo che mi consenta di accogliere le analisi della paleogenetica. In ultima istanza, lo scenario più originale che mi viene in mente è quello in cui un corpo viene posto in una rientranza della roccia. In effetti, Thorin è stato trovato accanto a una rientranza, ma giaceva su un sedimento sabbioso, non nella roccia. Sappiamo che numerose popolazioni nascondevano e nascondono ancora i loro morti nelle cavità delle rocce, sui fianchi dei dirupi. Nel territorio dei dogon, nel sud del Mali, ogni minimo anfratto roccioso è riempito di corpi. Ho visto corpi avvolti nei tessuti, issati per diverse decine di metri dal suolo e infine sistemati nei recessi della Falesia di Bandiagara, che sovrasta i villaggi locali. La scalata verso le sepolture può essere ardua, ma permette di osservare con i propri occhi le pile dei cadaveri accumulatisi negli anni, con i più antichi che decomponendosi lasciano spazio alla massa di quelli più recenti. Se volessi immaginare una situazione simile alla Grotta Mandrin, i Neandertal di 105.000 anni fa avrebbero dovuto collocare quel corpo in una rientranza della parete all'altezza dei loro occhi, e quel corpo avrebbe dovuto rimanere lì per poi scivolare sui sedimenti proprio mentre questi, dopo essersi progressivamente depositati nella grotta, raggiungevano il livello della rientranza in cui il corpo giaceva da 60.000 anni. Tutto ciò avrebbe richiesto la presenza di altre due condizioni: che i resti fossero rimasti al riparo dai carnivori – leoni, pantere, iene, lupi – attratti dall'odore della carne in decomposizione e, cosa più complicata, che le ossa fossero rimaste al loro posto in quel nascondiglio e che poi, 60.000 anni dopo, fossero scivolate a terra non una per una, ma tutte insieme, in modo che i denti potessero mantenere le rispettive posizioni. Non è un'ipotesi impossibile, ma è incredibilmente improbabile. Poco economica. È vero, d'altra parte, che nel campo dell'umano l'improbabile è sempre in agguato. Difficile escludere a priori una successione di gesti improbabili che avrebbero potuto rendere possibile uno scenario stupefacente. Nulla mi permetteva di scartare una situazione simile a quella di Bandiagara. Il caso avrebbe fatto sì che, decine di millenni più tardi, i resti del corpo scivolassero in un blocco unico a terra, vicino alla parete. Proprio là dove l'avevamo ritrovato. Pensavo che Thorin avesse 45.000-50.000 anni. Ne aveva 105.000. Bisogna sapersi mettere in discussione. Accettare l'improbabile. Ma è tutto così incerto. Eppure, i miei genetisti sembrano molto sicuri di sé. Quale delle due discipline può offrirci una lettura di ciò che è davvero accaduto? La genetica o l'archeologia, fragile scienza umana che osserva e interpreta innanzitutto mediante i soli sensi, gli occhi, le mani? Davvero non me lo aspettavo. Ma bisogna accettare l'improbabile.

> Caro Martin,
> grazie mille del tuo messaggio. A dire il vero, non mi viene in mente un contesto archeologico che possa spiegare come un corpo di 105.000 anni sia finito in strati che hanno tra 42.000 e 50.000 anni. L'unica ipotesi che mi sembra possibile è che sia rimasto nascosto per 60.000 anni in un anfratto della roccia molto vicino a dove lo abbiamo ritrovato, per poi scivolare negli strati corrispondenti agli insediamenti degli ultimi Neandertal, ma mi pare un'interpretazione molto fragile. Dovremo portare avanti l'indagine per cercare di capire cos'abbiamo per le mani.
> Grazie davvero per il lavoro della tua équipe. Da parte nostra, tenteremo di approfondire le analisi per vedere se è possibile inserire questo individuo in una cronologia tanto antica.
> Un caro saluto,
> Ludovic

Se Thorin ha 105.000 anni, dev'essere vissuto in un ambiente temperato, forestale, precedente all'ultima era glaciale. I "Neandertal caldi" sono una presenza riconosciuta intorno alla Grotta Mandrin. Io li chiamo i popoli della foresta, per distinguerli dai popoli delle grandi praterie fredde di 45.000 anni fa, abitate da cavalli e bisonti. Se Thorin è davvero un rappresentante dei popoli della foresta, deve aver conosciuto un clima molto simile a quello odierno, forse anche più temperato. La nostra équipe formula rapidamente una soluzione. Se il nostro uomo è vissuto in ambienti forestali caldi, le sue ossa, e in particolare lo smalto dei denti, dovrebbero presentare i tipici marcatori di quel clima. La dentina potrebbe essere troppo porosa e aver subito contaminazioni troppo recenti, ma un frammento anche minuscolo di smalto dovrebbe restituirci un buon numero di informazioni sulla vita e l'ambiente di questo individuo. Analisi del genere non sono quasi mai distruttive, e come oggetto di studio un frammento di 3 millimetri quadrati può senz'altro bastare. Neppure a farlo apposta, nel terreno accanto a Thorin è stato rinvenuto un pezzettino di smalto staccatosi da uno dei molari, che abbiamo inviato all'Università di Tubinga, in Germania, per farne analizzare i marcatori isotopici. Si tratta di indicatori legati all'ambiente in cui vive un organismo che possono evolversi a seconda dell'alimentazione, del clima e del contesto di vita in senso lato. Grazie a loro potremmo scoprire se Thorin è vissuto in un ambiente temperato e arboreo o in una zona fredda di steppe erbacee. Inoltre, dovrebbe essere possibile stabilire se sia cresciuto e vissuto nell'ambiente geologico calcareo nel quale è stato ritrovato. A questo scopo, quattro famiglie isotopiche verranno analizzate e poi confrontate con i medesimi marcatori individuati dalle analisi di altri resti neandertaliani ritrovati nella Francia mediterranea e atlantica e fino in Belgio. I risultati poi saranno confrontati con quelli relativi ai resti di bisonte e stambecco rinvenuti non lontano dal corpo. Infine, per calibrare al massimo gli studi, verranno analizzati altri resti umani risalenti a 4000-5000 anni fa, per misurarne i marcatori isotopici locali in un periodo temperato. A quel punto dovremmo scoprire se anche il nostro Neandertal è vissuto in ambienti dal clima temperato. Quel minuscolo frammento di smalto dentale dovrebbe rivelarci in quali paesaggi si muoveva Thorin.

Ci vorrà un altro lungo anno prima che Hervé Bocherens, gran maestro delle analisi isotopiche, ci fornisca una panoramica iniziale sugli ambienti e i climi registrati da quel piccolo residuo di smalto. Una mattina, i risultati finalmente arrivano. Tutti i diversi marcatori isotopici indicano un ambiente aperto, privo di un vero e proprio manto forestale, freddo, simile a quelli associati ad altri Neandertal tardivi di 40.000-50.000 anni fa. Nessun marcatore rimanda all'ambiente temperato che caratterizza i resti umani recenti analizzati in parallelo.

Queste informazioni, però, non bastano. Nonostante tutto, Thorin potrebbe avere 105.000 anni. Immaginiamo che sia appartenuto proprio a quella lontana fase temperata, precedente alle grandi glaciazioni, ma che abbia trascorso buona parte della sua esistenza in un ambiente montano. Potrebbe essere morto nei pressi della Grotta Mandrin, ma essere stato in verità un uomo delle montagne, un Neandertal delle regioni alpine dal clima ben più ostile o delle zone al di là della riva occidentale del Rodano, verso il Massiccio Centrale. Lassù gli altopiani sono ancora sferzati da un clima rigido, e la dolce aria del Mediterraneo, pure vicinissimo, è soltanto un vago ricordo. In quelle valli e su quelle alture, a qualche settimana di soffocante calore estivo seguono mesi interminabili di inverno perenne. Il vento gelido degli altopiani, la *Burle*, frusta e soffia spaventoso sulla bassa vegetazione. Se Thorin proviene da lì o dai dirupi alpini, i nostri marcatori del freddo non ci parlano di un tempo precedente o successivo alla glaciazione, ma soltanto di una geografia, di un ambiente più o meno temperato, più o meno ostile. Ieri come oggi, non vi è ragione di morire dove si è vissuti. La gente si sposta. Soprattutto i nomadi, che non rimangono certo fermi. Perfino i Neandertal. Se è vero che questo gruppo non è noto per i suoi grandi spostamenti, personalmente ho potuto osservare, in alcune collezioni archeologiche provenienti dalla Valle della Loira, selci trasportate per oltre 300 chilometri verso nord-ovest, poi per altri 300 chilometri verso nord-est e per 300 ancora verso sud-est: una circolazione impressionante, che da un unico sito poteva coinvolgere più di un terzo dell'attuale territorio francese. Le popolazioni si muovono, gli oggetti si scambiano, le informazioni e i geni passano da un gruppo all'altro. Alcuni di questi oggetti attestano che vi sono stati spostamenti tra le due estremità del Massiccio Centrale, da nord a sud. Se Thorin è uno degli uomini degli altopiani, o vi ha trascorso gran parte della sua esistenza, i miei decrittatori sono inutili.

Se viene da lì, se ha percorso quelle valli senza sole nelle quali fino al XIX secolo si costruivano delle specie di igloo in pietra dai quali in estate si ricavavano pezzi di ghiaccio solido da vendere ai locali delle città, gli isotopi non rivelano nulla delle fasi climatiche, non restituiscono una collocazione temporale ma soltanto alcuni momenti episodici relativi alla vita di quell'uomo. In tal caso sarebbero dunque semplici illusioni. Bisogna ricorrere ad altri indicatori, analizzare altri marcatori e incrociarli. Anche i dirupi e gli aspri altopiani lasciano tracce isotopiche. I paesaggi dell'Alvernia sono composti di rocce cristalline, granito, gneis e scisti. I fiumi che li attraversano trascinano con sé tutti quei materiali, e quando gli uomini o gli animali vi si abbeverano, gli indicatori mineralogici si accumulano nei loro corpi, nelle ossa, nei denti. Ma le analisi effettuate su Thorin includevano anche la ricerca di simili indicatori, e non ne è stato rilevato nessuno. Nulla ci consente di presumere che abbia mai vissuto in quegli ambienti tanto particolari.

Dai fiumi che uniscono ai fiumi che separano

Fatto ancora più interessante, marcatori del genere sono invece presenti in quasi tutti i fiumi dell'Ardèche, dall'altra parte del Rodano; Hervé è stupefatto. In effetti, qualche anno fa ha analizzato un dente di Neandertal ritrovato ad appena una ventina di chilometri dalla Grotta Mandrin, ma nell'Ardèche appunto. Quel Neandertal che, come Thorin, viveva sui rilievi del Rodano, presentava indicatori mineralogici molto evidenti. Thorin, nessuno. I due individui vivevano in biotopi analoghi, ma uno è stato ritrovato sulla riva orientale del Rodano, l'altro su quella occidentale. Il fiume sembra separare due realtà che hanno avuto effetti ben diversi sulle rispettive popolazioni. Io e Hervé rimaniamo al telefono a lungo per discuterne, perché la scoperta è sconcertante. Le nostre conoscenze archeologiche ci permettono di distinguere la mobilità dei Neandertal da quella dei *Sapiens*, che si spostavano su territori decisamente più vasti. Eppure i Neandertal non avevano le caratteristiche dei popoli stanziali. Qualche anno prima, nel corso dei miei scavi sulle montagne della Loira, avevo potuto osservare che a differenziare le due umanità non erano tanto i territori battuti, quanto le strategie di circolazione. Se i *Sapiens* non esitavano a trasportare grandi quantità di ottimi manufatti in selce per centinaia di chilometri, i Neandertal si muovevano sugli stessi spazi accompagnati soltanto da un paio di utensili, con cui dovevano integrare ciò che sapevano di trovare nelle varie aree. La differenza tra i due gruppi quindi non dipendeva dalla mobilità o dai luoghi battuti, ma dagli specifici modi di inserirsi nel territorio. I percorsi montani dei *Sapiens* e dei Neandertal si sovrapponevano in maniera evidente, ma illustravano due strategie di movimento assai diverse. Poteva essere questione di abitudini, o di stili di viaggio. Tuttavia non era possibile stabilire se gli oggetti neandertaliani si spostassero davvero insieme ai loro artefici o se circolassero a staffetta tramite scambi, quando gruppi diversi si incrociavano durante gli spostamenti stagionali. Forse entrambe le cose. In effetti, dal sito sulle montagne della Loira erano emerse selci provenienti non soltanto da zone molto lontane, a oltre 300 chilometri di distanza, ma anche da direzioni opposte. Le distanze accumulate parevano tali che difficilmente potevano corrispondere al ciclo stagionale degli spostamenti di un'unica popolazione. È probabile che su quelle montagne, in un momento ben preciso dell'anno, si ritrovassero popoli originari del bacino parigino, della Borgogna e dell'Ardèche per cacciare grosse mandrie di cavalli sulle loro rotte migratorie. Un'occasione per ritrovarsi, effettuare scambi, parlare e fare baldoria, come quando le popolazioni inuit rimaste separate per troppo tempo durante il lungo inverno si ritrovano nei primi giorni di sole, per consumare insieme le ultime scorte invernali ormai superflue. Dal punto di vista archeologico, quegli oggetti di origini lontane erano quasi invisibili. Parliamo di una dozzina di manufatti, non di più, in una collezione di quasi 90.000 pezzi. Qualcosa di straordinario e quasi impercettibile. Tuttavia, aprendo le bustine sigillate in cui avevo riposto milioni di selci di appena qualche millimetro, erano apparse altre tracce impercettibili. Fra i milioni di resti, 568 bagliori millimetrici attirano la mia attenzione. Grazie alla cernita delle bustine e all'analisi di quei minuscoli elementi, avrei compreso che la dozzina di esotiche punte di selce che avevo trovato lassù non era davvero rappresentativa di ciò che era accaduto. Sarei poi riuscito a calcolare il numero delle punte che erano state trasportate fin lì e riaffilate, lasciandosi dietro un pugno di scagliette per poi ripartire nelle tasche di coloro che le avevano utilizzate. Lo studio di quegli oggetti invisibili mi avrebbe rivelato che 202 punte, provenienti da un territorio lontano che andava dagli spazi atlantici a quelli mediterranei, erano passate per i monti della Loira, erano state usate e riaffilate lassù e poi erano ripartite insieme ai loro artefici. Oggetti fantasma e al contempo ben presenti. Una manciata di manufatti che avrebbe modificato in maniera piuttosto radicale la nostra concezione delle strategie di circolazione neandertaliane. La loro presenza e il loro trasporto su distanze tanto ampie suggerivano che erano stati gli stessi Neandertal – e non soltanto i loro oggetti, mediante una progressione di scambi – a muoversi su territori molto vasti. Come i *Sapiens*, erano anche loro nomadi inquieti.

Nella Valle del Rodano non si rilevavano movimenti simili, ma sembra che il fiume sia rimasto sistematicamente al centro del territorio di quel gruppo di Neandertal, a prescindere dalle loro tradizioni e dagli ambienti climatici, per un periodo molto lungo. 120.000 anni fa, in un contesto climatico caldo, i popoli della foresta recuperavano buona parte o la maggior parte delle rocce necessarie a realizzare armi e utensili sulla riva opposta del Rodano, in un raggio che di solito andava dai 20 ai 40 chilometri. 60.000 anni dopo, la pratica non era cambiata. Certo, non venivano utilizzate le stesse risorse nella stessa proporzione o nella stessa maniera. Tuttavia, fra quelle società al contempo culturalmente ben distinte e vissute in ambienti climatici opposti, è possibile individuare un elemento comune. Il Rodano costituiva sempre il fulcro dei loro territori. Negli insediamenti neandertaliani su entrambe le rive si può constatare che una parte non trascurabile – e talvolta maggioritaria – delle rocce utilizzate proveniva dalla riva opposta. Da 120.000 a 55.000 anni fa il Rodano fu dunque al centro delle reti di scambi e di comunicazione dei Neandertal, sia di quelli vissuti nelle immense foreste primordiali a clima temperato sia di quelli vissuti in un contesto glaciale. È chiaro che negli ambienti polari le acque rimanevano coperte di ghiaccio per quasi otto mesi all'anno. Più che una linea di demarcazione fisica fra i territori, in quel caso il fiume era semplicemente una grossa arteria bianca gelata. Un'autostrada naturale al posto delle nostre moderne autostrade. Noi non abbiamo fatto altro che sottolineare con del bitume un asse migratorio naturale su scala continentale. Ma l'esperienza di quella realtà geografica era stata radicalmente diversa per i popoli della foresta, costretti a confrontarsi con una vasta distesa liquida che già allora trasportava 1700 metri cubi d'acqua al secondo. E benché si dividesse in vari rami, la traversata non doveva comunque essere cosa da poco. Eppure, perfino in quel particolare contesto temperato, le popolazioni guadavano regolarmente il fiume. Tale realtà, rimasta identica per decine di millenni in climi e società umane diversi, a prescindere dalle tradizioni, sarebbe di colpo scomparsa dopo il 54.000 prima della nostra era. Dai popoli della foresta alle prime migrazioni dei *Sapiens*, gli scambi continuarono a essere all'ordine del giorno. Il Rodano continuò a essere uno spazio di circolazione e di scambi. Ma dopo la parentesi dei *Sapiens*, il fiume non venne mai più attraversato. Le ragioni di un'interruzione così brusca e improvvisa ci sono del tutto ignote. Nessun altro segno di traversate. Nessun'altra testimonianza archeologica. Una situazione sorprendente, quasi sbalorditiva. E diciamo pure anacronistica, considerando i 60.000 anni precedenti. Questa realtà singolare durerà 12.000 anni, durante i quali pare proprio che le ultime società neandertaliane non abbiano più guadato il fiume. In questo intervallo temporale è possibile riconoscere due grandi fasi culturali ben distinte. A quanto risulta, i primi Neandertal che rioccuparono l'area del Rodano provenivano dalle zone alpine del Diois, 70 chilometri a nord-est della Grotta Mandrin. Sappiamo per certo che le società di questa prima fase di rioccupazione, seguita alla parentesi *Sapiens* del Neroniano, erano neandertaliane. Nei loro insediamenti ho infatti ritrovato due denti di bambini che erano senza dubbio Neandertal. Assistiamo alla medesima separazione territoriale anche nella successiva fase culturale, a partire dal 50.000 prima della nostra era e fino all'estinzione dei Neandertal, 8000 anni dopo. È proprio fra gli strati archeologici di questo periodo che abbiamo ritrovato il corpo di Thorin. All'epoca di quell'ultimo palpito culturale dei Neandertal sembra che i loro territori si estendessero lungo tutto il Rodano. Ma nessuno lo attraversava, non più. Eppure, il contesto climatico era molto rigido e l'ambiente polare. Il grande fiume, l'immensa autostrada bianca, era ghiacciato per gran parte dell'anno. E nessuno lo attraversava? Non poteva rappresentare una frontiera fisica, a meno che non ci si rifiutasse di scivolarci sopra. Seguendo questo ragionamento, nella mia tesi di dottorato del 2004 avevo suggerito che una frontiera tanto evidente e quasi caricaturale non potesse essere fisica. Doveva per forza trattarsi di una frontiera sociale. I gruppi sulla riva opposta non autorizzavano più l'accesso al loro territorio, segno di quella che fu forse la prima e più antica frontiera umana mai concepita. Presso le popolazioni tradizionali – e stiamo ricominciando ad accorgercene anche sul nostro pianeta globalizzato – le distanze non dipendono dai chilometri. Sono sempre sociali. Se si è in buoni rapporti con le popolazioni dell'altra riva, la distanza sociale è minima. Se i rapporti sono cattivi, diventa immensa. La questione è sempre una: i rapporti con i vicini. E poiché quella straordinaria frontiera ghiacciata non può essere fisica, è chiaro che dev'essere sociale. Per qualche ragione sconosciuta, gli abitanti della riva destra e quelli della riva sinistra litigano a distanza. Non scambiano più nulla, niente di niente, dopo 60.000 anni di circolazione e di unione per mezzo delle acque fluviali. Proprio in circostanze tanto sorprendenti e inedite nella storia delle società neandertaliane, entrambi i gruppi vanno incontro a quella che con ogni probabilità viene considerata la più grande estinzione umana di tutti i tempi. Avviene proprio in quel particolare contesto fatto di frontiere, di distanze sociali, di rottura di ogni legame che per decine di millenni aveva unito le due popolazioni. È in questi termini che avevo formulato la questione, quasi vent'anni fa. Mi rendo conto che si tratta di una tesi audace. Basandomi sulla circolazione, o sulla semplice assenza di circolazione, di oggetti e materiali, avevo ipotizzato spostamenti umani, interazioni e costruzioni sociali. I territori reali però restano invisibili, ancor più per l'archeologo, costretto ad accettare la frustrazione derivante dalle sue costanti acrobazie intellettuali tra l'invisibile e l'incerto. Sempre nell'ombra.

Ma è proprio così che la vedevo io. Era la tesi che avevo sostenuto e difeso. Era possibile rintracciare le antiche frontiere sociali, ripercorrere i rapporti e le rotture all'interno dei gruppi tradizionali presenti nel territorio. Ed ecco che, vent'anni più tardi, un incredulo Hervé mi fa il suo annuncio. I marcatori isotopici di Thorin sono radicalmente diversi da quelli di un altro Neandertal rinvenuto a poche ore di cammino dalla grotta, ma sulla riva opposta del Rodano. Thorin, un uomo maturo, non aveva mai attraversato il fiume. Oppure, se lo aveva fatto, non aveva mai bevuto l'acqua della riva opposta, altrimenti la sua carne e le sue ossa avrebbero registrato gli indicatori mineralogici trasportati fin lì dai fiumi dell'Ardèche, che quindi sarebbero stati visibili, distinguibili. Le sue caratteristiche sembravano proprio essere in linea con le mie osservazioni a proposito dell'organizzazione delle ultime società neandertaliane. E con gli strati archeologici in cui era stato ritrovato il corpo.

Ma com'era possibile che avesse davvero 105.000 anni, dato che le sue ossa presentavano una serie di marcatori isotopici tipici dei climi freddi? L'assenza di indicatori mineralogici ci consentiva di escludere che avesse vissuto sugli altopiani del Massiccio Centrale o in qualche altra regione montuosa. Eppure, Thorin aveva trascorso la sua esistenza in ambienti estremamente freddi. L'insieme di queste informazioni non poteva combaciare con i risultati ottenuti dai genetisti di Copenaghen. Nulla combaciava in questa storia, in queste misure, in queste quantificazioni. Non soltanto le analisi isotopiche di Thorin erano coerenti con gli ambienti climatici propri dello strato archeologico in cui era stato ritrovato, ma il suo isolamento rispetto alle zone occidentali del Rodano sembrava collocarlo con grande precisione nella particolare fase vissuta dalle ultime popolazioni neandertaliane della Grotta Mandrin.

Ci trovavamo di fronte a una triplice diramazione: l'archeologia ci diceva che avevamo per le mani un Neandertal risalente a 42.000-50.000 anni fa; le analisi al radiocarbonio lo datavano intorno al 35.000; la genetica lo retrodatava a 105.000 anni fa. Le tre strade conducevano a interpretazioni radicalmente opposte, senza lasciar intravedere la minima via di mezzo che potesse gentilmente stabilire un compromesso tra 105.000 e 35.000 anni. Solo una delle tre discipline ci aveva visto giusto. Oppure si sbagliavano tutte quante. Chissà?

Passano settimane, mesi, anni, e le tessere del puzzle prendono lentamente posto, si incastrano e si contraddicono, esitano, procedono per tentativi. Ve l'ho detto, fare ricerca è compiere un passo nell'ignoto. Un passo incerto. Senza dubbio ci trovavamo in terre sconosciute. Nell'ambito della ricerca pura, al crocevia di discipline assai complesse che, richiedendo competenze tanto specifiche, sono padroneggiate da pochissimi ricercatori al mondo. Ed eccoci là ad avanzare in preda ai dubbi, mentre cerchiamo di accordare i nostri sguardi, le nostre interpretazioni, le nostre misure. A dire il vero, in genere noi scienziati accettiamo volentieri che le nostre idee, le nostre affermazioni, le nostre ipotesi vengano ribaltate. E ci piace anche vedere come ogni nuovo passo avanti vada a riorganizzare l'assetto globale delle nostre percezioni. Capire come gli elementi del sistema si condizionano, si influenzano, si modificano l'un l'altro in maniera diretta o indiretta.

Un mattino, ecco un altro messaggio di Tom, da Oxford. Una nuova serie di datazioni su altre micro-ossature di Thorin ha prodotto risultati diversi. Non si tratterebbe più di un individuo rimasto isolato per millenni in seguito all'estinzione degli altri Neandertal. I nuovi dati lo collocano tra 45.000 e 50.000 anni fa. Forse la nebbia comincia a dissolversi? Sarebbe troppo facile... Le nuove datazioni non dicono che Thorin ha 45.000-50.000 anni. Sono compatibili con quella cronologia, ma rappresentano soltanto soglie minime. Thorin potrebbe avere davvero 45.000 anni... oppure 105.000... La sua età rimane potenzialmente aperta su cronologie più antiche. D'altra parte, la nuova misurazione esclude una delle tre strade. È vero che Thorin potrebbe essere uno degli ultimi rappresentanti delle società neandertaliane, ma ciò non significa che queste abbiano continuato a esistere per millenni dopo la scomparsa dei Neandertal dal mondo antico. Del resto, quel 35.000 mi infastidiva un po'. Bisogna sempre essere pronti ad ammettere l'impensabile e ad accoglierlo di buon grado, ma io non disponevo né di un contesto archeologico né di uno schema interpretativo che mi permettessero di comprendere che cosa avevo davanti. Le mie documentazioni archeologiche in tal senso si fermavano a 42.000 anni, e i millenni mancanti mi impedivano di definire l'organizzazione della società a cui era appartenuto Thorin. Non avevo nessuna selce di 35.000 anni, nessun osso in base al quale formulare un primo pensiero riguardo alla durata non soltanto di quelle società, ma anche di quelle popolazioni in quanto realtà biologiche. Era possibile che alcuni gruppi di Neandertal fossero sopravvissuti per millenni senza lasciare traccia né nella Grotta Mandrin né in nessun altro sito della regione eurasiatica? Quel prolungato isolamento era forse segno di una lentissima estinzione e dell'esclusione dei Neandertal dalle società dei *Sapiens*, che allora occupavano la quasi totalità degli spazi terrestri? Com'era possibile che uno dei più grandi corridoi migratori del Mediterraneo avesse accolto gli ultimi rappresentanti di una popolazione altrove estinta?

Eppure, abbiamo visto che le mie ricerche di qualche anno prima nelle regioni polari mi avevano lasciato intravedere la possibilità di un simile scenario. All'epoca avevo ipotizzato che quelle popolazioni fossero rimaste in vita per diversi millenni, anche oltre i 35.000 anni fa indicati dalle datazioni di Thorin. Ma per il circolo polare artico avevo un contesto, una logica. I margini degli Urali artici non sono le sponde del Mediterraneo. D'altra parte, entrambi i siti sorgono sulle rive di un importante corso d'acqua. Pensate solo che la portata del fiume Pečora è quasi due volte quella del Nilo. Tuttavia, quello spazio artico era ben distante da qualsiasi asse migratorio evidente, e non siamo ancora in grado di comprendere quali popoli si fossero inizialmente stanziati al di là del circolo polare né quale organizzazione avessero quei primi gruppi, che sembrano aver occupato le regioni più settentrionali del pianeta anche prima di 50.000 anni fa. Alle frange estreme degli Urali artici, a Byzovaja, avevamo ritrovato cumuli di carcasse di mammut abbandonate lungo l'immenso fiume Pečora. Una quarantina di mammut serviti a qualche scopo, tagliati a pezzi, consumati. Anche intorno a Thorin avevamo trovato resti di mammut, come anche di rinoceronte lanoso, ma i nostri Neandertal mediterranei non prestavano troppa attenzione a quelle grosse specie; preferivano i cavalli, i bisonti, i cervi o gli stambecchi. Lo sfruttamento del mammut era più che altro una specialità boreale. I popoli del mammut in un certo senso anticipavano i popoli nordici della balena. Dunque, se 35.000 anni fa tutti i gruppi neandertaliani sembrano essersi estinti da tempo, rimane ancora qualche dubbio per quanto concerne le due estremità dell'Eurasia. Siamo proprio sicuri che alcune popolazioni non abbiano continuato a esistere ai margini dei rispettivi mondi, a sud come a nord? È ancora impossibile pronunciarsi in proposito, ma è significativo il fatto che la questione rimanga sospesa proprio agli ultimi scampoli del continente, sia che tali popolazioni siano riuscite davvero a sopravvivere in quei distanti recessi europei, lontane dai grandi assi naturali di circolazione, sia che lì le antiche tradizioni, conoscenze e abitudini dei Neandertal abbiano potuto sopravvivere per millenni dopo la scomparsa di questi ultimi dal mondo antico. Gli eredi di quelle tradizioni potevano essere Neandertal o *Sapiens*. E fra l'altro, che luogo occupavano gli individui più o meno meticci?

Comunque sia, il dilemma su Thorin resta aperto, con due invece di tre possibili soluzioni. L'ipotesi di una sopravvivenza tardiva dei Neandertal cade. Una simile realtà, proprio al cuore degli assi migratori, sarebbe stata straordinaria, affascinante. Ma a prescindere dagli specifici processi storici che hanno provocato l'estinzione di quelle popolazioni, i risultati delle analisi non contemplano tale possibilità. Rimangono quindi due strade da esplorare. Soltanto una può essere quella giusta. Thorin è morto 42.000-50.000 o 105.000 anni fa? Peraltro, stando alla paleogenetica, il nostro individuo è un maschio che non mostra alcun segno di scambi genetici con popolazioni di *Sapiens*. Un fatto interessante, dato che, se ha ragione l'archeologia e non la genetica, Thorin apparteneva proprio alle popolazioni che avevano rioccupato il territorio dopo i primissimi insediamenti dei *Sapiens* sul continente europeo. Ma qualunque sia la sua età, l'assenza di scambi genetici non è poi troppo stupefacente, perché in nessun Neandertal, a prescindere dalla cronologia, sono state rilevate tracce di scambi genetici con i *Sapiens*. Ho già illustrato le implicazioni di questo straordinario paradosso in *Néandertal nu*; paradosso perché, al contrario, i *Sapiens* antichi presentano geni neandertaliani. O Thorin rappresenta l'ennesimo elemento nel mio schema di scambi a senso unico, oppure appartiene davvero a un'antica popolazione risalente a oltre 100.000 anni fa, cosa che già da sola spiegherebbe l'assenza di scambi genetici. Ma come risolvere il dilemma? Ormai sappiamo che Thorin era un "Neandertal freddo", un esemplare dei popoli delle grandi steppe erbose, ma come possiamo assicurarci che non ci sia sfuggito nulla? Soltanto le datazioni dirette potrebbero consentirci di fare qualche passo avanti, ma il carbonio-14 ha ormai mostrato i suoi limiti, perfino in mano alla migliore équipe di datazione al mondo. Servono altre strategie. Nel corso dei nostri scambi, Tom e io elaboriamo un piano. Ci rivolgeremo a un ricercatore australiano, un esperto di metodi di datazione basati non sul carbonio ma sulla serie di decadimento dell'uranio, un altro elemento radioattivo che talvolta rimane nei denti. Renaud Joannes-Boyau è ricercatore a Lismore, nel New South Wales, e ha messo a punto un sistema di datazione che vanta la medesima risoluzione di quello al carbonio-14 senza quasi alterare il materiale esaminato. La datazione viene effettuata su campioni di smalto di appena qualche micrometro. Estrazioni invisibili a occhio nudo. Siamo particolarmente interessati a questo metodo, perché può essere applicato a oggetti piuttosto antichi, mentre il carbonio-14 ci costringe a rimanere al di qua dei 50.000 anni circa. Il risultato, comunque, è tutt'altro che certo. La misurazione potrebbe essere negativa, oppure produrre risultati imprecisi o una datazione non affidabile.

Se non riusciamo a ottenere una datazione diretta

per Thorin dovremo rimanere in attesa, con i metodi dell'archeologia e della paleogenetica confinati in due spazi antinomici, senza elementi oggettivi che possano risolvere le divergenze di interpretazione. Ma in questa partita a scacchi tra scienze umane e scienze dure le due discipline si muovono su terreni impari. Ciascuna può esporre la propria tesi, mostrare dove i risultati non corrispondono e spiegare perché Thorin dovrebbe avere meno di 50.000 anni o più di 100.000. Di solito, in questi casi, ognuno rimane sulle sue posizioni. E le scienze umane, sottili e interpretative, che si fondano innanzitutto sulla parola e sul ragionamento, si vedono rifiutate in favore delle scienze dure, quantificate. Chi mai preferirebbe seguire il pensiero rispetto all'analisi delle sequenze di acidi nucleici?

Vedremo. Nel frattempo, inviamo alcuni denti animali che abbiamo trovato intorno a Thorin per calibrare il metodo e verificare se i risultati saranno gli stessi di quelli ottenuti per lo smalto dentale del nostro uomo. Dovremmo ricevere una risposta abbastanza in fretta...

Ma sarebbe troppo bello. Proprio in quel momento le frontiere vengono chiuse, nel dubbio, nello stupore, nella paura. È arrivato il Covid. Ciascuno si isola e riapre secondo i propri ritmi. E naturalmente, proprio in quel momento, il laser degli strumenti di misurazione di Renaud si rompe. L'ingegnere incaricato constaterà che è un problema legato agli specchi, rovinati a causa dell'umidità. Serve un pezzo sostitutivo, che dev'essere spedito dagli Stati Uniti. Ma in quella strana fase della pandemia lo specchio magico impiegherà un tempo infinito a raggiungerci. L'8 ottobre 2020, Renaud torna a farsi sentire.

> Caro Ludovic,
> ho finalmente ottenuto una misura per Thorin: 43.000 anni. Sono convinto che l'età del fossile debba avvicinarsi a questa. Effettuerò altre misurazioni domani, tentando di cartografare i campioni per avere in mano dati solidi in proposito. È assai poco probabile, direi quasi impossibile, che Thorin abbia 100.000 anni o, a essere onesto, anche solo 80.000. Ti manderò il mio rapporto all'inizio della prossima settimana.
> Un carissimo saluto a te,
> Renaud

A questo punto, ci sono poche possibilità che la datazione di 43.000 anni subisca modifiche radicali; non solo, le analisi delle ossa animali rinvenute vicino a Thorin – resti di fauna cacciata da lui stesso o da membri del suo gruppo – produrranno gli stessi identici risultati. Le misure ottenute coincidono in pieno con l'epoca associata allo strato archeologico in cui è stato ritrovato Thorin. Possiamo finalmente escludere qualsiasi procedimento che porti a ipotizzare un'età molto più antica per quelle ossa. Il nostro dilemma interpretativo sembra risolto. Thorin non può che avere dai 43.000 ai 50.000 anni. Dunque, come ci indicavano i dati archeologici, è uno degli ultimissimi rappresentanti delle popolazioni neandertaliane. Appartiene a quei famosi gruppi che, per qualche ragione sconosciuta, ma legata alle loro norme sociali, alla loro storia, alla loro organizzazione, non avrebbero mai più attraversato il Rodano.

Ma com'è possibile? I paleogenetisti sembravano assolutamente certi dei loro risultati. Gli orologi molecolari della genetica si erano davvero sbagliati? Sono molto curioso di sapere che cosa mi dirà Martin a proposito delle nuove misure, perché ormai ben tre ambiti disciplinari – l'archeologia, la datazione degli isotopi e quella della serie dell'uranio – indicano, ciascuno in maniera autonoma, che abbiamo a che fare con un rappresentante delle ultime società neandertaliane.

Inoltro i risultati a Martin, che in effetti è al contempo stupito e interessato.

> Grazie Ludovic,
> è davvero molto interessante. E solleva senz'altro un interrogativo riguardo all'approccio della datazione molecolare.
> Dovremo ripetere l'insieme delle analisi, ma aggiungendo Thorin come punto di calibrazione temporale e fissando un'anteriorità di 40.000-50.000 anni, per poi ricalcolare tutte le età degli altri Neandertal conosciuti tramite tutti i nostri modelli statistici.
> A partire da questi elementi dovremmo riuscire a capire che impatto avrebbe una datazione recente di Thorin sulle date degli altri Neandertal e valutare se i risultati sono coerenti e logici. Se così sarà, dovremo elaborare qualche spiegazione plausibile (è una questione di tempi di

generazione diversi, di età di riproduzione fra i Neandertal? ...), ma intanto vediamo che cosa viene fuori.
Mi scuso per la lunghezza di questi numerosi scambi via email, ma a volte è utile mettere le cose per iscritto e svuotare la mente ☺ Se tutto ciò ti pare ragionevole, ti ricontatteremo molto presto con gli ultimi risultati, per discutere insieme delle varie implicazioni e delle diverse interpretazioni possibili.
Sono impaziente di conoscere i dettagli delle nuove analisi.
Martin

È chiaro che ci sfugge qualcosa. Martin elaborerà parecchi modelli statistici per riuscire a determinare la posizione di ciascuna popolazione antica rispetto alle altre e sviluppare alberi filogenetici, ossia grafici che illustrino i rapporti, gli incroci, le divergenze, l'isolamento delle varie popolazioni umane nel corso del tempo. Incrociando questi dati con quelli relativi all'età dei siti di reperimento, è possibile determinare anche la cronologia di un Neandertal rispetto agli altri. Ma questa volta, invece di tentare di risalire alla cronologia di Thorin, il nostro uomo viene inserito nel modello come punto di riferimento per l'età di tutti gli altri Neandertal. Chiediamo ai computer di stabilire che cosa succederebbe se Thorin non avesse 105.000 anni ma meno di 50.000. Come reagisce il modello? Il nostro campione verrà rifiutato come un'anomalia, un'impossibilità? In tal caso converrà andare avanti con le analisi per capire che cosa non funziona.

Per realizzare e poi interpretare il modello ci sarebbero voluti di nuovo parecchi mesi, ma quelle analisi che prendevano Thorin come punto di riferimento avrebbero portato a ridefinire l'età di un insieme di altri Neandertal. Tale ricollocamento temporale dei gruppi della Spagna e dell'Europa centrale e orientale avrebbe prodotto risultati particolarmente interessanti. Fino ad allora, in diversi di questi siti le cronologie molecolari avevano fornito risultati talvolta molto divergenti rispetto alle datazioni degli strati archeologici da cui provenivano i reperti. E quelle divergenze e incoerenze venivano sistematicamente imputate agli archeologi:

scavi condotti male, contesti equivocati o datazioni erronee. Ma l'inserimento di Thorin come punto di riferimento nel modello statistico avrebbe modificato e ricalibrato le cronologie molecolari di numerosi siti neandertaliani, allineando così le età molecolari alle datazioni archeologiche. A quel punto, infatti, le cronologie ricavate dalla genetica combaciavano con le età degli strati archeologici di ritrovamento. Dunque, non soltanto il modello indicava che Thorin poteva benissimo avere meno di 50.000 anni, ma avevamo la dimostrazione che gli orologi molecolari si erano in parte sbagliati.

Qual era l'origine degli errori ricorrenti nei modelli analitici? È ancora difficile da capire, ma può darsi che fossero dovuti alle diverse dimensioni delle popolazioni o a questioni di selezione naturale degli individui, due cose che avrebbero potuto falsificare un modello puramente statistico e forse troppo rigido per poter illustrare la storia e l'organizzazione effettiva di quelle lontane popolazioni. Forse, le peculiarità delle antiche strutture etniche e sociali dei Neandertal avevano avuto un impatto diretto sulle modellizzazioni statistiche.

Che cosa dedurre da questo scontro fra date, il cui esito aveva oscillato tra 35.000 e 105.000 anni fa, per un intervallo di circa 80.000 anni? Potremmo considerarla una situazione piuttosto rara, in cui un lungo processo dimostrativo ha permesso a una scienza umana di correggere ciò che sembrava assodato dalle cosiddette scienze dure.

Ma più che parlare di una sconfitta di queste ultime di fronte alle scienze umane, va detto che gli interventi, i risultati, gli avanzamenti a tentoni e le messe in discussione sono parte integrante di ciò che è la scienza. In tal senso, questo episodio ci ricorda che il metodo scientifico è unitario. In verità non esistono né scienze dure né scienze umane. La scienza è una particolare maniera di concepire ed esaminare l'assetto della realtà. Una maniera di costruire uno sguardo e analizzare la materialità del mondo circostante che talvolta necessita di tecniche performanti, di macchinari pesanti, di potenti modelli matematici. Tuttavia, questi dispositivi impressionanti, che sfruttano le nostre migliori capacità tecniche, possono essere calibrati, risistemati, rimessi profondamente in discussione mediante il solo utilizzo dei nostri sensi, dei nostri ragionamenti, delle nostre parole. Con l'aiuto delle strutture del pensiero logico e, talvolta, di una semplice pinzetta comprata a un angolo della strada. Così questo lungo episodio di ricerca condotta dalle migliori équipe internazionali ci offre un perfetto esempio del carattere unitario della scienza, non in quanto disciplina, ma come maniera di pensare il mondo. E ci mostra un gruppo di esperti che non ha mai esitato a rimettere in discussione i propri risultati, i propri metodi e le proprie interpretazioni nel corso del lungo processo di produzione di conoscenza.

Ci siamo imbattuti in Thorin nel 2015, nel modo più stupefacente possibile: giaceva a terra nella gariga, come se in quell'angolo di macchia le epoche si fossero dimenticate di scorrere. Soltanto sette anni dopo, nel 2022, abbiamo potuto cominciare a comprendere il suo tempo, le sue abitudini, le sue tradizioni.

Un ultimo Neandertal nel suo ambiente? Sfiorare l'inquantificabile

Ora siamo in grado di esprimerci su Thorin. Su cosa era e cosa non era. Su quello che ha vissuto e quello che può raccontarci del suo gruppo, degli ultimi Neandertal. Ma i particolari della sua storia, della sua vita e della sua morte – tutto ciò che costituisce un individuo nella sua realtà – restano quasi indefinibili. Magari dopo altri sette anni di ricerche emergeranno mille piccoli dettagli che potrebbero spingermi a riscrivere questo capitolo. In ogni caso, non tutto è stato cancellato e qualche frammento della sua storia è sopravvissuto ed è giunto fino a noi. Va detto in mia difesa che la mia indagine poliziesca è cominciata decine di migliaia di anni dopo gli eventi. Esaminiamo alcuni dati di fatto. I resti del corpo giacevano all'ingresso della grotta, esposti alla vista. Non all'interno di quelli che sembrano essere stati spazi di vita, protetti da una volta di pietra. Thorin è stato lasciato all'aria aperta, all'esterno. Ecco però che queste parole comportano già una soggettività, una contrapposizione rintracciabile nella semantica dei termini. Se dico che il corpo era all'esterno, lascio intendere che sia possibile distinguere un fuori e un dentro, presso quelle popolazioni e in quel luogo. Potrei anche dire che è stato lasciato all'aria aperta, o sotto le stelle. In realtà, soltanto per stabilire se Thorin si trovasse sotto la volta oppure oltre la volta della grotta è stato necessario un notevole lavoro di analisi e di recupero che consentisse di modellizzare la morfologia della piccola cavità in cui si trovava così come doveva apparire decine di millenni fa. La determinazione di quel singolo dettaglio ha costituito già di per sé una vera e propria impresa di lettura geologica della grotta. In ogni caso, ora possiamo basarci su questa constatazione: Thorin si trovava ben oltre quella che, più di 42.000 anni fa, era la volta della grotta. Ma come definire ciò che rappresentava uno spazio del genere nell'immaginario di quel gruppo umano? Vi abbiamo trovato un incredibile assortimento di selci e di ossa. Tappeti di oggetti abbandonati a terra. Una discarica per ricoprire un corpo? Sarebbe davvero interessante. Salvo che lo stesso indescrivibile ammasso di selci è stato rinvenuto anche all'interno della grotta, intorno a focolari allestiti in maniera sommaria e circondati da alcune pietre sparse. L'abbandono di oggetti, di migliaia di oggetti, può sollevare una serie di interrogativi. Sappiamo che gli ultimi momenti di permanenza dei Neandertal nella grotta sono il culmine di diverse decine di occupazioni stagionali. La massa di selci non è la traccia lasciata da un piccolo accampamento, ma da più generazioni di esistenze umane. Quegli individui venivano qui dai tempi dei nonni, o dei bisnonni. E forse da molto prima. Ma è probabile che non vi trascorressero più di qualche giorno o qualche settimana all'anno. Si tratta di un'occupazione al contempo molto lunga e molto episodica. E quell'accozzaglia di selci scheggiate è la firma di generazioni di episodi del genere. Ce ne sono ovunque, senza una disposizione evidente che permetta di riconoscere con facilità spazi di vita ben definiti. Vedo i punti in cui accendevano il fuoco e gli oggetti rinvenuti nei pressi dei due focolari, ma com'era organizzata lì dentro la vita quotidiana del gruppo? Sono tutti qui, donne, uomini e bambini, perché ho trovato anche alcuni denti da latte. Peraltro, questi potrebbero indicare una ricorrenza dei passaggi umani, dato che un dente da latte non si perde tutti i giorni. Comunque, i bambini in qualche modo prendono forma. Mi sarebbe piaciuto vederli giocare, quei bimbi neandertaliani. Saranno stati loro a portare qui una serie di ciottoli di quarzo e di piccole biglie di pochi centimetri, alcune delle quali mi sembrano intenzionalmente scheggiate o spezzate? Talvolta è stato notato che la donna preistorica rimane invisibile, nei nostri scritti e nei nostri ragionamenti. E i bambini? Quei denti ne tradiscono la presenza, ma come si fa a vedere l'infanzia? Un bambino si muove, fa baccano, occupa tutto lo spazio. Eppure, 42.000 anni dopo, non se ne parla. Probabilmente perché qui è tutto incerto. Il bambino, diventato invisibile in quella massa indefinita, non è più al centro delle osservazioni dell'archeologo, né della scienza. E in effetti non abbiamo nulla. C'è anche un gruppo di oggettini, minuscoli utensili di ogni forma, abbandonati dai Neandertal. Non sappiamo se questi oggetti in miniatura siano un segno di quelle manine. Nulla è certo, né i piccoli ciottoli, né i pochi fossili, né i blocchetti di selce impossibili da scheggiare ma graziosi. E le domande che emergono a proposito di quei bambini dimostrano fino a che punto siano parziali le nostre letture. In trentadue anni di lavoro alla Grotta Mandrin credo di essere incappato in un solo particolare che mi abbia lasciato intravedere l'infanzia. È probabilmente una forma di apprendistato. Si trattava di un blocco di selce, preparato con grande abilità da qualcuno per estrarne un'unica punta. Quello che noi chiamiamo nucleo era stato lavorato con grande cura fin nelle minime rifiniture, e lasciava intuire eccellenti competenze artigianali. Talvolta, i Neandertal erano veri esperti nei loro gesti. E questo era indubbiamente un grande maestro. Dopo una lunga preparazione, la punta può essere estratta con un solo colpo preciso, che determina la fine del processo artigianale. L'ultimo gesto rappresenta la ciliegina sulla torta. Richiede una certa padronanza del mestiere. Certo, nulla di straordinario per uno scheggiatore esperto. Tuttavia, l'operazione di estrazione qui era fallita. A saltare all'occhio non era il fallimento in sé – capita anche ai migliori – quanto il fatto che chi aveva fallito aveva anche insistito. E poi ancora insistito, intaccando un po' di più la pietra a ogni gesto andato a vuoto. Ogni colpo maldestro registrato per sempre nella materia. Quindici tentativi, quindici fallimenti. In verità, con una selce così sottile, il primo fallimento aveva già segnato la fine dei giochi. La pietra aveva registrato il colpo, si era incrinata e non poteva più produrre altro. I quindici gesti successivi, azzardati, un po' goffi lì dove si erano abbattuti, rivelavano che chi aveva tentato di estrarre la punta ignorava una serie di regole basilari e necessarie per l'utilizzo di quel tipo di selci. In pratica, l'esperto che aveva preparato a lungo il blocco non era l'individuo maldestro che aveva compiuto l'ultimo gesto e lo aveva irrazionalmente moltiplicato, rendendo così la pietra sempre più fragile e inutilizzabile. Avevamo quindi il maestro e l'apprendista. Genitore e figlio? Un episodio di migliaia di anni fa che ci parla di individui competenti che trasmettono le loro abilità, e di un bambino che tenta di comprenderle e di riprodurle. Ma è stata l'unica occasione in cui sono riuscito a vedere sia il bambino sia il processo di trasmissione da una generazione all'altra. Del resto, non era forse possibile immaginare qualche altro scenario? Un maestro scheggiatore deciso a estrarre la sua punta che, dopo aver sbagliato, viene preso dalla collera, dall'isteria, e per un colpo di testa condanna a morte il blocco di pietra? O un bambino che, sapendo dove lo scheggiatore ripone i blocchi preparati con cura, approfitta della sua assenza per cimentarsi con il lavoro? Oppure mille altre piccole varianti, a ricordarci che queste sono deboli letture di istanti passati. L'archeologo non cerca mai i singoli eventi, che vengono menzionati soltanto di rado. O perché non ci sono, o perché non si vedono; in fondo, si trattava soltanto di alcune intaccature aggiuntive alla base del blocco di pietra. Dovrei forse leggerle e interpretarle? È questo il mio ruolo? Definire un atto, un minimo momento, invece di comprendere una società intera? Dobbiamo allora occuparci delle grandi tendenze e respingere tutto il resto in quanto parte inaccessibile di ciò che è avvenuto qui? Un po' come se i singoli eventi non avessero diritto di cittadinanza, come se non fossero più di competenza delle scienze. Troppo vaghi, troppo inquantificabili. Troppo umani. Ed ecco che arriviamo al cuore della questione. L'episodio che ci parla di quei bambini ci parla soltanto di istanti da nulla, non ci dice niente delle società, della loro struttura, della loro storia. Siamo entrati in un ambito che va già un po' più in là di quel che i nostri sguardi sembrano potersi concedere. Nella nostra mente tutto ciò non è più vera scienza. Eppure bisognerà farci i conti, perché anche la morte è soltanto un ennesimo episodio. L'ultimo. Forte, potente, ma in fondo un episodio da nulla. Un istante infimo, nel quale tutto precipita e il gruppo è costretto a ribaltare e a riarticolare l'insieme delle sue priorità quotidiane. Convinti come siamo che il singolo episodio non rientri nel nucleo delle nostre discipline, ci priviamo della capacità di definire i gesti più infinitesimali, che forse sono gli unici ad avere senso.

Che fare, dunque? Siamo di fronte a una sepoltura? Nessuno lo sa. Eppure, Thorin giaceva là. Le analisi mostrano soltanto qualche minimo spostamento delle ossa nel corso del tempo. Ma la sua posizione in quella piccola conca naturale, lungo la roccia, è casuale? Il corpo è semplicemente rimasto dove la morte lo ha colto? O è stato sepolto lì dai suoi? In quella cavità lungo la roccia, sotto le stelle?

Dalla carne alle ossa

Alcuni indizi mi fanno pensare che il corpo di Thorin sia rimasto nel punto in cui era stato deposto. Dicendo "deposto" compio un passo interpretativo di grande significato. Non credo che fosse stato semplicemente lasciato a terra. Altrimenti, com'è possibile che non sia stato trascinato in giro dai carnivori, attirati dall'odore della carne in decomposizione? È probabile che i suoi compagni non potessero rimanere lì più di qualche settimana e dovessero proseguire il loro ciclo di nomadismo stagionale. I resti non sono stati sparpagliati, e abbiamo ritrovato alcuni frammenti del cranio non lontani dalle falangi della mano sinistra. Non so ancora quale fosse l'esatta collocazione originaria di Thorin, e forse dovremo formulare diverse ipotesi, più o meno fondate, in merito alla posizione del cadavere: giaceva supino, sul fianco, in quale verso? Non posso ancora stabilirlo, ma so che se i resti non sono stati sparpagliati senza criterio dai colpi di mascella degli animali necrofagi, significa che, in un modo o nell'altro, erano protetti. D'altra parte, i denti della mascella superiore non sono insieme ai denti della mandibola, ma a qualche decina di centimetri di distanza. La distanza perfetta, e probabilmente anche la giusta posizione, per un cranio che sia rotolato su se stesso e abbia lasciato indietro la mandibola. Ecco però qualcosa di stupefacente. La strategia più ovvia – e per noi istintiva, a causa delle nostre tradizioni – per proteggere un corpo sarebbe quella di metterlo a terra, seppellirlo e ricoprirlo. Ma queste sono appunto le nostre tradizioni, ed esistono mille comportamenti di fronte alla morte: che sia mangiare per intero o in parte il corpo e le ossa del defunto, lasciarlo in pasto agli uccelli o bruciarlo, o ancora tenerlo sospeso per aria, nasconderlo in qualche recesso, cavità o albero, mummificarlo, oppure riportarlo nel gruppo di tanto in tanto dopo averlo essiccato, abbigliato di tutto punto come per una grande occasione. Cucinarlo in una volta sola o a più riprese, oppure recuperarne in seguito la testa o un osso per tenerli sempre con sé.

È possibile che moltissimo tempo fa, forse 400.000 anni fa, ad Atapuerca, nei pressi di Burgos (Spagna), i lontani antenati dei Neandertal avessero ammucchiato i corpi dei loro morti in fondo a una grotta. Nel sito, infatti, sono stati ritrovati i resti di ventinove individui. Ma erano stati portati lì a mano a mano con il passare del tempo o erano morti tutti insieme, nel corso di qualche macabro episodio?

Come abbiamo detto, le nostre letture sono spesso fragili. Nel caso di Thorin, non soltanto la sepoltura non è minimamente rappresentativa dell'essere umano di fronte alla morte, ma sembra anche un metodo destinato a fallire, se l'obiettivo è quello di proteggere il corpo dai carnivori, perché ci sarà sempre una iena pronta a scavare e a dissotterrare. Bisogna ribaltare il ragionamento. Innanzitutto, ciò che è rilevante per noi non è soltanto che il gruppo abbia voluto proteggere il corpo, ma che sia stato in grado di capire che, in quell'ambiente, i resti non avrebbero potuto conservarsi se non fossero stati protetti. Sarà questo primo passo, questa prima osservazione, a guidare le fasi iniziali della nostra indagine. Non stiamo deducendo una volontà o interpretando un gesto, peraltro indefinito, bensì constatando alcuni elementi che implicano un determinato stato di cose per quanto concerne la storia di questo corpo. Bisogna tenere conto del fatto che qualcosa, forse un particolare intervento o un processo, deve aver protetto il corpo fino al momento della decomposizione, che attira sempre i grandi carnivori negli ambienti in cui la fauna è largamente rappresentata. Dobbiamo quindi ricostruire la storia del corpo dal momento del decesso alla scomparsa della carne. Un corpo al sole può decomporsi del tutto nel giro di dieci giorni. Sottoterra, invece, possono conservarsi per parecchi anni residui di pelle, tendini o muscoli. Ma se Thorin è morto in inverno, il clima polare che all'epoca imperversava nelle regioni europee potrebbe averne preservato la carne per molto tempo, anche se fosse rimasta esposta all'aria. In quel terreno gelato il corpo avrebbe potuto conservarsi per secoli, se non millenni. Dunque si profila un intervallo di tempo indefinito, che può andare da qualche giorno... a qualche millennio. E durante quel tempo indefinito il corpo dev'essere rimasto al riparo dai carnivori per poter giungere fino a noi, seppure in forma parziale, senza venire trascinato nei dintorni per decine di metri. Se riuscissimo a stabilire un tempo minimo, anche in maniera molto imprecisa, potremmo individuare qualche pista interessante per interpretare tutta la storia.

L'attuale scioglimento dei grandi ghiacciai di tutta Europa sta portando alla luce reperti archeologici che vi erano rimasti intrappolati per millenni. Non si tratta più di scoperte episodiche, ma di un'espulsione accelerata di un intero arsenale di legno, cuoio e materiali tessili. Dal Canada alla Norvegia, passando per l'Italia o l'Austria, i ghiacciai sono monitorati con grande attenzione dagli archeologi, che ne estraggono via via le preziose reliquie. Emergono dunque materiali organici altrove scomparsi su cui il tempo sembra non aver lasciato traccia, come se fossero stati appena abbandonati. Invece raccontano dei protagonisti di quasi tutte le epoche passate, dagli esploratori del XIX secolo ai vichinghi, fino a coloro che attraversarono montagne e colli parecchi millenni prima, come Ötzi. Questo straordinario corpo mummificato dai ghiacci è stato ritrovato per caso a più di 3000 metri di altezza sulle Alpi italiane. Giaceva da oltre 5000 anni nel ghiacciaio del Similaun insieme a un arco e a una faretra, con un berretto di pelle d'orso in testa e scarpe di pelle di cervo ai piedi... Nella sterminata Siberia invece emergono qua e là resti di cacciatori della più antica preistoria, di quei lontani popoli del mammut vissuti ai margini del mondo di cui parlavo in *Néandertal nu*. Evidentemente, se qualsiasi siberiano sa riconoscere all'istante l'antichità dei resti di un mammut o di un rinoceronte lanoso, di fronte a un corpo umano è quasi impossibile distinguere una spoglia del XIX secolo da una del XIX millennio. Il 19 settembre 1991, quando Helmut ed Erika Simon si imbatterono nel corpo di Ötzi, pensarono subito a un montanaro scomparso qualche mese prima. I gendarmi austriaci intervennero per primi, e i filmati mostrano i loro tentativi di estrarre la mummia dai ghiacci in cui era incastrata mediante l'uso di... piccozze. Difficilmente siamo pronti a confrontarci con lo straordinario. Ci sono tutte le ragioni di pensare che dai terreni congelati emergano regolarmente corpi di cacciatori anche molto più antichi di Ötzi, e che finiscano a giacere in pacifici villaggi siberiani sotto croci di abete rosso, piamente sepolti da coloro che li hanno scoperti.

Può capitare che il tempo abbia poca presa sui resti più arcaici. Non è facile sviluppare un modello per la decomposizione di un corpo. Non è mai una mera questione di tempo. Sappiamo che Thorin viveva in un ambiente freddo, molto freddo, più simile alle zone climatiche del grande Nord europeo, abitato da renne e lemming, che alle garighe che si sono diffuse negli spazi mediterranei da una dozzina di millenni. Dunque non abbiamo modo di sapere quanto durò la sua trasformazione da corpo di carne a scheletro, ma con ogni probabilità il processo di decomposizione fu più graduale e più lungo di quanto lo sarebbe oggi in quello stesso punto, all'ingresso della piccola grotta, anche se la sua morte dovesse aver avuto luogo durante la bella stagione, quando il terreno in superficie era libero dai ghiacci e l'attività batterica era più intensa. Grazie all'analisi dei resti dei piccoli roditori, dei batraci e dei rettili rinvenuti negli strati archeologici della Grotta Mandrin – la cui definizione cronologica risente molto delle oscillazioni climatiche – sappiamo che intorno a 45.000 anni fa i periodi di gelo duravano dai 120 ai 140 giorni all'anno circa. Alla luce di ciò possiamo attribuire al nostro spazio mediterraneo di allora un clima più freddo di quello che al momento si registra a Capo Nord, ben oltre il circolo polare artico, all'estrema punta settentrionale del continente europeo. In cima alla Norvegia, per capirci. Sotto molti aspetti, le temperature della regione mediterranea di allora sarebbero state paragonabili a quelle attuali di alcune regioni siberiane. Può darsi che il terreno all'ingresso della grotta fosse parzialmente ghiacciato, e potrebbe essere stato piuttosto difficile scavarvi un buco o una fossa in cui deporre il corpo. L'area peraltro non presenta segni di scavo. I resti sono stati trovati in una piccola conca lungo la roccia. Ma le analisi suggeriscono che si trattasse di una conca naturale, già presente prima della morte di Thorin. Le dimensioni di quella piccola fossa naturale erano sufficienti a contenere un corpo. La relazione tra il corpo e quell'incavo nel terreno è casuale o ci rivela qualcosa a proposito delle azioni dei vivi in seguito alla morte di Thorin? È forse la firma degli ultimi Neandertal di fronte alla morte? È quasi impossibile pronunciarsi in merito senza tendere a una proiezione, a un'interpretazione che comunque non sarà più solida dell'ipotesi di una casualità. Entrambe le congetture sono deboli, ed è in gran parte su debolezze del genere che si fondano quasi tutte le discussioni sulle sepolture neandertaliane.

Lo spirito nella materia e lo sguardo che si scontra con la realtà

Che cosa potrà mai raccontarci un corpo sistemato in una fossa o in una depressione del terreno, se non siamo in grado di riconoscervi gesti precisi, ponderati, irrazionali? Irrazionali perché, se l'essere umano fosse fatto di materia razionale, nei corpi dei morti vedrebbe soltanto una massa inerte da scartare per tenerne lontani gli odori sgradevoli, a meno di considerarne il valore energetico, in quanto ammasso di proteine a buon mercato che ormai si può soltanto ingerire. Ho già esplorato il complesso tema delle antropofagie, che giustamente non si riducono mai a una mera questione di apporto proteico, ma sono sempre indice di un importante patrimonio di valori collettivi. Inoltre, alla base di tali comportamenti è possibile distinguere uno scontro tra sentimenti diversi che sembra legare insieme l'amare e il mangiare, l'amore e l'ingestione. È un po' come quando un neonato adorabile ride in un modo così meraviglioso che ci fa venire voglia di morderlo. Ed è possibilissimo che il rapporto con l'ingestione dell'altro vada al di là di qualunque valore culturale e sia da annoverare non fra le strutture di questa o quella società, bensì, a un livello più profondo, fra i comportamenti più universali e naturali della nostra etologia. Stupefacente ingestione dell'altro. Ingestione fisica, simbolica, sentimentale, morale, amorosa. Ingestione totale dell'essere amato come fusione ineluttabile, con la quale si vorrebbe assimilarlo completamente dentro di noi. Una definizione dell'amore.

Ovunque l'irrazionale, o il non razionale. L'umano non pensa mai il mondo come una serie statistica di risorse e potenzialità. Ogni valutazione dipende dai nostri valori, dal nostro sguardo, dal nostro pensiero, dalle nostre soggettività e, soprattutto, dai nostri comportamenti, dai nostri istinti, che incanaliamo attraverso le nostre culture in maniera a volte efficace e a volte inefficace. Nella vita come nella morte, fino ad arrivare alle forme di cannibalismo. Tutto è irrazionale, investito di valori non quantificabili. E se fosse questa irrazionalità a definire davvero, e perfettamente, la materia umana? A caratterizzare l'umano, dunque, non sarebbero né l'uso degli utensili, né la postura eretta, né il pensiero, né l'altruismo, ma la capacità di creare un mondo che non trova riscontro nelle leggi naturali. La capacità di ribaltare la realtà tangibile, di rovesciare le leggi della natura per sottometterle completamente al nostro sguardo. Irrazionale, certo. La frase di Pascal "Il cuore ha le sue ragioni che la ragione non conosce" non definisce allora il cuore, ma la materia umana nella sua totalità, nella sua profondità e globalità. Dunque, Pascal in verità non ci sta parlando né del cuore né di Dio, ma della nostra natura più recondita. Dell'essenza stessa dell'Essere umano, con le sue ragioni che la ragione non conosce. Ed è questo capovolgimento del pensiero, questo vincolo che le nostre creazioni pongono a qualunque realtà oggettiva, a definirci in tutto e per tutto, in ogni istante. Ma da dove viene questa natura umana? In tutti i milioni di anni che ci hanno preceduto, da dove è arrivato il tratto irrazionale, la volontà di piegare il reale con la sola forza della nostra immaginazione? Non sarà semplicemente il marchio di fabbrica di quel che siamo? Il nostro vero e unico peccato originale? Nella creazione del primissimo utensile, più di tre milioni di anni fa, non è possibile ravvisare il segno irrazionale di una qualche volontà? Un desiderio, una voglia? La voglia di trasformare il mondo per farne qualcos'altro. La volontà di rifiutare la realtà e mostrare che non è così vera, così assolutamente vera come sembra. E forse, in quell'incerto colpo di genio, è stato sufficiente percuotere la roccia con un'altra roccia per trasformarla in qualcos'altro. Qualcosa di tagliente e diverso. Un'altra realtà, lo spirito che emerge dalla materia. Il frutto dello scontro tra lo sguardo e la realtà. Ed è proprio questo sguardo che ha smantellato l'ordine del mondo e costretto la natura a diventare altro. Una nuova condizione.

Dal primissimo utensile fino alla primissima sepoltura, non assistiamo alle tappe di un'evoluzione umana che conduce passo dopo passo a ciò che siamo oggi. Vediamo invece le articolazioni di una medesima realtà non soltanto germinale ma declinata, a partire dal primo urto tra le due pietre che ha ordinato alla materia di piegarsi allo spirito. In quel gesto ci sono già tutte le irrazionalità che plasmano la materia umana. Tutto ciò, tutto quel che siamo, non sarebbe altro che la declinazione di un medesimo impulso profondo. Trasformativo. Performativo. La materia che si piega di fronte alla volontà. Di fronte allo spirito.

Processi mentali accanto alla buca

Dall'utensile alla sepoltura, vediamo quindi un'infinità di declinazioni delle stesse irrazionalità, che trasformano e piegano alla nostra volontà qualsiasi forma di realtà oggettiva. Che modellano l'ordine reale del mondo, quello che da sempre obbedisce soltanto alle leggi immutabili della natura. Bisognerebbe considerare la sepoltura – come viene spesso proposto – un passo evolutivo fondamentale, forse più importante di qualsiasi altra declinazione irrazionale della natura umana? Più importante perché quell'atto e quel momento rivelerebbero una presa di coscienza dell'esistenza dell'altro e del suo essere insostituibile, facendo così dell'uomo una creatura diversa da tutti gli altri esseri viventi, che invece restano avviluppati nel naturale? È quel qualcosa che ci rende incontestabilmente umani?

Dietro a questi pensieri rimane la volontà di differenziarci, il costante bisogno di mostrare che siamo diversi da tutto il resto. È l'ego dell'uomo che vuole staccarsi dai viventi e collocare qualsiasi altra realtà sotto la propria natura? Vogliamo distinguerci come se fossimo, con ogni evidenza e senza possibilità di discussione, materia superiore. Saremmo dunque un'"altra cosa", un'entità molto diversa da tutto ciò che vive sulla Terra e che vola in aria. La volontà di concepirci in questo modo e di distinguerci dagli altri esseri viventi, il nostro ego evidente, potrebbe essere una delle nostre debolezze originali? Descrivere l'uomo come la creatura convinta che ogni vita sia insostituibile offre una bella definizione di umanità. Lusinghiera. Troppo bella? Troppo sfalsata, forse, rispetto alle sue realtà? Una definizione che offre l'immagine migliore di ciò che siamo, che non ci distingue più dall'animale attraverso gli oggetti e le tecniche, come se definirci in base alla trasformazione della materia ci avvicinasse ancora troppo al regno degli altri esseri viventi; come se ci mantenesse in eccessiva prossimità con il regno della creazione; come se ci fosse qualcosa di vile, di ancora troppo naturale nel concepire l'emergere dell'umano al momento della creazione del primo utensile; come se la prima inumazione ci innalzasse dal regno degli altri viventi, per fare di noi quella creatura straordinaria che non conosce pari, paralleli o paragoni fra le altre creature. In noi e nei nostri pensieri – perfino nelle nostre scienze – alberga una volontà forte, trascendente, di distaccarci dal regno naturale, una volontà di cui l'antropologo Philippe Descola ha identificato la valenza culturale, perché le varie società posizionano in maniera diversa gli umani e i non umani. Eppure, al cuore delle nostre concezioni occidentali, troviamo una singolare coincidenza etimologica che vede i due termini "umano" e "non umano" prendere forma a partire dall'*humus*, la terra, come se inumare non significasse soltanto collocare in terra ma anche collocare nell'umano. Fare l'umano. Vediamo dunque, anche in Occidente, una forma germinale di schizofrenia che porta l'uomo a distinguersi interamente dalla natura e al contempo a fondersi appieno con lei. Come se, anche in Occidente, la profonda distinzione tra natura e cultura fosse il risultato di costruzioni esitanti, di incerti giri di valzer nei quali forse non riusciamo a prendere una posizione decisa.

È questo il significato che costruiamo sul concetto di prima sepoltura. Tale azione ci conferirebbe nobiltà e superiorità, relegando gli altri viventi al rango di semplice materia animata. Come se accettassimo di essere sì Natura, ma alla sola condizione di rappresentare l'unica coscienza terrestre. Io penso, anzi temo, che dietro a questi discorsi si celi in realtà un eccesso di ego, comune a tutti noi, e che ciò sia dovuto alla volontà di distinguerci nettamente e totalmente. È forse possibile che tale concezione della nostra lunga storia sia un modo per camuffarci da creature divine? La sepoltura allora segnerebbe un momento particolare nell'evoluzione delle nostre società, dimostrando al contempo che altre umanità sono state paragonabili a noi. Estendendo così un invito alla nostra tavola di esseri "più che naturali" a quelle altre creature che, come noi, si prendevano cura dei loro morti.

Ma dobbiamo spingerci più in là. Avanzare ancora di qualche passo. Scrostare ancora la superficie delle apparenze. Siamo proprio sicuri che la sepoltura sia tanto importante per comprendere la storia delle nostre umanità soltanto per questi motivi? La prima sepoltura rappresenta davvero un momento particolare nella storia delle società umane? Come se i gesti irrazionali compiuti intorno alla morte segnassero finalmente la nostra uscita dal mondo naturale. Sarebbe dunque possibile riconoscere un prima e un dopo, identificare una tappa a partire dalla quale quelle creature lontane, i preumani e gli altri umani non sarebbero più stati semplici bipedi, ancora un po' limitati a livello encefalico, ma si sarebbero definitivamente trasformati in umani, ripuliti dal naturale? Non sarà invece che, in maniera molto più cruda, riconosciamo in quell'inumazione i nostri stessi modi di stare al mondo? Non i modi degli esseri umani, ma quelli delle società all'interno delle quali ci definiamo in quanto umani. Ben più di un importante passo evolutivo, non sarà presente anche qui, ancora una volta, un eccesso di ego, sempre assetato di distinzioni e mai soddisfatto? La scoperta della sepoltura forse non racconta tanto di quelle lontane società quanto del nostro bisogno di parlare di noi, di distinguerci, di gridare da ogni tetto che noi siamo molto meglio, molto più di quanto fossimo prima. Non parliamo né della nostra storia né dell'evoluzione delle remote società che ci hanno preceduto. Parliamo di noi, ancora e ancora. Siamo prigionieri del nostro sguardo. Del nostro bisogno di distinguerci, come bambini desiderosi di mostrare ai genitori quanto sono diventati grandi. Saremmo dunque eterni bambini, così poco sicuri di noi stessi da aver bisogno di sottolineare come ogni storia antica dimostri che siamo diversi da tutti gli altri esseri? Divergenti dalla totalità del regno naturale? Materia naturale che si è lentamente sublimata in materia superiore?

Nel 1999 pubblicai insieme ad altri colleghi un articolo sulla rivista "Science" che dimostrava l'esistenza di pratiche cannibalistiche fra i Neandertal; alcuni ricercatori celebrarono la nostra scoperta ma ci rimproverarono anche, spesso in forma implicita, di aver messo in cattiva luce quella popolazione. Di averla associata ad atti selvaggi, rivoltanti, bestiali, e di averne compromesso il lento processo di riabilitazione. Quelle reazioni rivelavano quanto siano miopi le nostre concezioni di ciò che è l'Uomo. Quanto siamo incapaci di confrontarci nel profondo con qualunque forma di alterità. In *Néandertal nu* ho messo in luce i processi mentali con cui abbiamo tentato di trasformare a forza questa creatura in un altro Noi. Le reazioni di rigetto, di disgusto e di rimprovero di fronte al nostro articolo su "Science" non provenivano dai lettori comuni, ma dal mondo accademico, a dimostrazione del fatto che dobbiamo ancora lavorare molto per spingere più in là il nostro sguardo. Nell'ultimo capitolo di *Néandertal nu* ("Liberate la creatura") non esprimo la minima illusione riguardo alle nostre capacità di ripensare l'umanità come realtà plurale e infine liberata da concetti strettamente legati alle costruzioni intellettuali e culturalmente determinate di cui siamo impregnati. Con ogni probabilità, è qualcosa che va ben al di là delle nostre forze. La creatura è nostra prigioniera nella stessa misura in cui noi siamo rinchiusi nelle nostre gabbie mentali. Stiamo giungendo così a conclusioni agghiaccianti sulla natura umana. Siamo forse rinchiusi in gabbie prive di sbarre che però guidano e limitano il nostro sguardo sulla realtà del mondo? A tal proposito, tornano in mente gli scritti di Aldous Huxley. Costruendo scenari fantascientifici in cui esplorava i nostri futuri possibili, l'autore del *Mondo nuovo* ha messo brutalmente a nudo alcune strutture della natura umana. Dunque soltanto la fantascienza osa esplorare appieno i profondi arcani della materia umana, ciò che, a livello inconscio, predispone le schiavitù volontarie delle nostre società e dei nostri sistemi di governo?

> Lo faranno aggirando il lato razionale dell'uomo e facendo appello al suo subconscio e alle sue emozioni più profonde, e perfino alla sua fisiologia, e così lo indurranno ad amare la sua schiavitù. Intendo dire, credo, che esiste il rischio che la gente in un certo senso possa essere felice sotto il nuovo regime, ma che lo sia in situazioni in cui non dovrebbe esserlo.[2]

[2] "They will do it by bypassing the sort of rational side of man and appealing to his subconscious and his deeper emotions, and his physiology even, and so, making him actually love his slavery. I mean, I think, this is the danger that actually people may be, in some ways, happy under the new regime, but that they will be happy in situations where they oughtn't to be happy." Aldous Huxley, *The Mike Wallace Interview Collection*, 18 maggio 1958 (https://www.youtube.com/watch?v=1ePNGa0m3XA). Sugli stessi temi, vi invito ad ascoltare anche le conferenze tenute da Huxley in varie università americane, fra cui la University of California a Berkeley: https://digital.library.ucla.edu/catalog?utf8=%E2%9C%93&per_page=100&view=list&q=aldous+huxley&search_field=all_fields.

Huxley qui riflette su alcuni tratti fondamentali della natura umana. Andando oltre le constatazioni sulla nostra etologia, esamina i pericolosi grovigli in cui rischiamo di rimanere impigliati e assoggettati ai nostri stessi sistemi culturali. Le sue osservazioni ripercorrono la tendenza delle nostre società e della nostra natura alla standardizzazione, nella quale sembra prendere forma qualunque sottomissione, volontaria ma anche inconsapevole. In tal senso le teorie di Huxley, che si proiettano verso i futuri possibili, e quelle di Michel Foucault, che si concentrano sull'archeologia delle strutture di dominio, si completano in maniera straordinaria. Lo studio della materia umana non conduce forse lungo un percorso profondamente ambiguo? Un percorso che ci consente di svelare gli strumenti di dominazione su cui possono fondarsi le società umane? Huxley e Foucault analizzano, indicano rischi e fragilità, mettono in luce le nostre inconsapevoli prigionie. Le schiavitù mentali ci condizionano tutti, e la deformazione delle percezioni non riguarda soltanto il cittadino comune. Anche i più colti, i ricercatori, coloro che esplorano la complessità della nostra materia, che si presume siano impegnati ad agitare le loro provette per mandare avanti il mondo, sono invischiati in questo stato di sottomissione, di schiavitù mentale. Bisognerebbe agitare con forza quelle provette, ma l'esito è sempre incerto. Ed è soprattutto un'esperienza dolorosa, ogni volta. Sondare le nostre capacità di comprendere il mondo mettendo in discussione e decostruendo tutti i principi che noi percepiamo come universali è spiacevole. Dissociarsi da qualunque pensiero condiviso, da qualunque pensiero dominante, non può portare ad alcuna forma di riconoscimento da parte del corpo sociale. Non può che portare all'isolamento, alla sottrazione, alla messa all'indice. E questa presa di distanza, questo superamento, questa trasgressione non consentono la minima marcia indietro. Sono deviazioni la cui destinazione non è segnalata. Ed è nella nostra natura rifiutarle, sempre, d'istinto.

Ma allora, di fronte all'impossibilità di una libertà davvero profonda, di fronte ai grovigli, alle costrizioni della nostra natura, che cos'è l'umanità? E dove si nasconde? Se la prima traccia di umanità non è identificabile né nella creazione di un utensile né nella sepoltura, né in un oggetto o in un atto o in nessun'altra forma delle nostre materialità, che cos'è?

La scintilla di umanità non risiederà proprio in quegli istanti minimi in cui il pensiero si ritrova libero dalle nostre concezioni del mondo e ci concede di spingere leggermente più in là lo sguardo? In tal caso, soltanto la libertà sarebbe trasgressione. O piuttosto, soltanto la trasgressione delle nostre consuetudini, delle nostre concezioni, dei nostri saperi, di qualunque limite inconsapevole, sarebbe libertà. Sarebbe creatività, umanità in azione. La libertà di immaginare qualcosa al di fuori delle nostre gabbie mentali ci trasformerebbe così, per un brevissimo e luminoso istante, in materia umana.

Non esisterebbe dunque una natura umana, ma soltanto una serie di scintille. Rari momenti di libertà, ventate e respiri improvvisi in cui, per un istante minimo ma eterno, facciamo l'umanità.

In sostanza, noi non siamo umani. Facciamo l'umanità. Ogni tanto.

Eccoci, quindi, vicino alla nostra buca, intenti a pensare alla morte. Alla sepoltura. All'umanità. Non si tratta di misurare la profondità della piccola fossa, né di dimostrare che il nostro corpo neandertaliano, decine di millenni fa, venne sepolto dal suo gruppo. Si tratta innanzitutto di pensare a tutto ciò.

È questo il punto: perché ci interroghiamo tanto sull'atto dell'inumazione? Perché sembra avere tanta importanza nella storia antica degli uomini, se in fondo non è che una delle infinite declinazioni delle irrazionalità della natura umana?

Forse, semplicemente, perché in quell'atto c'è qualcosa che sembra somigliarci. Non sarà allora un segno di cecità, il fatto di leggervi le immagini che abbiamo costruito per definire la nostra realtà? Per definire, in maniera un po' limitata, i nostri valori? Valori che, forse, non sono neppure così assoluti e universali. Non ricerchiamo la prima sepoltura, il primo degli ultimi doveri di fronte alla perdita irreparabile dell'essere. Ricerchiamo sistematicamente la prima inumazione, il primo interramento, come se fosse ovvio comportarsi così con i propri morti. Ricerchiamo atti che somiglino in tutto e per tutto a quelli delle società che ci sono più familiari. Eppure, seppellire i cadaveri in terra non è certo un atto universale. Bruciati, mangiati, lasciati agli animali o agli uccelli, sospesi per aria, sistemati a essiccare in apposite reti, gettati in acqua o invitati a ogni banchetto celebrativo, i morti non se ne vanno mai in maniera tanto semplice. Sono ingombranti. Occupano le nostre menti e i nostri luoghi. Si espandono sotto le nostre abitazioni e per le nostre strade. Sono sempre là, in mille modi, che si debba onorarli o sfidarli, piangerli o parlare con loro. Qui tutto è incerto. I morti lasciano i loro corpi, pervadono i nostri pensieri, le nostre società, i nostri quartieri e le nostre case. Sono materia e spirito, come noi. Invadenti, come noi. Così, ricercando la natura dei vivi nelle cure riservate ai morti, limitandola all'interramento, alla sepoltura, e rilevando in quest'ultima l'attestazione archeologica di una forma di umanità che è il nostro modo di stare al mondo, tentiamo di identificare in quelle lontane popolazioni ciò che farebbe di loro esemplari di *umanità*. Non umanità in senso assoluto, ma nel senso più limitato di ciò che fa l'umanità in noi, secondo noi, nelle nostre società. Ciò che caratterizza soltanto il nostro riflesso.

Di nuovo la creatura neandertaliana, come tutte le altre creature del lontano passato, ci sfugge totalmente. Per rintracciare l'origine dell'umanità rintracciamo soltanto l'origine di ciò che ci somiglia. È ragionevole? Non lo so. Ma questo era ovvio.

Per qualche centimetro di troppo

Torniamo vicino alla fossa, non quella dei nostri abissi mentali, ma quella in cui abbiamo ritrovato Thorin. Per il momento, gli elementi del corpo in nostro possesso consistono di alcuni frammenti di cranio e della mano sinistra. Ci sono quasi tutti i denti, disposti in due spazi diversi: quelli della mascella superiore sono raggruppati insieme, mentre quelli della mandibola sono comparsi a una trentina di centimetri più in là. La distanza tra denti superiori e inferiori indica un movimento. Uno spostamento che ha avuto luogo in seguito alla decomposizione della carne che teneva tutto insieme. Come abbiamo visto, il tempo di decomposizione totale poteva essere piuttosto lungo negli ambienti freddi dell'ultima glaciazione. Abbiamo dunque due dati di fatto. Gli elementi del corpo sono potuti giungere fino a noi perché il corpo non è stato distrutto, trascinato in giro, consumato dai numerosi carnivori che popolano queste zone. Ma in seguito alla scomparsa della carne riconosciamo alcuni movimenti, vale a dire l'allontanamento della mandibola e del cranio, che è rotolato più in là. Se qualcosa rotola, significa che può rotolare. Non ho scritto questa frase per farvi sorridere, come il caro signor de La Palice, ma se il corpo, una volta deposto in una conca naturale, fosse stato sepolto e ricoperto di terra, il cranio e la mandibola incassati nei sedimenti non avrebbero potuto spostarsi tanto. E quella trentina di centimetri corrisponde proprio alla distanza che avrebbe percorso il cranio rotolando su se stesso una volta privato della sua carne. Ecco qui un paradosso interessante: il corpo dev'essere stato protetto, perché le sue parti sono state risparmiate dai carnivori, ma è probabile che non sia stato sepolto, che non sia stato sotterrato, altrimenti il cranio non sarebbe potuto rotolare via. Di solito lo spostamento del cranio si riscontra all'apertura delle tombe antiche quando il cadavere è collocato in spazi vuoti, come in una bara, una cripta o un dolmen, e può capitare di ritrovare la testa tra le gambe del defunto. L'insieme degli indizi relativi alla posizione dei resti ci permette dunque di rimarcare che nel nostro caso il corpo potrebbe essere stato protetto dai grandi carnivori senza venire interrato. Infilato nella sua piccola conca accanto a una parete di roccia, dobbiamo immaginare che dentro a quello scrigno naturale sia stato ricoperto di materiali deperibili, che lo hanno nascosto ai carnivori. Alcuni tronchi appositamente sistemati avrebbero potuto proteggerlo e conservarlo in un ambiente al tempo stesso chiuso e aperto, in uno spazio vuoto in cui il cranio avrebbe potuto rotolare su se stesso dopo la decomposizione della carne. Ne deduciamo allora che la conservazione e anche il successivo spostamento sono la conseguenza di alcuni gesti compiuti dai membri del gruppo di Thorin. Se non si tratta di inumazione, perché non c'è stato interramento in senso stretto, si tratta comunque di sepoltura. Di un insieme di cure accordate al morto da parte dei vivi. Di gesti eccezionali, rari, di episodi che ci raccontano una frazione delle tradizioni, dei pensieri, delle concezioni immateriali di quel lontano gruppo neandertaliano. Ricordiamo che, a qualche centimetro dal cranio e dalla mano sinistra di Thorin, c'era un oggetto decisamente singolare. Un lama in selce che, oltre a essere la più bella mai ritrovata in questo strato archeologico, ci mette davanti a un inquietante dato di fatto. A prima vista non presenta la minima somiglianza con gli utensili che ci hanno lasciato in eredità quei Neandertal. Quando l'ho presa in mano, ho pensato a una lama del Proto-Aurignaziano. Per molto tempo si è creduto che quella cultura segnasse la prima colonizzazione dell'Europa da parte dei *Sapiens* intorno a 42.000 anni fa. Ma, in verità, è comparsa ben 12.000 anni dopo le prime grandi migrazioni di circa 54.000 anni fa. La prima ondata di insediamenti, in realtà, era l'ultima. Per contro, proprio quest'ultima ondata coincide con la scomparsa delle popolazioni neandertaliane, svanite come neve al sole. Una strana sovrapposizione tra due avvenimenti singolari, che ancora non sappiamo mettere in relazione.

Thorin è emerso dal terreno al primo colpo di pennello. Giaceva proprio in cima ai nostri strati archeologici. È qui che ritroviamo i rari resti di quegli uomini moderni di 42.000 anni fa, quelli che forse avevano incontrato gli ultimi Neandertal. La lama in selce è stata trovata qualche ora prima del rinvenimento dei primi denti. L'ho presa in mano per analizzarne le informazioni tecniche. Una selce si legge come un libro, perché vi è registrata gran parte della sua storia. Si vedono incisi i gesti dello scheggiatore, si riconoscono le sue competenze e le tradizioni della sua popolazione. Quei gesti non rivelano soltanto la padronanza tecnica dell'artefice, ma anche la cultura di tutto il suo gruppo. Ci sono usi, saperi, stili. E se, a colpo d'occhio, ero convinto di avere per le mani una di quelle lame dei *Sapiens* di 42.000 anni fa, a un secondo esame avrei subito riorientato il mio sguardo. Di *Sapiens*, quell'oggetto, aveva soltanto lo stile. Lo stile, ma non la tecnica. Le tradizioni tecniche ravvisabili in quella lama erano chiaramente neandertaliane. Durante quella fase di popolamento del continente europeo, Neandertal e uomini moderni hanno talvolta prodotto oggetti simili. Accade sempre così nelle industrie di transizione; è come se i Neandertal fossero stati eliminati innanzitutto a livello culturale, e poi biologico. Le industrie di transizione in tal senso sarebbero come un ultimo sussulto neandertaliano prima del grande tracollo. Ultima fermata culturale prima dell'estinzione. Stupefacente, no? 300.000 anni di stasi tecnica, seguiti da un unico guizzo prima della scomparsa. Un'ultima presa di coscienza appena prima di schiantarsi al fondo del vicolo cieco evolutivo... Parlo di vicolo cieco evolutivo come se il Neandertal fosse stato autore della propria scomparsa. Ma la straordinaria organizzazione di quelle società e la loro capacità di adattamento a qualunque ambiente non lasciano intuire nessuna impasse. E nella Valle del Rodano non è mai stata documentata nessuna delle grandi industrie di transizione dell'Europa occidentale. Qui il Neandertal muore con eleganza, restando fedele a ciò che era sempre stato. Nella regione non si riscontra nessun processo di destrutturazione o di riorganizzazione culturale. Il Neandertal c'è, poi non c'è più. Fine. Non c'è niente da vedere. Nessuna lenta trasformazione evolutiva. Nessuna lenta agonia culturale prima della sparizione dei corpi. Nessun ultimo guizzo geniale prima dell'estinzione. Alla Grotta Mandrin, invece, abbiamo un corpo. E una lama. In prima battuta, la lama fa pensare alle tradizioni dei *Sapiens*. Ma a un secondo esame si rivela essere chiaramente neandertaliana. È un lavoro magnifico, ma è opera di un Neandertal. E il Neandertal non ha certo bisogno di incontrare il *Sapiens* per imparare a fabbricare lame. Le produce da decine di millenni, di tanto in tanto, quando gli va. E probabilmente è anche in quel "quando gli va" che si delinea la grande differenza tra i due gruppi. Il Neandertal sfrutta le proprie conoscenze della materia e segue l'ordine della materia, mentre il *Sapiens* applica le proprie formule ricorrenti, declinandole all'infinito come in una ripetizione obbligata. In questa prospettiva, già adottata in *Néandertal nu*, comprendiamo che le distinzioni, le divisioni, le particolarità dei due gruppi umani non dipendono affatto dalle rispettive tecnologie ma dai rispettivi modi di inserirsi nel mondo, di comprenderlo. Quindi, a infastidirmi non è la presenza della lama, bensì il suo stile. Sa proprio di *Sapiens*. Quasi che il suo artefice avesse potuto tenere in mano, o sotto gli occhi, una lama dei *Sapiens* e l'avesse riprodotta alla propria maniera. Conservandone soltanto lo stile e producendo così una visione d'insieme piuttosto convincente, ma reinterpretando l'oggetto attraverso il filtro del proprio modo di stare al mondo. Questo manufatto straordinario, abbandonato a qualche centimetro dalla mano sinistra di Thorin, potrebbe anche corrispondere a un vero e proprio corredo funebre. E che corredo! Un oggetto tra due mondi, che dal punto di vista tecnico appartiene alle tradizioni neandertaliane e dal punto di vista stilistico rimanda a quelle dei *Sapiens*. Bisogna anche riconoscere che serve uno straordinario talento artigianale per riprodurre alla perfezione uno stile seguendo procedure tecniche e gesti che non hanno nulla a che fare con ciò che si sta copiando. Vi è una forma di genialità grezza in un processo simile. È come se un pittore giocasse con la realtà del mondo per produrre illusioni di materie, consistenze, volumi e spazi soltanto apponendo sulla tela qualche tratto. Qualche tocco di colore. In tal senso, il Neandertal è un notevole impressionista, che gioca perfettamente con le illusioni del mondo. Qui abbiamo una sola lama di pietra. Ma è proprio quest'oggetto tra due mondi che vediamo associato al corpo di uno degli ultimi rappresentanti di quella popolazione prima dell'estinzione. Un oggetto carico di significato che sembra tracciare una linea diretta tra i due gruppi umani.

Tuttavia, questa costruzione che lega in maniera troppo immediata le due umanità probabilmente va respinta. Se ciò che ho appena descritto è esatto e corrisponde ai fatti, i pochi centimetri di distanza tra la lama di selce e la mano di Thorin rappresentano un baratro insormontabile. La lama era stata davvero associata al morto? "Tra il dire e il fare c'è di mezzo il mare," amava ripetere mia nonna Yvette, ogni volta che le descrivevo le prove concrete di cui disponevo. È vero che aveva conosciuto l'occupazione, le privazioni e la mancanza di ogni cosa. Aveva un temperamento di ferro, e sapeva quanto ogni promessa potesse rivelarsi vuota. La sua storia le sospingeva sistematicamente lo sguardo nel mondo dell'incertezza, in un universo in cui nulla era mai sicuro, né il futuro né il passato. La lama, vicina alla mano, non era *nella* mano. Oh, forse lo era stata. E anche se non fosse stata tra quelle dita, magari era stata deposta accanto al corpo.

Forse. Forse no.

Quei pochi centimetri non potranno mai essere superati. Abbiamo una mano e una lama di pietra vicine, che forse non si sono mai incontrate. In quei pochi centimetri, in quell'incertezza, c'è tutta la storia dei Neandertal e dei *Sapiens*. I loro reperti, fianco a fianco, sono una presenza fissa in tutte le terre d'Europa e noi non abbiamo modo di sapere se le loro mani si sono mai incontrate. Abbiamo soltanto la certezza dell'estinzione. E della sostituzione. Pochi centimetri, ma invalicabili. Tra 0 e 1 c'è l'infinito.

E se quella lama è di per sé stupefacente, il suo stile moderno non è che una particolarità indecifrabile. Indica un incontro? Forse, un po' come quelle pitture aborigene in cui è stata raffigurata un'imbarcazione tra immagini di canguri e simboli magici, che fanno riferimento all'epoca mitologica del Tempo del Sogno. Il canguro e l'imbarcazione occupano la stessa parete, ma non hanno mai navigato insieme. Siamo di fronte a un'arte delle apposizioni. Quelle immagini sono soltanto il supporto figurativo di storie narrate a voce. Senza parole che le completino, che le costruiscano, sono soltanto scheletri sbiancati dalla luce. Neanche la nostra lama di pietra sfugge a quest'arte delle apposizioni. Non ci dirà più nulla, se l'aborigeno non ce ne spiega la natura recondita. Ma il suo essere tra due mondi potrebbe fornirci la prova di un contatto visivo. Uno sguardo dal mondo dei Neandertal sul mondo dei *Sapiens*. Oppure no.

La magia contro l'intangibilità del tempo

Ed eccoci di fronte a questa constatazione inquietante, disturbante. Pur avendo trovato il corpo di uno degli ultimi Neandertal, circondato da oggetti sospesi tra due mondi, non possiamo comunque pronunciarci. Non possiamo affermare o concludere nulla. Però abbiamo aperto alcune porte, esplorato alcune possibilità, immaginato momenti indefiniti. Il corpo c'è. Ci sono anche i movimenti e le disposizioni singolari nello spazio. Ma quale lettura darne? E come valutarne la portata e il senso?

Tutte le nostre logiche possono essere ribaltate, ed è di noi stessi che dobbiamo diffidare. Dubitare. Nel timore che la lettura sia semplicemente la nostra lettura. Come se l'avvenimento straordinario della morte di quest'uomo non avesse davvero avuto luogo. Come se rimanessero soltanto le nostre letture, i nostri sguardi. Mentre scrivo tutto ciò sono ben consapevole del fatto che è proprio a causa di errori simili che si tende a diffidare del pensiero. Che la notevole ambiguità delle letture di un evento ha tolto credibilità al puro ragionamento. Come se fosse troppo incerto, troppo mobile, troppo pericoloso per poter essere utilizzato. È alla luce di tali osservazioni che si è deciso di non affidarsi più alla parola per sostituirla con linee di calcolo, statistiche, misure, radiometrie o allineamenti di geni e proteine. Ma tutti questi palliativi del pensiero non sono pensiero. E non offrono alcun rimedio. Se ci rifiutiamo di pensare, perché il pensiero è pericoloso, nessun modello o calcolo potrà sostituirlo. Il pensiero, semplicemente, sarà morto. E i calcoli rassicuranti e le costruzioni delle scienze dure potrebbero rivelarsi altrettanto fragili, erronei e incerti delle riflessioni che sperano di sostituire nel nome dell'incertezza di ogni ragionamento. Nel corso delle varie analisi abbiamo visto la datazione di Thorin oscillare tra 35.000 e 105.000 anni fa, senza che quegli oceani di incertezza ci inducessero a rifiutare gli strumenti statistici e i modelli matematici. Il pensiero non è meno incerto. I calcoli e i modelli sono soltanto cassette degli attrezzi che ci permettono di costruire i nostri pensieri. L'esercizio, dunque, non può fermarsi allo sviluppo di elaborati modelli matematici. Al contrario, è a quel punto che bisogna cominciare a impegnarsi. Prendere in prestito qualcosa da tutte queste discipline per poi potersene finalmente liberare. Il pensiero rappresenta al contempo la guida e il passo successivo. Il momento in cui si mescolano gli allineamenti di cifre e le nude osservazioni di ciò che emerge dal fango delle grotte. Un'equazione davvero incerta. Ma è l'unica che funzioni. L'unica che possa funzionare, credo... Credo, perché questa esperienza, questo confronto in loco non può essere scambiato con nient'altro. I calcoli, le misure, gli archivi territoriali analizzati a posteriori non sono testimoni più affidabili dell'esperienza personale che l'archeologo tenta di testimoniare. Si vorrebbe che l'archeologia fosse un'azione semplice, tecnica, reversibile, reinterpretabile a posteriori. Ma non è niente di tutto ciò. O, se lo è, lo è in maniera imperfetta. Scattiamo foto, prendiamo appunti, incrociamo sguardi, ma una volta che la mandibola viene estratta dal fango che la imprigionava da decine di millenni non si può più tornare indietro.

È stato affascinante confrontarmi con il corpo di uno degli ultimi Neandertal. Ciò non mi ha impedito di detestare le azioni che ho dovuto compiere. Liberare e distruggere. Estrarre e infilare in una cassetta. Archiviare, scannerizzare, modellizzare ed etichettare. Tentare di trasformare la realtà fisica di quei resti in realtà virtuale, modellizzata. La cura infinita, l'attenzione estrema, la grandissima lentezza dei gesti portano, nonostante tutto, a distruggere la disposizione originaria delle testimonianze.

Gli utensili in pietra che ritroviamo negli strati archeologici rimasti immobili per decine di millenni funzionano come capsule del tempo. I millenni che ci separano dai loro artefici non hanno alcuna consistenza, in realtà. La selce che estraggo dal suolo è proprio lì dove il suo scheggiatore l'aveva lasciata. Le tracce del fuoco sono ancora ravvisabili nel colore e nella composizione del terreno sul quale era stato acceso. In presenza di strati archeologici meravigliosamente conservati, il tempo diventa del tutto impalpabile. Vediamo gli oggetti, vediamo delinearsi sotto i nostri occhi la loro disposizione, che rivela ogni gesto di quei cacciatori. L'evento può aver avuto luogo 40.000 o 100.000 anni fa, il tempo qui è completamente intangibile. Diventa una costruzione. Un'illusione priva di consistenza, perché talvolta nella ricerca archeologica sul campo nulla più ci lega al tempo. Non c'è alcuno spessore, alcuna distinzione. Tutto ci appare nella maniera più istantanea. Come se l'oggetto ci fosse stato direttamente consegnato dalla mano del suo artefice neandertaliano. Ma anche qui – o forse soprattutto qui – la nostra mente si prende gioco di noi. Può essere in effetti che il tempo sia del tutto inconsistente, trasparente, ma non vediamo attraverso di esso. Semplicemente, il suo spessore ci è diventato invisibile. La mente fa il resto. In realtà, il tempo è spesso una massa invisibile che ci illude abilmente della sua inesistenza. Come quando si cammina su una grossa lastra di roccia e, all'improvviso, vi si scoprono migliaia di conchigliette fossilizzate. Stiamo passeggiando su una spiaggia di 45 milioni di anni. Le conchiglie hanno ancora colore. Si direbbe che siano state appena sospinte fin là dalle onde, e perfino le ondulazioni della sabbia sono ancora visibili, proprio lì, sotto i nostri occhi. Questo tempo invisibile, l'illusione di antiche dune o l'impressione di poter prendere in mano l'utensile di pietra come se ci fosse stato consegnato da un Neandertal in persona, è un'esperienza comune a tutti coloro che lavorano sul passato. Ma la magia non sta nell'intangibilità del tempo. La magia sta nella capacità del ricercatore di evidenziare uno spessore temporale che pure ci è invisibile.

Eccoci dunque davanti a questo corpo. Sappiamo che probabilmente è stato deposto in una conca dopo la morte. Che la conca doveva essere stata chiusa con materiali deperibili – legno, per esempio – per creare la cripta in cui alcune parti di quel corpo si sarebbero conservate, viaggiando attraverso i millenni. Sappiamo anche che forse insieme al corpo erano stati sistemati alcuni oggetti, che sembrano alludere al mondo degli altri. Infine, ciò che sappiamo con maggiore certezza è che nessuna di queste frasi è una vera e propria affermazione. Queste frasi, le mie parole, sono sempre ipotesi, letture. Possibilità.

Nessuna affermazione tiene. Il Neandertal ci induce sistematicamente a sconfessare le nostre certezze, ricordandoci l'esclamazione attribuita a Galileo: "E pur si muove!". Quest'ultima frase non è da intendersi come un invito a non prendere troppo sul serio i miei dubbi, ma anzi come un dubbio ulteriore. E di fronte all'accumularsi degli interrogativi sono davvero consapevole, in tutta sincerità, di non sapere. Con le nostre parole tentiamo di ricostruire episodi straordinari, come i gesti di quel bambino che abbiamo visto scheggiare la selce e mancare il colpo quindici volte. Ma l'archeologo è male equipaggiato, non è tagliato per riuscire a leggere correttamente tutti quegli avvenimenti antichi. Dalle scoperte dell'infanzia alla morte degli uomini, tutti i piccoli momenti della vita, i piccoli istanti di fronte alla morte, ci sfuggono. È come se quei momenti tanto preziosi, che plasmano la materia grezza e più profonda di ogni umanità, non avessero mai contato.

Non riesco a vedere i dettagli di un'unica morte, eppure voglio parlare della morte di tutti gli altri uomini. È una sorta di monito, o di smarrimento. Non vediamo bene attraverso il tempo. Forse non vediamo bene e basta, neppure nel solo istante presente.

Il primo degli ultimi contatti?

Alla fine, il primo degli ultimi contatti è mai avvenuto? Che cosa ci evocano i manufatti degli ultimi Neandertal e tutte quelle industrie di transizione? Le strane culture che oscillano tra saperi neandertaliani e tradizioni moderne ci parlano di incontri, di scambi, di acculturazioni. Di tracce lasciate da un'umanità su un'altra. Ma forse quelle tracce, tutte, non sono che illusioni. Quegli indizi distanti sono soltanto le nostre illusioni. Le nostre fantasticherie sull'incontro tra l'uomo e la creatura. Forse tutte le nostre ipotesi sui Neandertal acculturati, culturalmente trasformati e influenzati dal contatto con i *Sapiens* sono false. Sono i nostri miti. E se il primo degli ultimi contatti non fosse mai avvenuto? Se il Neandertal non fosse stato né acculturato, né assimilato, né trasformato dall'incontro indefinito, inquantificabile e inqualificabile con il *Sapiens*? E se la nostra comprensione degli ultimi manufatti neandertaliani fosse del tutto erronea? Se il Neandertal non fosse stato dove pensavamo? Se tutte le tradizioni artigianali neandertaliane, in cui abbiamo ravvisato l'acculturazione di quelle popolazioni, semplicemente non fossero opera loro?

Dobbiamo scavare ancora nei nostri pensieri e nei nostri immaginari, ripulire i vetri dalla condensa e guardare più da vicino. Forse il Neandertal può ancora sorprenderci, forse è scomparso senza mai cambiare nulla di ciò che era. Nessuna acculturazione. Nessuna invenzione neandertaliana di qualche forma di modernità desueta, niente tranne il buon vecchio Musteriano, le solite produzioni artigianali neandertaliane costituite da vari frammenti e, fra mille altre cose, dalle famose tecniche Levallois di cui – come abbiamo visto – possiamo rintracciare le origini oltre un milione di anni fa sui fianchi di un vulcano sperduto nei deserti dell'Anatolia. Un Neandertal identico a se stesso, incorruttibile, impermeabile alle influenze esterne che, peraltro, forse non sono mai esistite. Forse l'ultimo Neandertal non è quello che pensavamo, non è come lo abbiamo pensato. Ma tutto ciò resta invisibile, anche perché non osiamo allontanarci da sentieri fin troppo battuti.

È come per quelle imbarcazioni invisibili che hanno solcato le acque dirigendosi verso l'Australia, più di 50.000 anni fa. Quelle ombre di natanti che non possiamo vedere. Sono spariti del tutto, decomposti, disfatti in polveri impercettibili. Ma in questo caso per i nostri immaginari è facile osservare l'invisibile: poiché gli aborigeni possono ancora guardarci dritto negli occhi, possiamo constatare, senza timore di confutazione, che in un modo o nell'altro gli uomini devono aver attraversato le vaste distese marine. Qui il primo incontro invisibile dell'umanità con un nuovo continente, là l'incrocio di due umanità lontane su un dato territorio.

Sempre l'invisibile.

Al contrario che in Australia, nella nostra vecchia Europa di 50.000 o 40.000 anni fa nulla è facile da constatare, da immaginare. L'equazione è fin troppo complessa e prevede un numero infinito di variabili sconosciute. I geni rappresentano la parte più semplice, quasi matematica, da analizzare. E la matematica si può sempre maneggiare. Non è come l'uomo. L'uomo non è ordinabile, non consente di lavorare in modo molto pulito o logico. In verità, l'uomo non è presentabile. È una grande accozzaglia, anche un po' sporca. Puzza. I geni, invece, le cose matematiche, sono roba pratica. Chiara. Si capiscono. La matematica è pulita. Si presenta bene. Si presta a essere pubblicata nelle grandi riviste scientifiche internazionali. D'altra parte, non si fa scienza con la tecnica, e non si comprende l'umanità mediante concetti statistici ordinati con troppa cura. Non è ragionevole. La materia umana si fonda sull'irrazionale. L'uomo odora, traspira, non funziona mai come dovrebbe, non corrisponde a nulla che sia davvero quantificabile. Non si lascia inscatolare tanto facilmente. Non sono sicuro che sia sensato studiare qualcosa di irrazionale e fetido con la matematica. Di fronte a una materia così poco presentabile e così rozza, la volontà di rifugiarsi negli strumenti della genetica, della statistica, della radiometria – tutte cose pulite, presentabili e quantificate, perfettamente inscatolabili – non sarà già una forma di pudore, una sorta di rifiuto o di negazione di fronte a ciò che siamo? Perché la realtà della carne umana e della psiche... sì, è indefinita. È sporca e incostante.

In realtà, la storia delle società coinvolte in quel processo di estinzione e sostituzione rimane indefinibile anche dal punto di vista matematico, lasciandoci così in beata attesa. Non possiamo ancora comprendere quegli avvenimenti né documentarli, e tantomeno definire l'assetto tecnico e sociale di quelle società. Il primo contatto in genere si riduce alla presenza, in tutto il continente europeo, di tradizioni artigianali ritenute neandertaliane che si sono evolute e che forse, attraverso l'incontro con i *Sapiens*, hanno determinato nuove maniere di stare al mondo. Nuove maniere, nuove culture, nuove denominazioni. Le tradizioni neandertaliane che seguono lo stile culturale del nuovo mondo si chiamano Uluzziano, Castelperroniano, Bohuniciano, Jerzmanoviciano, Lincombiano, ma sono note anche con diversi altri appellativi, talvolta ancora più esotici, che come unico punto in comune hanno il fatto di essere generalmente attribuiti agli ultimi Neandertal – cioè i Neandertal acculturati allo stile dei *Sapiens* – e il suffisso "-iano"... Quando si parla di società umane, "-iano" rimanda spesso all'incertezza, all'indefinito, come il Precolombiano, che non si riferisce a nessun gruppo culturale specifico, ma a interi gruppi di popolazioni che vivevano nelle Americhe prima dell'arrivo di Colombo e del processo di colonizzazione europea. Gli stessi neandertaliani si inseriscono, in virtù del nome, in questi spazi incerti. Ma non preoccupatevi: anche le altre culture preistoriche terminano in "-iano", dunque il dubbio è elegantemente ripartito fra tutte queste antiche società indefinite.

Il contatto allora potrebbe essere questo: l'emergere di tutte le tradizioni che terminano in "-iano" attraverso l'Europa, una fioritura improvvisa di innovazioni tecniche inaspettate dopo centinaia di millenni di continuità neandertaliana. Ma forse, invece, tutti quegli "-iano" non ci dicono nulla degli ultimi istanti di vita neandertaliana né dell'estinzione, non dicono assolutamente niente a proposito dell'ultimo Neandertal. E forse nessuna delle selci prodotte nello stile culturale del nuovo mondo è mai stata scheggiata da un Neandertal. Né dagli ultimi, né da quelli precedenti.

Forse dobbiamo rivedere tutto.

Tre ondate contro un Titanic intellettuale

Thorin era davvero uno degli ultimi Neandertal. E nella Valle del Rodano queste popolazioni si sono estinte senza mutare. Senza muoversi. Non voglio dire che siano morte senza emettere un grido o un rantolo. Voglio dire che, fino agli ultimi istanti, sono rimaste ciò che erano sempre state. Che sono morte senza trasformarsi. Non è che non abbiano visto gli Altri, ma gli Altri non le hanno trasformate. La nostra piccola lama forse non ci dice nulla, o forse ci dice che i Neandertal hanno visto e riconosciuto una differenza. Comunque sia, qui le società sono rimaste neandertaliane. Il loro modo di stare al mondo ha conservato le strutture neandertaliane, fino all'ultimo. Nessuna acculturazione, nessuna trasformazione. Nessuna fase di transizione che abbia portato il Neandertal a diventare come l'Altro. Ricordate tutti quei nomi che terminano in "-iano"? Nessun Castelperroniano qui, nessun Uluzziano. Nessun Bohuniciano e nessun'altra cultura in "-iano" che descriva il momento in cui il Neandertal sarebbe cambiato subito prima di sparire. Il momento in cui avrebbe inventato, o copiato, o adottato, come una nuova pelle, le tecnologie dei *Sapiens*. Qui, nella Valle del Rodano, il Neandertal volta pagina senza avvertire. Rimane legato alle sue vecchie tecnologie fino alla fine. Non si sposta di una virgola verso il nuovo mondo. Esisto, poi non esisto più. Non transito verso niente. Sono, e scompaio, così come sono sempre stato.

È come se la morte di quell'umanità non fosse stata altro che uno schiocco di dita. Un'istantanea.

E a ben pensarci, mi domando se ciò che vedo nella Valle del Rodano non sia il proverbiale albero che nasconde la foresta. Se è possibile che in realtà non ci sia stata nessuna transizione o trasformazione delle società neandertaliane. Se tutte queste società in "-iano" corrispondano non ai Neandertal, ma sempre e solo ai *Sapiens*. È una questione molto dibattuta, proprio perché i resti umani sono così pochi.

Data questa scarsità, sono state le scienze dure a chiudere la questione e, sembrerebbe, in favore dei Neandertal. Grazie all'estrazione del DNA, all'esame delle proteine antiche e a una grande quantità di datazioni, i vecchi siti del Castelperroniano sono stati attribuiti ai Neandertal, il che ha profondamente condizionato l'idea che ci siamo potuti fare di quelle popolazioni e dei processi che hanno portato alla loro estinzione. Tuttavia, le analisi sono state effettuate su reperti estratti dalle grotte decine di anni fa. Parliamo quindi di scavi vecchi, molto vecchi. Inoltre, dobbiamo ricordare che non si torna mai indietro. È un paradosso stupefacente, ma l'archeologia non si presta ai passi indietro. A prescindere dalla qualità delle documentazioni, ciò che ci è sfuggito, che non è stato colto sul campo, non si può reinterpretare. Non si dovrebbe reinterpretare. Le attribuzioni ai Neandertal sono forzature. Eppure è proprio sulla base di queste costruzioni a posteriori che qualcuno ha associato il Castelperroniano ai Neandertal e qualcun altro ai *Sapiens*.

Per quanto mi riguarda, di fronte a simili contraddizioni

inconciliabili non mi sono concentrato direttamente sulle produzioni del Castelperroniano. Rappresentano una materia troppo incerta. Troppo soggetta ai punti di vista, alle analisi, alle trasformazioni, agli analfabetismi, perché la forza della parola qui è stata eliminata e sostituita dalle misure e dalle quantificazioni. Devo confessare che questi rumori meccanici mi hanno messo in fuga. I miei pensieri non tengono il passo, e diffidano delle file di cifre allineate con troppa precisione. Ho dunque ampliato il mio sguardo. Invece di proporre una rilettura di uno specifico sito castelperroniano, ho tentato di comprendere quelle produzioni in quanto metasistema, rintracciandone le ramificazioni attraverso il tempo e lo spazio.

Nel 2016, quando lavoravo alla Harvard University, mi ero imbattuto in manufatti di selce identici a quelli del Neroniano rinvenuti nella Valle del Rodano. Davanti ai miei occhi si era delineata una trama straordinaria che univa le due sponde opposte del Mediterraneo attraverso più di 3000 chilometri. Nei reperti del Levante mediterraneo ritrovavo i manufatti della Valle del Rodano di 54.000 anni fa. Quella comunanza di tradizioni tecniche a una tale distanza non poteva essere casuale. E sapevo che, sulle pendici del Monte Libano, l'autore dei manufatti era il *Sapiens*. Alla luce di ciò, avevo inizialmente proposto l'esistenza di straordinarie filiazioni transmediterranee, ipotizzando che i *Sapiens* avessero raggiunto le sponde dell'Europa occidentale molto prima di quanto avevamo immaginato fino ad allora. Era una scommessa, una scommessa predittiva. Audace. La mia teoria retrodatava di 12.000 anni l'arrivo degli uomini moderni nelle regioni occidentali del continente. Un bel salto indietro nel tempo. L'esame dei denti umani rinvenuti nella Grotta Mandrin avrebbe poi confermato la mia supposizione, formulata sulla base delle analisi comparate delle produzioni artigianali provenienti dalle due estremità del Mediterraneo.

Ma non volevo concentrarmi su quell'unico istante del Neroniano, su quel "popolo delle punte" le cui tecniche erano del tutto orientate alla produzione di sottili punte di selce standardizzate. Dovevo capire, contestualizzare il significato di quegli straordinari manufatti. Tuttavia, la mia indagine era destinata a incagliarsi. Aprivo i cassetti contenenti le selci delle popolazioni più antiche, nella speranza di poter rintracciare l'origine di quelle impressionanti tecnologie. Ma i vari strati archeologici presentavano tradizioni ben differenziate. Era come se le punte neroniane fossero comparse all'improvviso fra le documentazioni archeologiche, senza avere antenati locali, neppure nell'area mediterranea orientale. I gruppi che avevano preceduto i "popoli delle punte" erano eredi di altre tradizioni. Con ogni probabilità, l'origine del Neroniano andava cercata altrove. Forse in altre regioni dell'Oriente mediterraneo. O forse ancora più in là, verso gli altopiani e le distese dell'Asia centrale. In effetti, tutte le grandi migrazioni sono arrivate da quell'immenso bacino centroasiatico, dai popoli dell'Età del Bronzo fino agli unni e ai mongoli, diretti uno dopo l'altro verso ovest. Sono sempre state le vaste regioni asiatiche ad approdare sulle sponde occidentali europee. Benché in genere l'Africa venga considerata il punto di partenza delle grandi ondate migratorie, le principali fasi di insediamento nel Vecchio Continente sono state alimentate soprattutto da est. E in quegli spazi immensi il *Sapiens* ha vagato per molto tempo. Vi si distinguono le sue tracce, qua e là, per circa 200.000 anni. Dai rilievi del Mediterraneo orientale al Sud-est asiatico, il *Sapiens* ci ha lasciato segni del suo passaggio, dei suoi insediamenti, senza che noi riuscissimo mai a definire in maniera precisa, regione per regione, i momenti in cui occupò definitivamente quei luoghi. Nell'Occidente euroasiatico, il Neroniano corrisponde probabilmente a una delle innumerevoli ondate asiatiche abbattutesi a ovest. Non che il *Sapiens* non sia, in ultima analisi, una creatura africana; dal punto di vista biologico lo è, nelle sue origini remote, nella sua carne. Ma può benissimo darsi che le popolazioni che alla fine si misero in marcia verso l'Europa fossero asiatiche. 50.000 anni fa circa, le loro tradizioni, le loro culture e le loro tecnologie possono senz'altro essere riconducibili alla grande Asia. Forse quindi non abbiamo a che fare con una semplice migrazione africana che si è estesa direttamente all'Eurasia occidentale. Comunque sia, le collezioni provenienti dal Monte Libano mi avevano permesso di riconoscere l'incredibile somiglianza tra le lontane società di quel territorio e quelle della Valle del Rodano, ma non di definire l'origine del mio Neroniano. Probabilmente dovevo cercare altrove per tentare di sbrogliare almeno in parte quella grande matassa storica.

D'altro canto, l'analisi delle selci rinvenute negli strati più recenti e successivi al Neroniano – per come lo identifichiamo nell'Oriente mediterraneo – mi avrebbe aperto panorami inaspettati. Osservando le selci del deposito libanese di Ksar Akil, strato dopo strato, si poteva infatti assistere all'evoluzione delle varie società. Un'evoluzione molto lenta e graduale nel corso del tempo. Non ero riuscito a risalire all'origine delle prime società tecnicamente moderne, ma la loro trasformazione era meravigliosamente documentata. Esaminando gli strati archeologici di quegli stanziamenti umani, dai più antichi ai più recenti, risulta evidente come le tradizioni si siano via via evolute e modificate. È un'esperienza sconvolgente, perché si ha la strana sensazione di trovarsi di fronte a un'entità biologica che stia evolvendo sotto ai nostri occhi, mutazione dopo mutazione. Ed è sconvolgente perché, se oggi sappiamo bene come funzionano le evoluzioni e le mutazioni biologiche, l'evoluzione delle tecniche, delle società, delle tradizioni rimane molto più misteriosa. Non ci sono leggi naturali, non c'è un darwinismo applicabile agli oggetti realizzati dall'uomo. Le leggi della natura e le leggi della tecnica non hanno le medesime proprietà. Per definizione, la tecnica non dipende dalle leggi naturali. Infatti, distinguiamo tra natura e cultura. Vediamo e capiamo come la selezione e le realtà del mondo naturale influiscano sulla trasformazione di una specie. Ma quando si tratta di una tradizione, di una cultura, di saperi, conoscenze, divieti, nessuno sa che cosa orienti le mutazioni delle società umane e come le popolazioni finiscano sempre per passare da una tradizione a un'altra. Le mille teorie sui crolli di intere civiltà descrivono soltanto casi particolari. E se descrivono ciò che cambia e scompare, non dicono nulla su ciò che resta. A volte le teorie possono tentare di comprendere perché le cose cambiano, ma non ci dicono davvero come questo avvenga, che cosa cambia e che cosa perdura. E quando ci accostiamo alla questione, ci limitiamo a constatare i fatti, come se non fosse possibile stabilire leggi e regole o sviluppare un modello. Non possiamo distinguere le traiettorie culturali che pure legano fra loro le società umane. Non possiamo definire le leggi che determinano la trasformazione di quelle linee evolutive. Oppure, se ci imbarchiamo in questa impresa straordinaria, sappiamo che l'eccezione diventerà sistematicamente la regola.

Se non è possibile stabilire regole fisse, se nessuna legge sembra poter definire le evoluzioni delle società umane, rimane il fatto che le collezioni del Monte Libano attestavano notevoli processi di trasformazione progressiva per quanto riguarda le tradizioni tecniche. Si trattava di mutazioni assai lente e graduali, strato dopo strato, che ricordavano un'evoluzione biologica, o piuttosto una pianta che crescendo era diventata altro. Era affascinante leggere quelle selci. Non vi riconoscevo soltanto le antiche tradizioni delle punte della Valle del Rodano. Nel corso degli scavi erano anche emersi, parecchi metri al di sopra dei reperti neroniani, resti di insediamenti molto simili a quelli del Proto-Aurignaziano europeo. Il Proto-Aurignaziano corrisponde alle tradizioni culturali di 42.000 anni fa, alla grossa ondata di insediamenti – riconoscibili un po' ovunque sul continente europeo – che sembra aver spazzato via tutte le società neandertaliane. Potevo quindi osservare, in una quindicina di strati archeologici, tutte le lente e graduali evoluzioni che dalle tradizioni del Neroniano avevano portato a quelle del Proto-Aurignaziano. Potevo vedere e stabilire in che modo società interamente dedite alla produzione di punte di selce erano diventate società dedite alla produzione di grandi lamelle appuntite. Sembrava quasi che le punte si fossero evolute come entità biologiche, slanciandosi sempre più fino a diventare lamelle sottili. Quelle evoluzioni progressive consentivano già di supporre che le due tradizioni – il Neroniano e il Proto-Aurignaziano – fossero in realtà una sola. Una medesima tradizione separata da 12.000 anni di lenta evoluzione. Potevo vedere e definire come le tradizioni dei *Sapiens* di 54.000 anni fa si fossero pian piano trasformate in qualcos'altro. Sulle pendici del Monte Libano non era stata registrata nessuna rottura tra il Neroniano e il Proto-Aurignaziano. Mentre nella Valle del Rodano, invece dell'evoluzione graduale di un'entità culturale in un'altra, era rilevabile soltanto la fase finale del processo. Il momento in cui tutto si era già concluso. L'ondata di insediamenti venuta infine ad abbattersi a ovest in due fasi di *Sapiens* ben distinte. Nessun passaggio da Neroniano a Proto-Aurignaziano, ma due fasi di occupazione della grotta a distanza di 12.000 anni. Non soltanto le due culture erano separate da un profondo spessore temporale, ma tra loro non era riscontrabile alcuna continuità. Tra quelle due pulsazioni moderne potevo infatti riconoscere cinque grandi fasi di insediamento neandertaliano, a segnare il ritorno della mia affascinante creatura nel territorio del Rodano. *Sapiens* in alto. *Sapiens* in basso. Per il resto, Neandertal. Nessuna evoluzione locale possibile, nessuna continuità, in quella valle. Sulle sponde orientali del Mediterraneo la storia era diversa. I manufatti mostravano non soltanto come le società erano lentamente passate da una tradizione all'altra, ma anche che il passaggio non era stato lineare. Era possibile caratterizzare la lenta trasformazione tecnologica di quelle popolazioni, ma i processi di mutamento culturale non documentavano una semplice transizione. Si poteva distinguere una tappa intermedia, inaspettata. Una fase che si inseriva tra Neroniano e Proto-Aurignaziano. Il Neroniano diventava qualcos'altro, prima di trasformarsi lentamente in Proto-Aurignaziano. E, con mia grande sorpresa, quel "qualcos'altro" aveva tutte le sembianze del

Castelperroniano. Una serie di mutamenti graduali aveva portato dal Neroniano al Proto-Aurignaziano, passando per il Castelperroniano. Ve lo ricordate? Il Castelperroniano è quell'insieme di tradizioni tecniche della Francia sud-occidentale o della Borgogna che ha lasciato qualche traccia anche nel nord della Penisola Iberica. Le tradizioni che ci sono state presentate come neandertaliane, la presunta fase tra due mondi caratterizzata dall'adozione della modernità nello stile dei *Sapiens* prima dell'estinzione. A Ksar Akil, invece, quelle tradizioni tecniche in odore di Castelperroniano erano chiaramente opera dei *Sapiens*. Nel sito è stata anche ritrovata una doppia sepoltura. Due ragazzini. Due piccoli *Sapiens* morti in un certo momento tra 42.000 e 54.000 anni fa. Del resto, sui pendii del Monte Libano tutte le industrie moderne, dal Neroniano al Proto-Aurignaziano, portano la chiara firma dei *Sapiens*.

È questa la cosa stupefacente. Anzi, davvero stupefacente.

Alla Grotta Mandrin si potevano osservare due fasi di una medesima tradizione. L'inizio e la fine, il Neroniano e il Proto-Aurignaziano. Due diverse ondate di insediamenti di *Sapiens* in Europa, separate da un intervallo di 12.000 anni, ma prodotte da un unico sostrato culturale. Un sostrato culturale levantino che, con ogni evidenza, era lo stesso che avrebbe anche dato origine al Castelperroniano. Nel continente europeo, dunque, tre culture distinte si erano manifestate in aree geografiche diverse. Nel Levante, un'unica e medesima tradizione dei *Sapiens* si era evoluta nel corso del tempo. In varie zone dell'Europa occidentale avevamo una distribuzione spaziale, orizzontale e discontinua, di ciò che nel Mediterraneo orientale era documentato in maniera continua e verticale nel tempo. E se mi avete seguito fin qui, avrete già capito che contesto l'attribuzione del Castelperroniano ai Neandertal, e che sto parlando di tre grandi ondate di insediamenti di *Sapiens* dirette verso il continente europeo. Tre grandi ondate articolate su 12.000 anni.

Se la mia supposizione è anche minimamente corretta,

tutti gli schemi storici che abbiamo sviluppato per spiegare il popolamento dell'Europa da parte dei *Sapiens* sono falsi. Completamente falsi. Bisogna riscrivere tutto. Bisogna ripensare ogni cosa, da cima a fondo.

Nessuna tardiva migrazione *Sapiens* 42.000 anni fa, ma una pluralità di ondate di insediamenti spalmate su vari millenni attraverso le varie regioni europee. Nessuna improvvisa sparizione dei Neandertal in coincidenza con l'arrivo dei *Sapiens* in Europa. Il Proto-Aurignaziano, a lungo considerato il primo grande insediamento dei *Sapiens* nel continente, era in realtà l'ultimo. Si è tutto svolto in un tempo assai più lungo di quello che credevamo. Un tempo infinitamente più dilatato, che però non ha avuto alcun impatto evidente sulle tradizioni culturali neandertaliane. Può anche darsi che in quel periodo cruciale non sia avvenuto in realtà nessuno dei mutamenti tecnici e culturali ravvisati finora nelle società neandertaliane. E forse è proprio questo il punto importante, perché allora il Castelperroniano non sarebbe che un'altra declinazione delle tradizioni dei *Sapiens* levantine. Ma allora, la grande transizione? Tutte le culture in "-iano" che segnerebbero la profonda trasformazione delle società neandertaliane prima dell'estinzione?

Da questo ragionamento si evince che i ritrovamenti nella Valle del Rodano, i presunti indizi dell'improvvisa estinzione delle società neandertaliane in assenza di mutamenti tecnici o trasformazioni sociali, potrebbero in realtà costituire non un'eccezione ma, al contrario, la regola di quello stupefacente processo storico che è stata l'estinzione dei Neandertal.

L'"eccezione" del Rodano allora sarebbe soltanto la punta visibile di un immenso iceberg di interpretazioni. E il vasto corpus di congetture con cui da cinquant'anni si tenta di spiegare l'estinzione dei Neandertal in Europa sarebbe una sorta di incredibile *Titanic* intellettuale. Se, per quanto incredibile possa sembrare, finora avessimo mancato il punto essenziale dell'immensa trama che descrive la sostituzione di un'umanità con un'altra?

La mia ipotesi si sviluppa all'interno di un contesto abbastanza particolare, che da una decina d'anni vede gradualmente riattribuire ai *Sapiens* le prime industrie moderne, in precedenza ritenute opera dei Neandertal. Tutto è cominciato con l'Uluzziano, una sorta di Castelperroniano riscontrato in Italia e in Grecia, poi è toccato al Bachokiriano, in Bulgaria, e infine, nel 2022, al Neroniano. Nel frattempo, la somiglianza tra l'antico Bohuniciano dell'Europa centrale e le tradizioni levantine associate ai *Sapiens* aveva già permesso di ipotizzare che, anche in questo caso, gli autori fossero i primi uomini moderni. È dunque venuto il turno del Castelperroniano? Abbiamo tutti i motivi di credere che tali legami con le tecniche dello spazio levantino rappresentino un segnale da prendere molto sul serio. È assai improbabile che il Castelperroniano – una delle più importanti industrie di transizione dell'Europa occidentale – rientri fra le tradizioni neandertaliane dell'Europa occidentale, vista la struttura tecnica delle sue produzioni artigianali, che sembrerebbero invece essere un'ennesima opera dei *Sapiens*. Pensavamo di poter riconoscere, nell'area occidentale del continente, due grandi ondate di insediamenti di *Sapiens*, separate da dodici lunghi millenni in cui le società neandertaliane si sarebbero riappropriate di quel territorio. Tuttavia, i dati lasciano intuire che in realtà le ondate furono tre. Avremmo quindi una presenza quasi continua di popolazioni di *Sapiens* in Europa occidentale a partire da 54.000 anni fa all'estinzione dei Neandertal, 12.000 anni dopo. Tre ondate di insediamenti di *Sapiens* e, al contempo, nessun mutamento culturale delle società neandertaliane. È sbalorditivo immaginare una tale continuità di popolamento del continente europeo. È un'ipotesi sorprendente, che modifica in maniera radicale l'assetto storico di quel passaggio di umanità. Ma credo che, dal punto di vista strutturale, sia la più probabile. La più stupefacente, ma la più probabile, basata sull'analisi della logica profonda di quelle produzioni artigianali; su un approccio strutturale, comparato e transmediterraneo. Non disponiamo ancora di resti umani o di tracce genetiche che ci consentano di risolvere in maniera definitiva la questione. Quella che ho appena presentato è dunque una lettura, una congettura. Ed è anche una previsione. È normale per la scienza formulare ipotesi che potranno essere verificate, confermate o smentite anche decine di anni più tardi.

La mia previsione, dunque, è che questa interpretazione, questa lettura dei manufatti in selce, permetta di riconoscere la firma delle varie società umane meglio di quanto facciano al momento le discipline fondate sulle cosiddette scienze dure, che attribuiscono al Neandertal quel famoso Castelperroniano. Io invece punto sul *Sapiens* e sostengo che le scienze umane, le analisi strutturali e gli approcci comparati e transmediterranei siano più efficaci, per l'identificazione delle società umane, rispetto all'uso astratto delle misurazioni radiometriche, della genetica o degli isotopi.

Ma allora, in questo grande gioco del domino che sospinge le tradizioni moderne fuori dal regno neandertaliano, che cosa rimane ai Neandertal?

Be'... nulla... Probabilmente nulla.

Intendo dire, nulla di tutto ciò.

Tutta questa storia delle industrie di transizione, dei mutamenti delle società neandertaliane prima dell'estinzione, potrebbe non essere altro che un enorme scoglio intellettuale. Un mito. Una costruzione. Vedo già i miei colleghi serrare i ranghi e rifiutare in massa una simile ipotesi. Attaccarla da ogni possibile angolazione. Ma ho paura che si debba proprio mandar giù la pillola. Inutile incrociare le braccia; temo che la nave stia colando a picco, anche se l'orchestra continua a suonare.

Ormai sarà la storia a risolvere la questione.

Ma se la mia ipotesi si rivelasse esatta, l'insieme dei processi con cui abbiamo spiegato una delle più grandi estinzioni di umanità mai documentate sarebbe semplicemente falso. Del tutto falso.

Al Neandertal non rimarrebbe nulla. Ma nulla va già bene. Cioè, è meglio così. Perché, se davvero il Neandertal non ha mai fatto nulla di quanto gli viene attribuito, allora è fondamentale liberarlo da tutti quegli orpelli. È ora di liberarlo da Noi, dalle nostre costruzioni, dalle nostre fantasticherie, dai nostri sguardi. Potremmo finalmente guardarlo così com'era.

Allora... può darsi che si debba riscrivere tutto. Ed è molto meglio così.

Avremmo finalmente il nostro Neandertal nudo.

Sorprese genetiche

Quest'ultima parte della traversata è stata un po' turbolenta, ma spero che a bordo sia rimasto ancora qualche passeggero, soddisfatto di aver potuto vedere l'immensa nave delle nostre costruzioni intellettuali andare incontro a quello che potrebbe non essere un naufragio – perché neanche la profondità di queste acque è certa – ma un riorientamento verso orizzonti inesplorati.

Alla fine, forse, il Neandertal è morto restando ciò che era sempre stato. Identico a se stesso, ha avuto la poesia di morire continuando a essere ciò che era. Nessuna trasformazione in un altro Noi prima dell'estinzione. La creatura, alla fine, ci sfugge. Tale liberazione ci offre l'opportunità unica di tentare di concepire in maniera diversa non soltanto quella lontana umanità, ma anche il nostro modo di comprenderla. Di tornare a invocare la parola come strumento principale attraverso cui concepire qualunque forma di umanità, relegando tutte le discipline che non poggiano in primo luogo sul pensiero, sulla parola e su un'analisi sottile al rango di semplici mezzi, quali sarebbero sempre dovute rimanere. Gli straordinari strumenti della datazione, dell'analisi delle proteine o della genetica non sono, appunto, che strumenti. Possono soltanto affiancare il pensiero. Con questa affermazione non intendo stabilire una gerarchia. So che le migliori fra queste discipline sono giunte alle medesime conclusioni. Se in un primo tempo gli impressionanti progressi dei metodi di datazione e ancor più della paleogenetica si fondavano innanzitutto sulla padronanza di macchine straordinariamente costose, oggi tali discipline sono giunte a un importante punto di svolta nella loro storia. Gli strumenti si democratizzano rapidamente, e ormai non è più l'impiego di macchine sempre più sofisticate a fare la differenza in termini di impatto scientifico, ma la capacità delle équipe di integrare le indagini delle macchine sulla materia in funzione delle problematiche che l'archeologia ha lentamente messo in luce. Con ogni probabilità, sarà proprio l'uso umanizzato di quegli strumenti straordinari a permettere di porre le domande più innovative, più rilevanti, più interessanti. Questa è la mia convinzione. E la mia speranza.

Proprio grazie alla combinazione di questi strumenti eccezionali e delle nostre conoscenze sulle società neandertaliane, un mattino di gennaio del 2022 è emerso un nuovo risultato sorprendente. Le équipe di Copenaghen stavano continuando a lavorare sui dati genetici di Thorin, cercando di capire come mai i loro primi modelli li avevano portati a sbagliarsi a tal punto sull'effettiva età del nostro Neandertal. Nelle loro operazioni di riposizionamento cronologico alla luce dei dati genetici ottenuti sull'uomo di Neandertal, i ricercatori danesi si sarebbero trovati di fronte a una realtà ancora più stupefacente.

> Caro Ludovic,
> abbiamo fatto progressi nell'analisi del genoma di Thorin. Con nostra grande sorpresa, i modelli hanno rivelato una notevole divergenza genetica del nostro uomo rispetto all'insieme delle popolazioni neandertaliane riconosciute in Europa occidentale. Sembra che la sua linea si sia separata da quella dei Neandertal dell'Europa occidentale 105.000 anni fa. Ciò significa che la popolazione a cui appartiene Thorin presenta una divergenza di circa 60.000 anni rispetto alle popolazioni neandertaliane classiche. Parliamo di una divergenza molto profonda e davvero stupefacente, perché durante quei 60.000 anni non è avvenuto il minimo scambio genetico tra la popolazione di Thorin e gli altri gruppi di Neandertal, compresi quelli localizzati a qualche centinaio di chilometri dalla Grotta Mandrin. Sono risultati

sorprendenti, ma ormai abbiamo prodotto un vasto corpus di analisi che ci permette di affermare che, da 105.000 anni fa in poi, non ci sono stati scambi genetici.
Per contro, abbiamo rilevato una grande vicinanza tra Thorin e la Neandertal della Cava di Forbes, nella Penisola Iberica meridionale. I due sono incredibilmente vicini dal punto di vista genetico, e chiaramente isolati dall'insieme delle altre popolazioni neandertaliane. Come sai, si ritiene che la donna della Cava di Forbes appartenesse a un'antica popolazione che ha 70.000-120.000 anni, il che corrisponde all'età che noi stessi avevamo attribuito a Thorin in prima battuta. Qui a Copenaghen siamo molto curiosi di conoscere le tue prime impressioni al riguardo e di sapere come interpreterai questi risultati inattesi.
Un caro saluto,
Martin

Ogni tanto arrivano messaggi che non ci aspettiamo di ricevere. Quello dei genetisti di Copenaghen mi apriva panorami scientifici inesplorati. Thorin, che all'inizio aveva sfidato le nostre capacità di datazione, adesso metteva in discussione anche i nostri modelli di distribuzione delle popolazioni neandertaliane. Avevamo per le mani una popolazione ignota alle documentazioni genetiche riconosciute in Europa occidentale per quel periodo. Ma che cosa significavano quei risultati? Ci suggerivano che in realtà Thorin non apparteneva a una popolazione neandertaliana recente, ma a gruppi antichi risalenti a oltre 100.000 anni fa? Bisognava ripensare tutto, respingere un'altra volta tutte le analisi e interrogare di nuovo il nostro Neandertal? E come interpretare il suo evidente legame con l'estremità meridionale dell'Europa?

Nell'ultimo decennio gli sviluppi della genetica hanno permesso di identificare diversi gruppi neandertaliani, all'interno dei quali i Neandertal europei si distinguono con grande chiarezza dai loro simili orientali. In Europa, il ramo neandertaliano più classico è stato individuato nelle regioni occidentali che vanno dal Belgio alla Spagna, passando per la Francia. Queste popolazioni mostrano una notevole continuità di insediamenti, a partire da 105.000 anni fa fino all'estinzione. Per più di 60.000 anni quei Neandertal sembrano essere rimasti assai omogenei e geneticamente vicini, il che farebbe pensare a una popolazione poco numerosa ed estesa su tutto il continente.

Da qualche anno è stato individuato un gruppo distinto dalle popolazioni dell'Europa occidentale. I Neandertal orientali sono stati localizzati a oltre 5000 chilometri di distanza, al margine meridionale della Siberia, nelle valli dei Monti Altaj, situati ai confini della Russia, della Mongolia e della Cina. La complessità delle popolazioni neandertaliane è stata riconosciuta non soltanto grazie alle analisi genetiche effettuate sui resti ossei, ma anche mediante l'estrazione di tracce genetiche conservate direttamente nel terreno delle grotte europee e siberiane. Quelle straordinarie tracce di DNA registrate negli antichi sedimenti delle caverne indicano che il quadro delle popolazioni neandertaliane si è decisamente modificato nel corso del tempo, forse per effetto delle varie ondate migratorie interne a quegli stessi gruppi. L'ondata di maggiore impatto risalirebbe a circa 105.000 anni fa e avrebbe dato origine alle diverse ramificazioni neandertaliane che hanno occupato l'Europa occidentale e centrale, il Caucaso e la Siberia. Tuttavia, la struttura fondamentale degli scambi e delle sostituzioni ci sfugge quasi per intero. Questo distinguersi delle popolazioni, questi movimenti e scambi non erano stati previsti. Sia perché un tempo gli strumenti archeologici disponibili non consentivano di individuare tali spostamenti, sia perché non avevamo mai immaginato di esaminare legami così antichi e articolati su territori tanto distanti. L'archeologia aveva già identificato le particolarità delle tradizioni neandertaliane nei diversi spazi eurasiatici, ma senza riuscire a distinguere o a riconoscere con precisione i momenti in cui avevano avuto luogo non soltanto gli scambi – umani o culturali – ma anche le effettive sostituzioni di popolazioni. Se le fasi di mutazione e le separazioni interne ai Neandertal non erano state previste, l'archeologia si è comunque dimostrata capace di distinguere i momenti di scissione fra le varie società umane. La rottura più notevole e significativa probabilmente è stata la sostituzione dei Neandertal da parte dei *Sapiens*, anche se la nostra comprensione di quel lontano evento ce ne restituisce soltanto una semplice stilizzazione. Fino al 2022 pensavamo che la sostituzione fosse cominciata intorno a 42.000 anni fa; poi ci siamo resi conto che quella data segnava non l'inizio ma la fine di un processo molto lungo, sfuggito ai radar dell'archeologia. In realtà tutto era cominciato 12.000 anni prima; e quei 12.000 anni rappresentavano l'incredibile spessore di un tempo invisibile che non avevamo saputo documentare. Fino ad allora avevamo definito – con uno scarto di 12.000 anni – un periodo di sostituzione costituito da un primo tempo neandertaliano, una fase intermedia caratterizzata dal mutamento sociale e culturale dei Neandertal e un ultimo tempo pienamente moderno. Una costruzione intellettuale semplice, lineare, strutturata come un'entità biologica che avesse subito una mutazione, passando dalla semplicità alla complessità, dall'Arcaico al Moderno. Dallo 0 all'1, con una semplice fase intermedia tra i due mondi, uno 0,5 in cui si era manifestato, in un'apoteosi di capacità tecniche, il rovesciamento culturale dei Neandertal prima dell'estinzione. Schemi del genere non mettono in luce la genesi, lo sviluppo e le interazioni dei processi storici, ma una serie di esiti in cui le società non presentano un andamento preciso e ben definito. Distinguiamo la fine dei percorsi e delle linee evolutive, e concentriamo il nostro sguardo sugli unici momenti in cui, in verità, ogni cosa è già stata decisa da... 12.000 anni.

Tuttavia, per quanto riguarda il grande gioco di spostamenti e sostituzioni che coinvolge soltanto le popolazioni neandertaliane ben prima della grande estinzione, della morte definitiva di questo gruppo, né l'analisi dei numerosi dati archeologici né l'antropologia o la genetica al momento ci permettono di comprendere i processi storici attraverso i quali gli equilibri fra le popolazioni sembrano essersi capovolti. La storia e l'antropologia culturale delle società neandertaliane rimangono ancora tutte da esplorare. È probabile che finora quelle immense distanze, le migliaia di chilometri che separano l'Europa occidentale dalla Siberia, siano state percepite come solide barriere che le nostre indagini scientifiche non potevano oltrepassare. Barriere che i Neandertal avevano potuto infrangere, ma che la scienza non era davvero in grado di sondare. Era tutto troppo lontano. Quegli ambienti geografici, ecologici e culturali sarebbero dunque troppo distanti per poter essere studiati a fondo nel caso dei Neandertal, mentre nel caso dei *Sapiens* sarebbe possibile concepire e addirittura prevedere legami remoti capaci di superare e collegare i diversi continenti?

In fin dei conti, sono state le nostre stesse barriere politiche ad aver tracciato per molto tempo un solco tra i mondi della ricerca, e indagini a raggio tanto ampio non avrebbero potuto essere condotte facilmente fintanto che le nostre società fossero rimaste invischiate nel confronto strategico dei grandi blocchi politici del XX secolo. Sono le nostre barriere, non tanto intellettuali ma sociali, politiche, strategiche, a costringere l'Oriente e l'Occidente dell'Eurasia in due sfere che comunicano a fatica. A creare specchi deformanti attraverso i quali l'Altro diventa infinitamente più lontano di quanto non sia in realtà. Qui la politica disunisce. E lo fa con intenzione, ma soltanto perché è intrappolata in se stessa, incapace di distinguere, all'interno di un'unica massa inscindibile, ciò che pure assomiglia in tutto e per tutto alla nostra umanità. Le nostre differenze sono inezie rispetto a quelle delle umanità estinte quando erano ancora in vita. Le migrazioni di cui parlo in queste righe non erano le nostre, quelle che inquietano fin troppo e malamente i pensieri dei media e dei politici. Le migrazioni e le sostituzioni delle antiche pluralità umane non somigliano in alcun modo agli spostamenti che oggi chiamiamo migrazioni e sostituzioni. Nel profondo delle nostre carni, ormai, formiamo un'unica umanità. E le nostre differenze culturali sono piccolezze episodiche in confronto alle differenze fra le umanità del passato. Le sostituzioni umane, le vere sostituzioni, sono esistite, ma non hanno nulla a che fare con ciò che le nostre società possono sperimentare oggi. Quelle lontane migrazioni avevano radici profonde e, pur essendo state studiate tanto male, hanno dato luogo non soltanto a mutamenti culturali inaspettati, ma anche a vere e proprie eliminazioni di cui non abbiamo ancora definito con precisione la portata. Come muoiono gli uomini? E, prima di spirare, come si incontrano?

Non è neppure possibile stabilire quali direzioni abbiano seguito le varie ramificazioni neandertaliane all'interno del vecchio continente eurasiatico, decine di millenni prima delle migrazioni dei *Sapiens* verso l'Europa. Parliamo di Neandertal orientali in movimento verso l'Europa? O di Neandertal europei diretti verso il sud della Siberia? Che cosa diventano in Spagna, a partire da 105.000 anni fa, i Neandertal sostituiti da altri Neandertal portatori di geni assai diversi? Tali domande rimangono in gran parte senza risposta. Tuttavia, come abbiamo detto, la genetica ci ha permesso di rilevare un'unità di popolazione nell'Europa occidentale a partire da 105.000 anni fa. L'unità e la grande omogeneità genetica dei Neandertal lasciano intendere che, nell'immensa linea retta dei loro ultimi 60.000 anni precedenti all'estinzione, si fossero finalmente stabilizzati nei propri territori, dall'Europa alla Siberia. È come se i vari spostamenti avessero avuto luogo nelle fasi più remote, prima delle ultime glaciazioni; come se i collassi climatici delle grandi pulsazioni fredde avessero congelato il panorama di quei gruppi umani. I Neandertal erano poi rimasti fermi, bloccati in spazi geografici divenuti immutabili? Sembrerebbe un'ipotesi controintuitiva. Negli ambienti temperati precedenti a 100.000 anni fa si erano sviluppati immensi manti forestali. Quelle gigantesche foreste vergini di certo non facilitavano gli spostamenti. Eppure, sembra che i protagonisti dei grandi movimenti dell'epoca fossero proprio i popoli della foresta. In seguito, le grandi distese erbose determinarono una nuova configurazione del territorio. La geografia dell'Eurasia del grande freddo era caratterizzata da paesaggi aperti sull'infinito che probabilmente facilitavano, o addirittura incoraggiavano, la circolazione dei popoli, l'esplorazione. Nelle infinite foreste vergini non ci si sposta allo stesso modo che in una prateria che unisce tutto un continente, trasformandolo in uno spazio pianeggiante di vegetazione rada sul quale lo sguardo spazia senza sforzo in ogni direzione. Ma se il clima ha un impatto diretto sugli ambienti naturali, la materia umana non si piega altrettanto facilmente a queste scorciatoie. Possiamo realizzare modelli, speculare sulle temperature, modificare e specificare l'insieme dei biotopi associati. Ma nessuna analisi è mai riuscita a stabilire una correlazione abbastanza convincente da dimostrare che le alterazioni ambientali condizionano la storia delle società umane. Se diverse ricerche valutano questa opzione con l'ausilio di enormi modelli statistici, basta pensare alla stessa nozione di umanità per capire che la materia umana non ha mai seguito nessuno di quei modelli. L'umano è qualcosa di inaspettato, di irrazionale. E non è possibile cogliere mediante semplici algoritmi le ragioni intangibili per cui decide di attraversare foreste, fiumi, oceani e montagne. Quando l'umano decide di sfidare lo spazio e di percorrere migliaia di chilometri, nessuno dei suoi spostamenti trova riscontro in un qualche modello di insediamento. I movimenti umani non si pensano secondo schemi matematici. Se ne può soltanto prendere atto. Per loro natura, i modelli ci allontanano da ogni materia umana. Nessun modello può spiegare la circolazione delle popolazioni mondiali. Né il caldo né il freddo, né la fame né l'appetito. La colonizzazione dell'Australia, nello stesso momento in cui i *Sapiens* del Neroniano si addentrano e si insediano nell'Europa occidentale, può soltanto essere constatata. Ma perché è avvenuta in quel preciso istante? Perché quella sincronia alle due estremità dell'immensa Eurasia? Di fronte a tali osservazioni, nessun modello risulta adeguato. Non che non esistano spiegazioni possibili, ma probabilmente l'indagine dovrebbe limitarsi a confrontare i dati empirici. E a trattarli poi secondo un approccio che sia sofisticato, qualitativo, imposto e costruito dal pensiero e dalla parola. Gli umani sono irrequieti e sempre imprevedibili. Creature improbabili, si fanno beffe dei modelli di ripartizione. Eccoli dunque colonizzare gli spazi polari e passeggiare per i deserti, contro qualsiasi modello, qualsiasi logica razionale evidente. Eppure, è proprio in quei luoghi che vivono gli inuit e i tuareg. È un dato di fatto. E così, come il volo del bombo – insetto pesante, tondo, massiccio – non obbedisce per nulla alle semplici leggi dell'aerodinamica, neanche le mutazioni e i comportamenti delle popolazioni umane sono modellizzabili. Gli umani sono statisticamente incontrollabili. Ci sono, oppure non ci sono. Ciò non aiuta l'archeologo, ma permette di pensare alle varie umanità in determinati modi. Di formulare in un determinato modo le domande che poniamo a quelle creature attraverso il tempo.

Le popolazioni umane si piegano soltanto alle constatazioni. Gli aborigeni sono là dove sono, e la loro presenza è un dato di fatto che si oppone alla logica di qualsiasi modello.

Per quanto riguarda il Neandertal, la constatazione sembrava essere questa: dalla Spagna al Belgio, e in tutta l'Europa occidentale, si era insediata un'unica popolazione molto omogenea. E le variazioni genetiche tra i Neandertal delle zone settentrionali dell'Europa e quelli della Francia o della Penisola Iberica parevano estremamente deboli. Nello spazio dell'Europa occidentale era possibile distinguere un allontanamento da questa discendenza europea soltanto nelle fasi antiche, anteriori a 100.000 anni fa. In seguito, la complessità di quei gruppi remoti sembrava scomparsa. A partire da 105.000 anni fa, le popolazioni europee sembravano ormai abbastanza stabili in tutto il continente e distribuite in contesti geografici e climatici assai diversi.

Che cosa significavano, allora, le analisi dei genetisti di Copenaghen? La coincidenza tra la linea di Thorin e quella della donna della Cava di Forbes, nell'estremità meridionale della Spagna, indicava che il Neandertal della Grotta Mandrin in realtà era molto più vecchio di quanto avevamo concluso? Bisognava rimettere in discussione sette anni di ricerche e di scambi con le migliori équipe internazionali?

I dati genetici sulla Neandertal di Gibilterra erano stati pubblicati nel 2019 dalle fantastiche squadre di ricerca del Max-Planck-Institut guidate da Svante Pääbo, che tre anni più tardi avrebbe ricevuto il Nobel per la medicina. Avevano fatto un ottimo lavoro su collezioni archeologiche difficili da utilizzare. Nei climi caldi, infatti, il DNA si conserva male. E le loro ricerche si basavano su un cranio estratto decine di anni prima dalla grotta che lo aveva ospitato per diversi millenni. I dati iberici erano dunque particolarmente preziosi, e il fatto che fosse stato possibile estrarli era davvero straordinario. Ci comunicavano una cosa importante, di cui dovevo tenere conto con la massima serietà: dal punto di vista genetico, la donna della Cava di Forbes era più vicina a popolazioni che avevano 60.000-120.000 anni che ai Neandertal più recenti. Inoltre, era molto probabile che fosse anteriore anche ad altri Neandertal rinvenuti nell'Europa orientale. Doveva essere più antica del corpo quasi completo di un bambino di due anni trovato a Mezmajskaja 1 nel 1993, sulle montagne del Caucaso in Russia. A quel bambino erano stati attribuiti 60.000-70.000 anni. L'intervallo di tempo a cui andava ricondotto il teschio della Cava di Forbes poteva dunque restringersi ancora e collocarsi statisticamente in un punto tra 70.000 e 120.000 anni fa. Un notevole intervallo di 50.000 anni, che comunque precedeva Thorin di 25.000-70.000 anni. Un salto tutt'altro che trascurabile. La grande prossimità genetica tra il Neandertal della Grotta Mandrin e la Neandertal di Gibilterra era possibile soltanto a condizione che i due individui fossero vissuti in periodi molto vicini, se non nello stesso periodo. Tuttavia, lo studio del 2019 proponeva anche una soluzione alternativa: l'esistenza di una popolazione distinta all'interno degli ultimi Neandertal europei. Ma era ritenuta un'eventualità particolarmente improbabile, tanto che veniva appena evocata in una frase isolata a conclusione dello studio, quasi per principio. Un'alternativa abbastanza incredibile, considerato che l'insieme dei dati europei seguiva e confermava il presupposto che gli ultimi Neandertal in Europa costituissero ovunque una sola e unica popolazione. Ma benché lo studio sembrasse escludere quell'alternativa, i dati consentivano due interpretazioni assai diverse riguardo alla presenza di quel cranio nell'estremità meridionale dell'Europa.

Perché e come era possibile ipotizzare due scenari così dissimili a partire dalle analisi genetiche?

Il cranio di Forbes è relativamente completo e ben conservato. Venne scoperto nel 1848 in una cava di estrazione nell'imponente Rocca di Gibilterra. Dunque in realtà si tratta di uno dei più antichi reperti neandertaliani mai rinvenuti, estratto otto anni prima dei resti della Valle di Neander. La sua morfologia neandertaliana appariva poco pronunciata, cosa che non aveva permesso di riconoscervi un'umanità diversa dalla nostra. Qualche anno dopo, gli scavi nella Valle di Neander avrebbero portato alla luce una serie di ossa dalla morfologia decisamente più marcata. Venne così accertata l'esistenza di un'umanità fino ad allora sconosciuta. Era stato scoperto l'uomo di Neandertal. Oggi, alla luce della retrodatazione di quelle popolazioni, il fatto che i rilievi ossei del teschio della Cava di Forbes fossero poco pronunciati appare compatibile con la sua antichità. In effetti, la neandertalizzazione è un processo evolutivo, graduale. E all'interno di questi gruppi, gli individui più recenti presentano tratti morfologici più pronunciati. Tenendo conto di tutti i dati, la donna della Cava di Forbes doveva essere piuttosto antica. La sua datazione a un periodo compreso tra 70.000 e 120.000 anni fa sembrava molto coerente.

Ma ecco il punto cruciale, emerso dai miei scambi con i genetisti di Copenaghen: Thorin e la donna della Cava di Forbes sono geneticamente molto vicini. E sembrerebbero proprio avere la stessa età. La cronologia di uno dei due Neandertal è errata, dunque va scartata.

Dov'è l'errore? Si aprono le scommesse...

Ciò che ci racconta il reperto di Gibilterra è innanzitutto una storia di archeologia. Un bel colpo di fortuna nel marzo 1848 in una cava ricavata nel fianco settentrionale della Rocca. Il contesto di rinvenimento degli antichi Neandertal è sempre lo stesso. L'elemento determinante, in genere, è un colpo di palanchino o un'esplosione di dinamite ben bilanciata. Invece, 174 anni dopo Thorin è emerso non grazie a un piccone ma a milioni di colpi di pinzette, seguiti dalle analisi delle migliori équipe del mondo, che hanno riposizionato e calibrato gli altri Neandertal spesso portati alla luce dalle esplosioni di dinamite.

Non è Thorin a dover essere ripensato. È la donna di Gibilterra che va spostata, riposizionata.

Dobbiamo capire. Non ci si deve limitare a leggere i testi altrui. Bisogna andare sul posto per confrontarsi, 45.000 anni dopo il popolo di Thorin, con quelle geografie, con quegli spazi e con quegli strani legami umani rivelatisi all'improvviso.

Bisogna sempre guardare con i propri occhi e lasciare che la mente registri e stabilisca le sue connessioni, che nessuna statistica può costruire. La mente e il confronto ci condurranno all'inaspettato.

Bisogna andare a Gibilterra.

Il vascello di pietra

Bisogna andare a Gibilterra, ma non in aereo. Dobbiamo confrontarci con i paesaggi, con le geografie. Osservare la massa degli spazi che si srotola lentamente dai Pirenei fino all'estrema punta meridionale dell'Europa. Il percorso qui è parte integrante del pensiero, uno degli assi portanti di qualsiasi comprensione. Oggi basta qualche giorno di viaggio per raggiungere Gibilterra dai contrafforti dei Pirenei, che come una linea di fortificazioni separano l'ampia Penisola Iberica dal resto del continente europeo. La Penisola è costituita in gran parte da massicci montuosi e da altopiani. L'altitudine media della Spagna è la seconda in Europa dopo quella della Svizzera, e supera di due volte quella della Francia. I rilievi circondano la regione e sovrastano il Mediterraneo, dai Pirenei fino alla punta meridionale del paese, verso la quale mi sto dirigendo per andare a incontrare le squadre di ricerca incaricate di esplorare le caverne neandertaliane. È lì infatti che sono stati registrati gli insediamenti più meridionali dei Neandertal. E né le montagne a strapiombo sul mare né gli altopiani permettono di riconoscere continuità geografiche evidenti con il resto d'Europa. Questa regione rappresenta l'opposto dell'ampia Valle del Rodano in cui giaceva Thorin. Il Rodano è un'area di circolazione naturale, un solco che collega il Mediterraneo con gli spazi continentali, mentre la Penisola Iberica è geograficamente isolata. All'inizio degli anni novanta del secolo scorso, si ipotizzò che qui i primi uomini moderni e gli ultimi Neandertal fossero stati separati da una frontiera interna alla penisola. L'idea era che non fossero stati i Pirenei a isolare gli ultimi Neandertal ma, subito a sud, la piccola valle del fiume Ebro che si estende da ovest a est per tutta la Spagna. Tale spostamento verso sud delle frontiere naturali e storiche tra le diverse società umane era in gran parte dovuto alla scoperta di insediamenti del Castelperroniano e del primo Aurignaziano a nord dell'Ebro. Pare infatti che le prime società moderne aurignaziane, attestate in tutto il resto d'Europa, non abbiano lasciato alcuna traccia della loro esistenza a sud del fiume. In questo vero e proprio sottocontinente delimitato dal Sistema Iberico sarebbe stata invece rilevata la presenza di popolazioni neandertaliane assai successive alla loro estinzione nel continente europeo. Tuttavia, le tecniche di datazione al carbonio-14 sono delicate e particolarmente sensibili al calore. Le ossa fossilizzate risentono del clima. È raro che le datazioni e la genetica qui forniscano risultati solidi e incontrovertibili. Possiamo dunque costruire il nostro modello soltanto basandoci sul gioco di presenza e assenza delle prime culture moderne dell'Aurignaziano e del Castelperroniano. Vediamo davvero una permanenza delle popolazioni neandertaliane nel sottocontinente iberico? Si tratta di una congettura affascinante, che coinvolge la geografia, la storia e le società umane e merita di essere apertamente considerata. Teniamo presente comunque che l'Ebro è un fiume soltanto di nome. La sua portata non è neppure un quarto di quella del Rodano, essendo più vicina a quella di fiumi francesi di dimensioni modeste quali la Mosa o la Saona. Ma non per questo si può contestarne il valore di frontiera attribuitogli dalle società umane del passato. Non si tratterebbe però di una frontiera tanto fisica quanto sociale, come quella che sembra prendere forma nella Valle del Rodano in seguito agli insediamenti neroniani, dopo il 54.000. All'improvviso, dopo la partenza dei *Sapiens*, non si registra più alcun passaggio, alcun attraversamento. Nessuna popolazione pare più in grado di sfruttare le rive occidentali del grande corso d'acqua. E lì, la portata massiccia del fiume non c'entra nulla. Nei periodi glaciali, durante la lunga stagione invernale, non è forse in gran parte ghiacciato? Le frontiere immaginarie degli uomini in genere ricalcano i grandi eventi geografici che segnano i loro paesaggi; non perché tali frontiere obbediscano alla geografia, ma perché al contrario evidenziano nello spazio la traccia della volontà umana. Massicci e fiumi possono essere opera della natura, ma il modo in cui vengono concepiti e inseriti nell'universo mentale degli umani non dipende tanto dalla geografia quanto dalla mitologia dei vivi. È una delle principali caratteristiche dei popoli nel loro rapporto con la geografia, nella loro costruzione dei territori, e dipende soprattutto da valori socialmente investiti. Il radicamento del territorio di un gruppo di umani in una geografia immutabile riflette in primo luogo il loro spazio mentale. Questo spazio non è mai limitato al paesaggio di cui vengono sfruttate le risorse. I territori umani corrispondono in primo luogo alle geografie nelle quali vengono abbandonati i corpi dei morti. E da cui non ci si può allontanare tanto facilmente. I territori dell'uomo sono frutto del suo legame con le terre dei defunti.

Di fronte agli altopiani spagnoli, mentre attraverso le montagne, i miei pensieri corrono lungo la strada che mi condurrà alla punta più meridionale del continente europeo.

Pur trovandosi all'estremità del nostro continente, al limite delle terre occidentali, Gibilterra è territorio britannico. Nell'agosto 1704 passò alla Corona dopo tre giorni di assedio da parte delle forze inglesi, all'epoca alleate delle truppe olandesi. Con la caduta della Rocca e la conquista di quello spazio singolare, gli inglesi assunsero il controllo del passaggio tra il Mediterraneo e l'Atlantico. Settantacinque anni dopo, tra il 1779 e il 1783, in piena Guerra di indipendenza americana, francesi e spagnoli assediarono insieme la Rocca, tentando di far vacillare anche qui il dominio britannico. Ma se l'intervento francese avrebbe contribuito alla conquista dell'indipendenza da parte degli americani, l'immensa Rocca, una sorta di imponente cittadella naturale, non poteva cadere un'altra volta tanto facilmente. Così rimase proprietà della Corona. La situazione politica di questo luogo strategico, però, non fu il risultato di negoziati, ma di un rapporto di forze favorevole a Gibilterra. La Rocca è infatti una fortezza inespugnabile, una montagna di pietra che si erge all'improvviso sul mare. Dal XVIII al XX secolo, la sua durissima roccia calcarea è stata progressivamente scavata per costruirvi tunnel e fortezze sotterranee. Sessantacinque anni dopo l'assedio dei francesi, nel 1848, il fianco nord fu trasformato in una grande cava gestita dall'esercito per estrarne il materiale necessario a ricostruire e rafforzare le mura della città. Nel corso dei lavori, guidati dal capitano della Royal Navy Edmund Flint, venne portato alla luce un teschio straordinario (forse era destino che il nome di Flint, che in inglese significa "selce", venisse associato all'archeologia). Benché sia improbabile che il Capitano Flint descritto trentacinque anni dopo da Robert Louis Stevenson nell'*Isola del tesoro* (1883) avesse qualcosa a che fare con l'eccezionale scoperta del suo omonimo, le vicende di quel ritrovamento appartengono tanto alla leggenda quanto alla storia reale. Il cranio fu spedito a Londra, e gli esperti ne accertarono immediatamente l'antichità. Fu un momento di importanza capitale per il XIX secolo. Qualche anno più tardi, in una lettera, Darwin avrebbe scritto che "il cranio di Gibilterra è magnifico", senza però farne menzione nell'*Origine delle specie* del 1859 e accennandovi soltanto di sfuggita nell'*Origine dell'uomo e la selezione sessuale* del 1871. Ci si ricorderà che in quel momento cruciale non erano ancora stati teorizzati con precisione né l'esistenza dell'uomo di Neandertal né l'archeologia né il concetto di evoluzione delle specie. Gli scavi miravano al rafforzamento strategico della Rocca di Gibilterra. Come comparve il cranio, e come venne estratto dalla Cava di Forbes? Il contesto della scoperta non è ben documentato, ma sappiamo che la dinamite sarebbe stata inventata da Alfred Nobel soltanto diciotto anni dopo, nel 1866. I cavatori dunque poterono contare soltanto sulla forza delle braccia e su strumenti metallici quali picconi, scalpelli e palanchini.

Mentre penso a questa storia e a questa geografia singolari, vedo spuntare l'immensa altura. Eccomi alla punta meridionale della Penisola Iberica, di fronte a Gibilterra. La Rocca sorge dalle acque come un immenso vascello di pietra. Una protuberanza impressionante degna della tirata di Cyrano: "È una roccia!... un picco!... uno scoglio!... Che dico... uno scoglio?... È una penisola!".[3] Questa stupefacente cresta calcarea sprofonda nel mare in linea retta per 6 chilometri di lunghezza e poco più di un chilometro di larghezza. Una grossa sagoma che si protende verso il cielo e al contempo affonda in acqua da nord a sud, raggiungendo i 426 metri di altezza. La storia e la geografia qui incontrano il mito. Fra queste immense falesie si distinguono Eracle e le sue colonne, che uniscono e distinguono i mondi dell'estremo Occidente.

Il direttore del Museo Nazionale di Gibilterra è il dottor Clive Finlayson, un archeologo che da una trentina d'anni conduce gli scavi nelle grotte della Rocca. Questo perché la Rocca è anche un enorme deposito di straordinari insediamenti neandertaliani fossilizzati. La scoperta di uno dei crani di Neandertal più completi al mondo nel 1848 non

[3] Edmond de Rostand, *Cyrano de Bergerac*, atto I, scena 4 (tr. it. di Cinzia Bigliosi Franck, Feltrinelli, Milano 2009, p. 78).

rappresenta che la punta dell'iceberg. Questo gigantesco vascello di pietra racchiude un complesso di grotte neandertaliane note a livello mondiale e classificate Patrimonio dell'Umanità.

Non ho mai incontrato il direttore, ma conosco bene il lavoro delle sue équipe fin dal 2006, anno in cui Finlayson annunciò di aver ottenuto la datazione più tardiva mai attribuita a strati associati all'uomo di Neandertal. Clive riteneva che alcune di queste popolazioni avessero continuato a vivere a Gibilterra per circa 14.000 anni dopo la scomparsa di qualsiasi traccia neandertaliana dal resto del territorio eurasiatico. O meglio, del territorio eurasiatico classico; cinque anni dopo, le mie ricerche al circolo polare artico russo avrebbero portato alla luce tradizioni neandertaliane risalenti allo stesso periodo proprio all'estremità opposta del continente. Ad ogni modo, né a Gibilterra né al circolo polare sono stati scoperti resti ossei, soltanto utensili in selce tipici delle produzioni neandertaliane. E queste tecnologie sono state abbandonate dai *Sapiens* ben prima di 50.000 anni fa. In *Néandertal nu* ho esaminato proprio la peculiare correlazione tra gli spazi geografici estremi e la permanenza di antiche tradizioni artigianali. I reperti di 28.000 anni fa rinvenuti a Gibilterra e nella gelida Byzovaja attestano forse la sopravvivenza non soltanto di antiche conoscenze tecniche, ma anche delle ultime popolazioni neandertaliane? Non è possibile dare una risposta categorica. In entrambi i casi abbiamo a che fare con le zone più periferiche del continente europeo. Con due estremi geografici posti proprio al di là degli spazi continentali. Lontani dall'insieme degli scambi e delle circolazioni umane della vecchia Eurasia. E la persistenza di quelle tecniche artigianali ai due margini del continente non può che darci da pensare.

Via col vento

Ho appuntamento con Clive e con una troupe televisiva del canale Arte, incaricata di realizzare un documentario sul nostro incontro. Il regista vuole che sia un incontro autentico, non una messa in scena, ma una registrazione in tempo reale. Io e Clive ci siamo detti d'accordo, e abbiamo accettato di confrontarci sotto l'occhio delle telecamere. Abbiamo dunque limitato gli scambi preliminari a un unico colloquio insieme al produttore e al regista. In quell'occasione avevo potuto spiegare a Clive il motivo del mio interesse scientifico per Gibilterra, ossia il sorprendente legame tra la Rocca e la Valle del Rodano evidenziato dalle analisi genetiche per gli ultimi millenni del regno dei Neandertal. Un legame inaspettato, che escludeva tutti gli altri Neandertal dell'Europa occidentale. Avevo poi riferito a Clive nel dettaglio i risultati delle analisi e le nostre conclusioni scientifiche. Qualche giorno dopo, lui mi aveva inviato un messaggio laconico.

> Caro Ludovic,
> le implicazioni di questi studi sono semplicemente formidabili. Dobbiamo incontrarci.
> Un caro saluto,
> Clive

Così siamo stati al gioco e abbiamo organizzato l'incontro. Un incontro filmato ma autentico, nel corso del quale abbiamo potuto discutere a voce del significato e delle implicazioni di quella scoperta straordinaria.

L'appuntamento è fissato per la mattina del 27 ottobre 2022 al parcheggio della Punta de Europa, all'estremità meridionale della Rocca. Quando arrivo al faro, il clima è mite e dolce, non fa freddo come ci si aspetterebbe in una mattina di fine ottobre. Geraldine Finlayson, responsabile del laboratorio scientifico del Museo Nazionale di Gibilterra e compagna di Clive, mi ha dato appuntamento qui per andare insieme alle grotte di Gorham e di Vanguard, dove le loro squadre stanno scavando in questo preciso momento. Arriviamo sul fianco orientale della Rocca, in una zona militare sorvegliata, indossiamo un casco bianco e iniziamo a scendere. Le grotte sono tutte in basso, lambite dalle acque. A un centinaio di metri da lì, siamo ancora sovrastati da oltre 300 metri di falesia. Clive e le squadre archeologiche ci raggiungono più tardi nella grotta di Vanguard, più in basso. Dopo essere sceso per qualche altro centinaio di passi eccomi immerso in un paesaggio affascinante. Immense bocche di pietra. Cavità larghe e alte diverse decine di metri spalancano le loro gole alle onde del Mediterraneo. Seguendo il pendio sabbioso che sale verso il fondo della grotta si riconoscono chiaramente gli scavi a gradoni, che mostrano i punti in cui hanno lavorato gli archeologi. Qualche minuto dopo sento alcune voci sulla scalinata che scende lungo la falesia esterna. Sta arrivando Clive, accompagnato dagli scavatori. Ci salutiamo da lontano alzando un braccio. Abbiamo molto da discutere per riuscire a dare un senso al puzzle eccezionale di cui, secondo la genetica, dovremmo avere in mano due tasselli che si incastrano alla perfezione.

Ci addentriamo insieme nella vasta cattedrale naturale della Grotta di Vanguard, sotto il volo delle migliaia di rondoni che nidificano negli anfratti delle volte in pietra. Clive, che ha quasi settant'anni, ha trascorso buona parte della sua vita a esplorare le viscere della Rocca alla ricerca di tracce neandertaliane. Il suo annuncio del 2006 in merito alla tardiva sopravvivenza di un gruppo di Neandertal sulla punta meridionale dell'Europa ha notevolmente influenzato il dibattito scientifico sulla questione degli ultimi Neandertal e l'immagine che se ne è fatta il grande pubblico. Inoltre si è inserito con eleganza nello scenario, formulato una decina d'anni prima, che individuava nel fiume Ebro una frontiera di separazione. Gli ultimi Neandertal avrebbero dunque lasciato tracce nella vicina Grotta di Gorham. Tra poco la visiterò insieme a Clive. La grotta si trova a qualche decina di metri dall'enorme cavità in cui ci incontriamo. Giustamente, una trentina d'anni fa Clive ha avviato le ricerche nella Grotta di Vanguard proprio per la sua prossimità a quella di Gorham, nota fin dall'inizio del Novecento e oggetto di indagini archeologiche a partire dal 1948. Lui stesso vi ha effettuato scavi tra il 1999 e il 2005. All'epoca era convinto che quella grotta, scavata prematuramente, non potesse da sola restituirci un'immagine precisa della struttura degli insediamenti neandertaliani. Così aveva cominciato a lavorare qualche metro più in là, nell'altra cattedrale naturale di Vanguard, la grotta gemella e ancora inesplorata. Sperava di potervi trovare gli stessi stanziamenti neandertaliani della sua prestigiosa vicina. Non sarebbe stato deluso. Dall'ampia bocca rocciosa di Vanguard fuoriesce un pendio di sabbie marine, le stesse che occupano il fondo della grotta per 18 metri. In quei 18 metri sono registrati, quasi ininterrottamente, 80.000 anni di insediamenti neandertaliani, come nella Grotta Mandrin, a partire dall'ultimo episodio a clima temperato di circa 120.000 anni fa fino all'estinzione dei Neandertal, non quella di 42.000 ma... di 28.000 anni fa? Nessuno oggi è in grado di risolvere questa spinosa questione. E come sempre accade con le questioni spinose, quando se ne discute, gran parte della comunità scientifica si trincera in posizioni nette, rigide. Va detto che a Gibilterra non è facile lavorare con le datazioni al carbonio-14, dato che il contesto climatico è uno dei più temperati del continente. Altro che *Quattro stagioni*; Vivaldi qui avrebbe dovuto ridurre la sua opera a due concerti, uno per i lunghi mesi caldi e secchi e uno per la stagione delle piogge. Tra 25.000 e 20.000 anni fa, mentre l'Europa subiva uno dei più importanti cali di temperatura della sua storia climatica e il livello dei mari si abbassava di 125 metri rispetto a quello attuale, le grotte di Gibilterra ospitavano ancora specie tipiche degli ambienti temperati. Nei periodi più freddi dell'ultima glaciazione, quando tutto l'emisfero boreale era in larga parte coperto dai ghiacci, lungo i sentieri della Rocca continuavano a crescere gli ulivi. La punta del continente ha risentito delle fasi climatiche più marcate in maniera alquanto secondaria, subendo forse un accentuato inaridimento che però non era accompagnato da condizioni polari, come invece è accaduto nel resto dell'Eurasia e nelle Americhe. Il clima mite, che probabilmente rappresentava un vantaggio per le popolazioni umane, non si è invece rivelato favorevole alla conservazione dei resti ossei. Ed è proprio l'alterazione delle ossa che ci impedisce di datarle con i classici metodi del carbonio-14. L'unico modo per aggirare il problema è quello di datare non più le ossa ma il carbone, che però ha la tendenza a spostarsi, a salire e a scendere attraverso gli strati archeologici. I limiti metodologici hanno quindi un impatto diretto sulla nostra comprensione dell'età effettiva di questi insediamenti. Ma ormai la questione di un'ultima sopravvivenza neandertaliana all'estremità del mondo eurasiatico è stata sollevata, e i suoi detrattori non dovrebbero trattarla con troppa leggerezza. Una serie di dati molto concreti – a Gibilterra, in Spagna e in Portogallo – indica che questa immensa penisola potrebbe aver accolto davvero gli ultimi Neandertal. Tuttavia, il dibattito rimane aspro e le posizioni rigide. Peraltro, ai fini della nostra comprensione di questo processo storico, è così importante che i Neandertal si siano estinti come un sol uomo, in un'ondata di morte che all'improvviso avrebbe travolto il pianeta? Avrebbero anche potuto spegnersi in una lenta agonia generale. Alla fine sono morti comunque, tutti quanti. In un processo di estinzione che ancora non siamo riusciti a esaminare nella sua realtà storica. Come se da lontano non potessimo guardare la morte – la morte reale, non meramente teorica – dritta negli occhi.

È probabile che la più grande estinzione umana mai documentata ci sfugga anche perché non sappiamo esprimere a parole quello che è uno dei principali tabù delle nostre società. I tabù, i divieti inconsci del pensiero, si concentrano sistematicamente intorno a ciò che ci ricorda che la nostra umanità è creatura animale e non creazione divina. La morte non è l'unico tabù dell'Occidente. Anche la nudità, la defecazione e la sessualità lo sono. Questi campi rappresentano i nostri divieti più reconditi e, nonostante sembrino radicati in realtà ben distinte, hanno tutti un elemento in comune. Ci legano in maniera profonda ed evidente alla sfera naturale, animale. La nostra stessa morte, le emozioni, le stesse parti del nostro corpo sono tutte realtà ed evidenze che noi ricopriamo con un velo di pudore.

I tabù ci consentono di proiettare l'umanità al di fuori del regno animale.

Se è vero che mettere in dubbio l'età degli insediamenti neandertaliani nella Grotta di Gorham significa esercitare la facoltà di contestare, discutere e rifiutare oggettivamente l'ipotesi di una permanenza tardiva dei Neandertal, tale atteggiamento tradisce anche un altro tipo di chiusura mentale. Una chiusura da cui traspaiono altri automatismi tipici delle nostre società e forse, a un livello più recondito, della mentalità delle nostre popolazioni di *Sapiens*, che soffrono all'idea di allontanarsi dal pensiero comune, dal pensiero dominante. Un perverso processo inconscio che ci preclude il confronto diretto con le realtà del nostro universo. Un meccanismo autobloccante che ci vieta di osservare qualunque scenario si discosti troppo da un ragionamento uniformato. In ogni caso, è seccante. Nel suo libro *Extraterrestrial*,[4] Avi Loeb – direttore del Laboratorio di Astrofisica della Harvard University – mette a nudo questo processo mentale che impedisce alle comunità scientifiche di pensare fuori dagli schemi e le spinge a ragionare in maniera univoca, sempre uguale. Il pensiero così non sarebbe libero, ma circolare. Benché l'unificazione del pensiero e il terrore di fronte all'ignoto sembrino naturali, in verità costituiscono uno dei principali freni non soltanto della ricerca scientifica, ma di qualunque forma di ragionamento. Anche fra i pensatori più liberi – e forse è questa la cosa più vergognosa – l'accettazione di dati scientifici divergenti è sempre il risultato di un doloroso parto cesareo. Tale accettazione rischia allora di dipendere più dalla fede e dalle convinzioni personali che da una valutazione ponderata delle realtà esistenti. L'essenza del pensiero scientifico non è impostata sui "perché no?". Spesso nelle scienze si insiste sul fatto che una scoperta eccezionale richiede prove eccezionali. Il senso di questa af-

[4] Avi Loeb, *Extraterrestrial. The First Sign of Intelligent Life Beyond Earth*, Houghton Mifflin Harcourt, New York 2021.

fermazione si comprende d'istinto. Una scoperta che spinge una posizione dominante verso un altrove incerto può essere accolta soltanto se è straordinariamente fondata. È il minimo che ci si potrebbe aspettare dal progresso scientifico. Ma non si possono formulare ipotesi e interrogativi invocando soltanto i dati straordinari e rifiutando qualsiasi dato divergente, a prescindere dalla sua natura. Una scoperta eccezionale richiede prove eccezionali. E in fondo, come fa notare Avi Loeb, una prova è una prova. Anche se è divergente. Apre porte e spazi da esplorare. I pensieri divergenti ci invitano a intraprendere percorsi alternativi nelle nostre indagini scientifiche. Forse, per sua natura, il dubbio qui è una necessità, una necessità assoluta. Di fronte al pensiero dominante, il dubbio, quello positivo, rappresenta sempre una porta sull'altrove. Uno spazio di esplorazione in cui precipitarci con urgenza. È assolutamente necessario accettare il dubbio e l'incertezza, se vogliamo progredire in qualsiasi disciplina del pensiero. È pur vero che *Perché no?* era anche il nome della nave del comandante Charcot, che il 16 settembre 1936 sprofondò al largo delle coste islandesi portando con sé i trentanove membri dell'equipaggio. Questa storia ci ricorda che l'incertezza è sempre un pericolo, e che conviene restare nei ranghi per non smarrirsi troppo in regioni ignote e abbandonate dal resto del gruppo. Ma più che una caratteristica delle nostre società occidentali, un simile modo di pensare il nostro universo tutti insieme, talvolta a dispetto della stessa realtà, non sarà un'eco diretta della natura etologica del *Sapiens*? La normalizzazione di tutti i manufatti antichi da parte dei *Sapiens*, la standardizzazione delle nostre singole umanità di cui ho parlato in *Néandertal nu* non ci dicono nulla delle produzioni e delle tecniche dei nostri diretti antenati. Con ogni probabilità, non sono che il riflesso di qualcosa di molto più profondo, che struttura la nostra materia umana. Il nostro modo di stare al mondo, tutti insieme. Non sarà questa la forza e, magari, anche la debolezza della nostra umanità?

Ma stiamo andando troppo in là.

Io e Clive ci sediamo insieme al centro della grotta e iniziamo a parlare del carattere singolare degli insediamenti neandertaliani a Gibilterra. Le onde si infrangono ai piedi della caverna e il Mediterraneo si estende di fronte a noi fino all'orizzonte. A sud distinguiamo chiaramente le coste dell'Africa. In mezzo, una decina di enormi navi mercantili e petroliere avanzano pigre, dirette alle vicine raffinerie. L'orizzonte è arancione.

"Il colore del cielo in basso è dovuto all'inquinamento?"

"L'aria qui è pulitissima. Quello è l'effetto delle sabbie del Sahara trasportate dai venti verso le coste spagnole. Vedi, Ludovic, la grotta è piena di quelle sabbie, sono quei cumuli arancioni e ossidati che troviamo ovunque. Ma non sono soltanto qui, nella Grotta di Vanguard, o nella Grotta di Gorham a fianco. Tutte le pareti orientali delle falesie sono ricoperte dalle sabbie. È il vento da est, che soffia più di frequente, a depositarcele. La città di Gibilterra sorge dall'altra parte, a occidente, protetta dai venti principali."

Il pendio di sabbia su cui sediamo non è che un minuscolo campione di una realtà ben più vasta. I venti hanno via via depositato le sabbie sul fianco orientale della Rocca, riempiendo le gole delle grotte e ricoprendo tutte queste falesie levantine. A Vanguard ci sono 18 metri di sabbia, ma lungo le falesie sono depositati fino a 300 metri di sedimenti battuti dal vento. Quelle sabbie paleolitiche ricoprono un numero ignoto di grotte, di ripari, di cavità. Gorham e Vanguard in passato erano giganteschi antri pieni di sabbia che il mare ha corroso, sferzato, assorbito e infine riaperto. Comincio a capire. Non si tratta di due siti distinti e vicini. Queste due bocche lambite dalle acque costituiscono un unico sito inframmezzato da poche decine di metri. È l'intera falesia di Gibilterra ad aver registrato, in tutti i suoi 6 chilometri di lunghezza, gli stanziamenti, i passaggi, gli insediamenti neandertaliani. Gibilterra è un'enorme capsula del tempo, una macchina fossilizzante che ha documentato ogni minimo insediamento dei Neandertal passati di lì nel corso di 80.000 anni. All'epoca dei grandi freddi dell'ultima glaciazione il livello del mare era di 80-125 metri più basso di quanto non sia oggi, dunque il Mediterraneo doveva essersi ritirato fino a 5 o 6 chilometri dalle grotte. Poi, in occasione dell'ultima deglaciazione, della nostra deglaciazione, il mare è risalito erodendo le estremità più orientali degli ultimi sedimenti sabbiosi. Se all'incirca 40.000 anni fa Vanguard era completamente riempita di sabbia, Gorham, di fianco, ha continuato a registrare gli insediamenti umani ben più tardivi di fenici, iberi, greci e romani. I dettagli documentati sono diversi, ma tutte le tracce neandertaliane e la loro comparsa in seguito alla risalita delle acque sono riconducibili a un unico processo. È stato il mare a rimuovere i sedimenti, riaprendo finalmente le cavità sigillate dalla sabbia. C'è stato uno scontro tra venti e mare. I venti hanno depositato e riempito, il mare ha eroso e riaperto.

Le oasi marine

La risalita delle acque ha dunque riaperto le cavità e liberato l'accesso ai loro strati archeologici. Quante grotte saranno ancora sepolte, invisibili, nascoste dalle sabbie depositate dai venti, da qui fino alla punta settentrionale della Rocca? È lì che nel 1848 è stato trovato il cranio della Cava di Forbes, non grazie all'erosione del mare, ma all'azione dei cavatori incaricati di fortificare la cittadella britannica.

Le ricerche di Clive dimostrano che le grotte in realtà sono parte di un unico sistema. Un sistema di grande complessità che può essere compreso soltanto nel suo insieme. È probabile che un'operazione archeologica totale, condotta su tutto il fianco orientale della Rocca, porterebbe alla luce alcuni fra i più importanti insediamenti neandertaliani fossilizzati in Eurasia. Ci troviamo di fronte a un complesso di potenzialità incredibile, che va ben oltre l'immaginazione di un'archeologia semplificata e limitata ai margini delle piccole fosse accuratamente posizionate all'interno delle due caverne. Pensare a un tale sistema di documentazioni archeologiche dà le vertigini, ma, a voler essere precisi, non si tratterebbe di un'eccezione. Esistono diversi siti il cui effettivo potenziale di solito è sottovalutato. Soprattutto in contesti del genere, che risentono dell'azione del vento. Il vento, con la sua capacità di ricoprire, riempire e fossilizzare distese immense, è probabilmente uno degli elementi comuni della fossilizzazione di questi grandi insiemi di siti neandertaliani. Ma di fronte a tali estensioni archeologiche una sola vita di ricerche non è sufficiente, e forse devono ancora essere inventati gli strumenti adatti per affrontarle. Sembrerà strano, ma la vera sfida per l'archeologo non è la rarità dei reperti, bensì la gestione della quantità. E la capacità di comprendere gli insediamenti umani non come siti isolati gli uni dagli altri, ma come sistemi. Sistemi la cui estrema complessità richiede di essere esplorata. Un bell'affare. Più facile a dirsi, a teorizzarsi, a esprimere a parole, che a farsi nel mondo reale. Su alcuni terreni di lavoro mi sono già dovuto confrontare con realtà simili, dove si è tentati di rintracciare il Neandertal non tra le due pareti del suo habitat, all'interno della grotta, ma su ampie distese che spaziano di vallata in vallata, come fanno i cacciatori con le loro prede. E in effetti la stessa nozione di habitat qui è priva di senso. Le popolazioni nomadi si inseriscono completamente nello spazio e non possono concepire un'idea di habitat che coincida con quella dei nostri immaginari, con le nostre esperienze di habitat nel quotidiano. L'habitat neandertaliano non si esprime né tra le pareti di una grotta né sulle pianure, fra le pelli tese dei ripari. Nel loro nomadismo, queste popolazioni antiche – e mi riferisco sia ai Neandertal sia ai *Sapiens* – appartengono fisicamente a spazi ben più vasti, che non sono riassumibili né all'interno del perimetro dei loro focolari né negli spazi che occupano per qualche notte. Habitat e territori qui sono interconnessi. Il loro intreccio è strutturale per questi gruppi umani. Per noi archeologi si tratta di due nozioni distinte. L'habitat del nomade e quello dell'archeologo forse non descrivono gli stessi contesti, gli stessi concetti, lo stesso vissuto, il che colloca le realtà all'origine delle due concezioni in sfere intangibili che possono comunicare fra loro soltanto in maniera imperfetta. L'habitat dell'archeologo è una costruzione, uno strumento di analisi. La concezione di habitat delle popolazioni nomadi invece è radicata nelle immense distese territoriali entro le quali quelle popolazioni sperimentano il loro quotidiano. E in questa grotta, di fronte a simili estensioni, l'apertura del pensiero su quelle lontane società intese come sistema diventa di per sé evidenza. E offre la speranza di una comprensione non più fondata sulla semplice giustapposizione dei siti archeologici, una speranza un po' folle. Anche un po' vaga, perché la nozione di tempo ci sfugge, qui più che altrove. Per creare una rete e costruire un sistema bisogna collegare i singoli punti. E avere un'idea più o meno precisa del tempo che li separa o unisce. In teoria.

Raggiungo la piccola squadra di Géraldine e Clive, che ha ripreso le operazioni. Tutti scavano lentamente nella sabbia. È sabbia pura, striata da decine di linee scure spesse meno di un metro. Tratti quasi orizzontali che sottolineano e scandiscono i sedimenti gialli. Sono le tracce dei fuochi neandertaliani. Una successione di fuochi. Gli scavatori ne hanno appena delimitato uno. Sul margine si intravede una bella punta di selce. Qualcuno è così gentile da estrarla e posarmela in mano. Tutti attendono che la esamini. Questo tipo di competenze non è intercambiabile. Attendono lo sguardo di chi ha visto con i suoi occhi milioni di manufatti provenienti da tutto il mondo antico. Sapendo che avrei trascorso un po' di tempo con loro, gli scavatori hanno anche avuto la gentilezza di portare nella grotta una collezione di selci rinvenute nei vari strati archeologici. Reperti abbandonati circa 70.000 anni fa. Sono oggetti magnifici. Di una freschezza inquietante, come se fossero stati appena scheggiati e poi abbandonati nella sabbia. Del resto, mi è bastato vedere quelle nette alternanze di linee gialle e nere che marcano il suolo per capire che qui è rimasto tutto immobile. Con ogni probabilità, dopo la partenza dei Neandertal l'insieme dei resti è stato rapidamente coperto di sabbia. L'unico spostamento che ha subito, in 70.000 anni, è stato per opera degli archeologi venuti a svegliare la bella addormentata. È una collezione stupenda. Ancora meglio, mi è straordinariamente familiare. Non soltanto perché quelle tecnologie me ne ricordano altre viste altrove. È qualcosa di più profondo, più sottile. È lo stile. La modalità di lavorazione. Qualcosa che va ben oltre le tecnologie e le conoscenze artigianali.

"Questi oggetti li trovate spesso fra i vostri strati archeologici?"
"È una selezione rappresentativa di ciò che troviamo qui, Ludovic."
"Fantastico. Sono davvero felice di poterli tenere in mano. Ma la sequenza è lunga. I vostri 18 metri di documentazioni coprono 80.000 anni. Da 120.000 a 40.000 anni fa. È proprio l'intervallo di tempo su cui stiamo lavorando alla Grotta Mandrin. Lì questi 80.000 anni sono stati registrati in soli 3 metri di sabbia. Ma in quei 3 metri ho individuato tradizioni artigianali straordinariamente diversificate. Credo che nella Valle del Rodano si possano distinguere grossomodo otto grandi fasi culturali, il che suggerisce che si siano verificati profondi sconvolgimenti culturali ogni 10.000 anni in media. Nello specifico, devono esserci stati momenti di stasi, di stabilità delle popolazioni, soprattutto nelle fasi antiche, poi negli ultimi 12.000 anni tutto accelera e sembra muoversi a un ritmo sfrenato. Cioè, sfrenato nel senso che possiamo riconoscere cinque grandi fasi culturali molto pronunciate, molto marcate, su una dozzina di millenni. Quindi sì, un ritmo sfrenato, ma a passi di 2000-3000 anni..."

Risate. Cominciamo davvero a comunicare.

"Qui non abbiamo osservato nulla del genere, Ludovic. Le nostre selci di 120.000 anni fa sembrano perfettamente identiche a quelle di 40.000."

Silenzio da entrambe le parti.

"Ah... questa è un'informazione fondamentale. È davvero interessante. Non corrisponde minimamente a quanto ho potuto osservare nella Valle del Rodano. Il che ci pone di fronte a orizzonti straordinari. Complimenti a tutta la squadra. Ottimo lavoro."

Restituisco le selci e torno a sedermi vicino a Clive. Quell'omogeneità, quella forma di stabilità delle tradizioni tecniche sembra essere una caratteristica essenziale del sistema di insediamenti neandertaliani identificati a Gibilterra. Una lunghissima continuità di conoscenze e di modalità. Ecco una nozione di tempo su cui possiamo interrogarci. Prima notavo che la nozione del tempo qui ci sfugge più che altrove. Intendevo dire che è difficile accertare se una determinata unità archeologica risalga precisamente a questo o a quel millennio. Qui la fragilità del carbonio-14 non aiuta a semplificare l'equazione. In un sistema tanto complesso come quello della Rocca di Gibilterra, costituito da impronte neandertaliane diverse, com'è possibile legare insieme le informazioni provenienti dalle varie grotte? Come unire i puntini in un ambiente tanto ricco di insediamenti? Ma se è vero che nel corso di 80.000 anni quelle società hanno vissuto periodi di vera e propria stasi, significa che in parte si sottraggono alla nozione del tempo. Non che tale nozione non sia cruciale per noi archeologi, ma in tal caso diventa possibile comprendere a livello globale le organizzazioni neandertaliane in quanto sistema. Se queste società vengono concepite come un sistema, la loro organizzazione non deve per forza obbedire ai vincoli temporali quali li intendiamo noi, come qualcosa che a posteriori ci sembra essenziale. Quelle permanenze nel corso del tempo, al pari dei concetti di habitat e di territorio a cui abbiamo accennato, non trovano riscontro in ciò che noi sperimentiamo nella nostra comprensione del mondo. L'instabilità delle nostre società sedentarie ci appare scandita dal tempo. I secoli e i millenni ci infliggono e impongono le loro modifiche. Non possiamo fare a meno di percepire il tempo come un fattore fondamentale dei nostri mutamenti storici. Eppure, la permanenza neandertaliana nella quale ci siamo imbattuti qui, sulla punta dell'Europa, non è un'anomalia. Anzi, di frequente si è osservato che tali permanenze rappresentano un aspetto fondamentale dell'organizzazione di quei gruppi umani. Di fronte a simili realtà bisogna dunque immaginare l'esistenza di popolazioni acroniche? Astoriche? Popolazioni eternamente identiche a se stesse? Benché ciò sia stato spesso suggerito a proposito dell'uomo di Neandertal, questa constatazione mi è sempre parsa sorprendente e particolarmente curiosa, perché non corrisponde a nulla di quanto ho imparato nel corso delle mie ricerche. Nella Valle del Rodano le società mutano, cambiano, si sostituiscono l'una con l'altra più e più volte. Nell'organizzazione di quelle creature straordinarie non vi è nulla di simile a una stabilità pressoché eterna. In base alla mia esperienza, le società neandertaliane si sono evolute con passi temporali del tutto paragonabili a quelli che possiamo attribuire altrove alle popolazioni di *Sapiens* del Paleolitico. Ma la mia è la prospettiva del Rodano. Influenzata da uno spazio singolare che forse mi ha impedito di concepire l'esistenza di altre realtà in altri luoghi.

Se sono esistite, queste società astoriche e le loro realtà mettono direttamente in discussione il nostro modo di studiarle. Di fronte a contesti di tale immobilità, la temporalità rappresenterebbe innanzitutto uno strumento, per noi essenziale, con cui predisporre analisi e stabilire correlazioni, che però nella realtà vissuta all'epoca da quelle popolazioni era molto più accessorio. Nelle loro conoscenze, tradizioni e organizzazioni, le società di 120.000 anni fa assomigliano profondamente a tutte le ultime società neandertaliane, che si siano estinte 28.000 o 42.000 anni fa. Se questo salto di 14.000 anni ha influenzato una determinata realtà storica di quei gruppi umani rispetto al mondo esterno che li circondava, può comunque darsi che non abbia condizionato in nessun modo la struttura delle loro organizzazioni interne. Almeno per quanto riusciamo a cogliere noi. Le documentazioni archeologiche, in ogni caso, sono spesso molto complete. Vediamo tante cose. Dunque è probabile che la permanenza di tali società non sia una semplice illusione ottica dovuta al fatto che cogliamo soltanto una minima parte delle loro realtà sociali e culturali.

Mi risiedo vicino a Clive, che desidera condividere con me il suo punto di vista sull'organizzazione dei Neandertal di Gibilterra. Guardiamo in silenzio verso il mare. Non mi immaginavo il Mediterraneo così vicino. A qualche decina di metri vediamo nuotare un intero branco di delfini. La troupe televisiva continua a filmare le operazioni degli archeologi, e io e Clive ne approfittiamo per uno scambio di opinioni. Siamo nel suo campo, negli spazi che esplora da trent'anni, e io mi preparo ad ascoltare, lasciando che mi descriva ciò che ha scoperto nella cornice straordinaria di quella cavità immensa.

"Ludovic, dai nostri strati neandertaliani è emersa tutta una serie di risorse terrestri e marine. Abbiamo trovato resti di cervi e cavalli, ma anche di delfini, trichechi, pinguini, pesci, molluschi. All'epoca però il mare non si infrangeva all'ingresso della grotta, come oggi. 120.000 anni fa entrava molto più in profondità, mentre ai tempi dell'ultima fase glaciale, e per decine di millenni fino all'estinzione dei Neandertal, le acque terminavano a circa 5 chilometri di distanza, più o meno dove vedi quei grossi mercantili. Grazie ad alcune esplorazioni sottomarine abbiamo scoperto che in quella spianata di terra ormai sommersa, che durante l'occupazione dei Neandertal si estendeva tra la grotta e la riva del mare, vi sono alcuni punti da cui fuoriescono bolle d'aria. Si tratta di risorgive. Fonti. In quella piccola spianata di 5 chilometri si erano formati fiumi e depressioni lacustri. Dunque quelle popolazioni vivevano in un biotopo di incredibile varietà. E poiché l'intera regione non ha risentito direttamente delle grandi fasi glaciali, vi si erano rifugiate tutte le specie animali ormai adattate ai climi temperati che non potevano più occupare le alte latitudini dell'Europa coperta dai ghiacci. Ma tutto questo puoi leggerlo negli studi che abbiamo pubblicato."

Il particolare contesto climatico, ambientale e biologico descritto da Clive inquadrava la sua ipotesi di una permanenza tardiva delle popolazioni neandertaliane sulla punta meridionale dell'Europa. La sua tesi dunque non si basava soltanto sulle datazioni a 28.000 anni fa della Grotta di Gorham, ma su uno scenario assai più ricco, che collocava quelle popolazioni in ecosistemi unici. In vere e proprie oasi marine.

Confluenza dei tre percorsi mediterranei

"Ludovic, volevo innanzitutto comunicarti due informazioni importanti, ma non di fronte alle telecamere. Non è ancora stato pubblicato nulla, ma negli ultimi anni abbiamo ricominciato ad analizzare il terreno della Cava di Forbes, nella speranza di recuperare lo strato di origine del cranio neandertaliano. Pensiamo di averlo individuato, e abbiamo effettuato alcune misurazioni della termoluminescenza sui sedimenti, in modo da determinarne l'età. Abbiamo ottenuto risultati inediti e anche abbastanza seccanti, perché non sono compatibili con quelli della paleogenetica, che indicano un'età antica e compresa tra i 70.000 e i 120.000 anni. Le nostre misurazioni invece posizionano il cranio in una cronologia che va da 60.000 a 40.000 anni. Molto probabilmente, tra i 40.000 e i 50.000 anni. Questo risultato è perfettamente in linea con i vostri studi su Thorin, il che ci porta a dover riconsiderare l'età della Cava di Forbes. Alla luce delle vostre operazioni nella Valle del Rodano e delle nostre a Gibilterra, possiamo affermare che Thorin e Forbes hanno vissuto proprio nella stessa epoca. I legami biologici che avete dimostrato nei vostri studi, Ludovic, mi sono rimasti impressi. Come sai, abbiamo realizzato un modello del paesaggio così come doveva apparire 40.000 o 50.000 anni fa. Se si abbassa il livello del mare di 80 metri, si vede emergere la spianata di fronte alla grotta. Quella spianata in realtà è un vasto corridoio continuo, che collega direttamente Gibilterra alla Valle del Rodano."

Rimango in silenzio. Da una parte non sono sicuro di aver capito bene, ma soprattutto non voglio interrompere il discorso di Clive. So che stiamo vivendo uno di quei momenti descritti tanto spesso da etnologi e sociologi. I momenti in cui la parola si libera e il flusso delle informazioni, talvolta a lungo trattenuto, scorre liberamente. Bisogna imparare a riconoscere questi momenti. Queste parentesi in cui lo scambio deve avvenire in primo luogo con l'ascolto, in modo da non rovinare tutto. Si tratta sempre di confidenze. Esprimerò il dubbio di non aver sentito bene le cifre delle datazioni un po' più tardi, quando Clive rivelerà alle telecamere quanto mi ha appena riferito. La mia sorpresa, immortalata, non sarà finta. E gli chiederò di ripetere l'informazione per essere sicuro di aver capito ciò che ci sta dicendo in tempo reale.

L'uomo della Grotta Mandrin e la donna di Gibilterra hanno vissuto nella stessa epoca. Questo dato ha conseguenze profonde e definitive sulla nostra comprensione delle ultime società neandertaliane. Esiste dunque, senza alcun dubbio, una struttura a sé stante all'interno della popolazione degli ultimi gruppi di Neandertal nel cuore dei territori europei. La linea di Thorin, separatasi da quella neandertaliana classica, è sopravvissuta in territori vicini e connessi per un intervallo di tempo quasi inimmaginabile: 60.000 anni, durante i quali le due popolazioni neandertaliane hanno preso strade molto diverse. 60.000 anni senza il minimo scambio genetico. Non proprio un'inezia. Pensate che è un intervallo temporale superiore a quello che ha portato il barboncino a distinguersi dal lupo. Benissimo. Un importante elemento dell'equazione è stato svelato. Non è più un'ipotesi, ormai è stato dimostrato in maniera convincente. Quali sono le implicazioni?

La linea neandertaliana classica è stata attestata in tutta l'Europa occidentale su un periodo di circa 80.000 anni, motivo per cui si pensava che quelle popolazioni avessero conservato una grande omogeneità biologica fino al momento dell'estinzione. Oltre che in Spagna, in Belgio e in Germania, la linea classica è stata osservata anche in regioni vicine alla Grotta Mandrin, nella Charente per esempio, e anche in periodi molto prossimi. Tuttavia, 105.000 anni fa questa linea e quella di Thorin si sono separate, senza più scambiarsi un solo gene. Ciò a partire da 105.000 anni fa, un periodo caratterizzato da un contesto climatico mite, fino all'estinzione dei Neandertal, avvenuta durante l'ultima fase glaciale. Le due popolazioni si sono allontanate. Tale divergenza, rivelata dalla genetica, non si inserisce in un vuoto di conoscenze per quanto riguarda l'organizzazione dei gruppi neandertaliani. Quest'ultima è anzi ben documentata nelle regioni classiche della preistoria, ossia la Dordogna, la Charente e la Borgogna. La comprensione delle società neandertaliane si è approfondita nel corso del XX secolo, grazie alle ricerche delle équipe di François Bordes e della scuola di Bordeaux. Per quanto riguarda le ultime fasi neandertaliane e la questione del Castelperroniano, sono state le squadre di André Leroi-Gourhan, nella Borgogna settentrionale, a delineare il quadro di riferimento intellettuale che influenza tuttora la nostra concezione di quelle società.

Poco dopo, a partire dagli anni ottanta, tre generazioni di ricercatori hanno studiato e definito le strutture tecniche, culturali e sociali dei Neandertal. Le mie ricerche su Thorin si sono sviluppate a distanza di quasi vent'anni dalle loro conclusioni. La scoperta di Thorin risale al 2015, ma avevo già descritto l'assetto culturale di quei gruppi neandertaliani parecchio tempo prima, nella mia tesi di dottorato del 2004. In quel lavoro evidenziavo la profonda originalità delle tradizioni tecniche di tali popolazioni e sostenevo che si dovesse riconoscerne l'inedito contesto culturale, che non coincideva affatto con quello riscontrato nelle classiche regioni francesi della preistoria. Alla luce di ciò avevo ipotizzato l'esistenza non di tradizioni tecniche divergenti, ma di culture profondamente diverse, di province culturali che si erano espresse in tempi molto lunghi tra la Valle del Rodano e le regioni classiche, ossia Dordogna, Charente e Borgogna, cosa che aveva lasciato perplessi molti colleghi. È così che è nato il Neroniano, che come oggi sappiamo corrisponde alla più antica incursione dei *Sapiens* nei territori neandertaliani del continente europeo. La cultura neroniana venne poi sostituita da tradizioni neandertaliane più classiche, che però non coincidono con ciò che è stato riscontrato nelle regioni vicine. Per queste fasi avevo quindi parlato di Post-Neroniano I e di Post-Neroniano II. Se i due termini rimandavano semplicemente alla loro collocazione temporale, successiva al Neroniano, la necessità di attribuire nomi specifici a quelle culture archeologiche era dovuta al fatto che non era stato possibile individuare legami evidenti con le società neandertaliane classiche riconosciute nell'area atlantica fino alla Borgogna. Per riassumere: distinguevo una regione neandertaliana classica, quella del bifacciale neandertaliano, e uno spazio della Valle del Rodano dove il bifacciale era scomparso molto presto ma in cui erano state rinvenute punte di selce realizzate con una tecnica impressionante. Le tradizioni artigianali neandertaliane della regione classica mi parevano particolarmente esotiche, perché non somigliavano a niente di quel che conoscevo. Se la qualità del mio studio di 864 pagine era stata riconosciuta all'unanimità, le conclusioni – nelle quali rimarcavo l'esistenza di province culturali profondamente differenziate – dovevano risultare più difficili da accettare, essendo in netto contrasto con quello che era un pensiero piuttosto unitario in merito all'assetto culturale dei Neandertal.

Thorin oggi si inscrive in questa storia. Non soltanto ci rivela in maniera sorprendente che fra i Neandertal esistevano marcate differenze biologiche; si inscrive anche nella storia di una ricerca che ha a lungo teorizzato questa possibilità senza che fossimo in grado di comprendere il significato profondo delle differenze tecniche e culturali.

La questione è di ampia portata, e rimane impossibile distinguere definitivamente le popolazioni biologiche da quelle culturali. Dov'è il Neandertal? Dov'è il *Sapiens*? Chi è l'autore del Castelperroniano o dei manufatti che riteniamo neandertaliani, a Gibilterra o al circolo polare? Le solite incognite che limitano la nostra comprensione. Come muoiono gli uomini? E come concepire il processo che, in ultima istanza, ha condotto alla più grande estinzione umana mai registrata?

Tuttavia, lo stupefacente legame transmediterraneo tra Gibilterra e la Grotta Mandrin forse non ci parla di semplici rapporti genetici a distanza, che pure hanno travalicato lo spazio e il tempo. A Gibilterra, i ricercatori hanno rilevato una continuità di tradizioni artigianali per un periodo di oltre 80.000 anni. Una continuità che sembra eterna, e assai singolare rispetto a quanto abbiamo constatato nella Valle del Rodano, dove le tradizioni sono cambiate radicalmente e sempre in maniera brusca, senza lente modifiche o evoluzioni come quelle osservate a Ksar Akil, dall'altra parte del Mediterraneo. Su queste tre sponde possiamo dunque osservare processi chiaramente differenziati.

Sulle sponde orientali, gli oggetti provenienti dagli antichi strati dei *Sapiens* tra il 50.000 e il 40.000 indicano mutamenti molto graduali. Come se le tecniche fossero entità biologiche. Entità viventi che abbiano subito una lenta evoluzione, compiendo un passo dopo l'altro attraverso i millenni per trasformarsi in qualcos'altro.

All'estremità occidentale del Mediterraneo si notano continuità che sono state riprodotte nel corso dei millenni. Senza cambiamenti. Senza evoluzione. Una stabilità totale che non verrà mai meno fino all'estinzione biologica di quei gruppi. Nessun lento sviluppo. Nessun mutamento in qualcos'altro, né durante i periodi più antichi né durante gli ultimi tempi delle società neandertaliane.

In mezzo, nell'immenso solco del Rodano, abbiamo un terzo schema del tutto indipendente dalle strutture storiche ravvisabili alle due estremità del Mediterraneo. In questa valle troviamo brusche e profonde trasformazioni culturali: il Neroniano *Sapiens*, il Post-Neroniano I e il Post-Neroniano II, introdotto dal gruppo di Thorin. Realtà tecniche e culturali molto nette. Dunque non assistiamo né alle lente evoluzioni orientali né all'incredibile stasi occidentale.

Tali processi esprimono realtà storiche ben distinte e riconducibili a tre spazi mediterranei separati, le cui storie però hanno finito per convergere, in maniera del tutto inattesa, nel cuore della Valle del Rodano. La Grotta Mandrin dista 3000 chilometri dai pendii del Monte Libano, e circa 1300 chilometri da Gibilterra. Il solco del Rodano rappresenta un intermezzo geografico, una terza via nell'evoluzione delle società umane. Un percorso originale, che però potrebbe attestare l'incontro dei due processi storici identificati nell'Oriente e nell'Occidente mediterraneo.

Gli ecosistemi di Gibilterra non hanno mai risentito di grandi sconvolgimenti climatici né di eventuali scarsità alimentari. Potendo nutrirsi di cozze, ostriche, pesci e mammiferi, gli occupanti neandertaliani non dovettero mai conoscere una vera pressione ambientale. O una qualche penuria di risorse. Eppure, alla fine, anche in quella rigogliosa oasi marina il Neandertal muore. Che l'estinzione sia avvenuta 42.000 o 28.000 anni fa, il Neandertal a un certo punto scompare. A Gibilterra più tardi che altrove, come sostiene il modello della frontiera dell'Ebro? Le misurazioni radiometriche e le datazioni non consentono di risolvere definitivamente la questione senza una presa di posizione in buona parte soggettiva. Ma è del tutto possibile che qui abbiano vissuto gli ultimi Neandertal.

Questo modello non poggia tanto sulla ricchezza del biotopo e sulla mitezza del clima, quanto sull'assenza di popolazioni di *Sapiens*, che in questi territori non sembrano essere documentate se non in fasi molto successive del Paleolitico. Qui come altrove, il *Sapiens* rimane al centro dell'equazione. Il clima favorevole e la ricchezza del biotopo non sono elementi determinanti, perché si tratta di condizioni non specifiche di Gibilterra ma presenti in gran parte del territorio mediterraneo, che non hanno alterato il corso del processo di estinzione.

Alla fine, il Neandertal muore.

Ampliando la nostra sfera di analisi, osserviamo che nel sud della penisola italiana – sul tacco dello stivale, che gode di un clima mediterraneo molto simile a quello di Gibilterra e di un biotopo caratterizzato dagli stessi equilibri – l'estinzione dei Neandertal potrebbe essere avvenuta in una fase piuttosto antica, tra 45.000 e 42.000 anni fa. E diversi studi oggi dimostrano che in Italia, l'altra penisola dell'Occidente mediterraneo, il *Sapiens* è arrivato molto presto, probabilmente già 45.000 anni fa.

Se la tardiva estinzione neandertaliana a Gibilterra può apparire come una conseguenza del clima e della ricchezza del biotopo, incrociando i vari elementi dell'equazione si nota invece che la grande estinzione è coincisa, qui come altrove, con le fasi di espansione delle popolazioni moderne sul continente. Ne deduciamo che, se vi è stata davvero una permanenza più lunga dei Neandertal sulla penisola più occidentale dell'immensa Eurasia, probabilmente non è dipesa da realtà climatiche o biologiche favorevoli. Questa trasgressione temporale allora non sarebbe riconducibile a un biotopo ideale, che peraltro non è mai cambiato nemmeno durante i periodi glaciali più freddi. L'elemento chiave sarebbe semmai l'isolamento geografico di questo spazio mediterraneo rispetto al resto del mondo antico.

Dal canto suo, la Valle del Rodano sembra per molti aspetti legata ai due remoti universi culturali a oriente e a occidente del Mediterraneo. Nella Grotta Mandrin sono state registrate sia la prima migrazione dei *Sapiens* verso ovest, segno di un precoce contatto con l'Oriente mediterraneo, sia, più avanti, la migrazione di nuove popolazioni neandertaliane provenienti da Occidente. In entrambi i casi sembra che le migrazioni abbiano seguito percorsi costieri, o direttamente via mare o lungo il "corridoio" emerso in seguito alle variazioni del livello delle acque, come evidenziato dai modelli che le riproducono. L'esistenza di tale corridoio geografico non era scontata, dal momento che i fianchi orientali della Penisola Iberica oggi presentano una successione di massicci montuosi che possono superare i 3000 metri d'altezza. In ogni caso quei percorsi, forse ormai sommersi dalle acque, ci rimangono sconosciuti. Ma quali che siano stati, è indubbio che siano esistiti. Le ultime popolazioni neandertaliane della Grotta Mandrin sono, dal punto di vista biologico, le stesse della punta sud dell'Europa. E quel gruppo di Neandertal si è separato in un'epoca molto antica da tutte le altre popolazioni dell'Europa occidentale, come ha dimostrato la genetica rivelandoci inaspettate frontiere umane e biologiche. Parliamo quindi di separazioni totali che hanno distinto le popolazioni neandertaliane per decine di millenni. Separazioni che l'analisi dei manufatti artigianali aveva già messo in luce ma di cui non potevamo definire la trama. Semplici differenze culturali? No. Separazioni di umanità, divergenze, abbandono di qualsiasi scambio.

Che storia stupefacente. In questa scoperta inaspettata non troviamo forse alcuni elementi essenziali per la nostra comprensione della più grande estinzione di umanità? In tre zone diverse dell'area mediterranea vediamo delinearsi processi storici distinti. Profonde differenze millenarie che infine si riuniscono nell'arteria del Rodano. Prima migrazione dei *Sapiens* di 54.000 anni fa dal Levante mediterraneo. Successivo ritorno delle popolazioni neandertaliane di origine mediterranea lungo il grande fiume. Risalita verso nord dall'Occidente mediterraneo delle popolazioni di Gibilterra.

Una risalita dall'oasi marina, da un biotopo la cui ricchezza e mitezza non trovano equivalenti nell'Europa continentale. Ho parlato soltanto di sfuggita dei manufatti delle Grotte di Vanguard e di Gorham perché lì rimane ancora tutto da capire: da decenni le ricerche attendono un'analisi incrociata. Ma gli utensili neandertaliani che ho tenuto in mano mi erano profondamente familiari, dove la genetica mi diceva che erano espressione della medesima umanità. Si tratta di una familiarità che non ho mai avvertito nei confronti dei manufatti neandertaliani classici delle regioni atlantiche. Di questo avevo parlato già parecchio tempo fa – ben prima che la genetica ci aprisse nuove prospettive – ai miei colleghi della Dordogna, della Borgogna e della Charente, le regioni da cui provenivano gli utensili che mi parevano così esotici. Esotismo da un lato, familiarità dall'altro. Barriere umane. Barriere genetiche. E frontiere invisibili, frontiere umane di cui non conoscevamo nulla.

Nella Valle del Rodano possiamo osservare la presenza temporanea di diverse pulsazioni umane. Provenienti prima da est, poi da ovest, attraverso il Mediterraneo. E da nord, attraverso le Alpi. Queste pulsazioni si manifestano nelle differenze culturali che sto documentando da trent'anni. Alla fine, mi sono sbagliato. La Grotta Mandrin forse non attesta la rapida evoluzione delle tradizioni umane in uno spazio geografico; ha invece accolto non le influenze, ma letteralmente le diverse incursioni di popolazioni che da sempre risiedevano in altri spazi geografici. Ciò che vediamo alla Grotta Mandrin sono code di comete. Passaggi momentanei di società strutturatesi altrove.

Abbiamo così delineato uno schema che illustra le tre realtà storiche mediterranee. Le lente evoluzioni orientali e le loro incursioni nell'Occidente mediterraneo; la continuità di Gibilterra, un vero e proprio bacino di popolazione con la sua oasi marina; e la ricolonizzazione degli spazi intermedi, al centro del Mediterraneo, dopo la partenza dei primi *Sapiens*.

E come gran finale, il punto definitivo a conclusione di questo millenario valzer marino: l'estinzione.

Fine delle fini. La Punta de Europa come ultimo scalo delle popolazioni dei *Sapiens*. Quando raggiungono lo Stretto di Gibilterra, il cerchio si chiude, semplicemente.

Dalle due rive opposte del mondo antico che si contemplano dall'Eurasia all'Africa, è ormai soltanto lo sguardo del *Sapiens* a proiettarsi sull'insieme delle distese continentali.

Un mondo semplificato

Il *Sapiens* al centro dell'equazione, dunque. Di nuovo. Nessuna massiccia eruzione vulcanica. Nessun tracollo demografico seguito al collasso dei biotopi. Nessuna radiazione stellare che abbia annientato le popolazioni umane. Nessuna epidemia mortale. Niente che permetta di sviluppare un discorso sulle contingenze materiali, biologiche, climatiche. E soprattutto immateriali, perché non possiamo assumerci la responsabilità della più grande estinzione umana.

In ogni caso, collocare l'avanzata dei *Sapiens* al centro della nostra equazione non risolve davvero l'enigma del processo di estinzione dei Neandertal. Come si sono estinte quelle ultime società? E com'è morto l'ultimo Neandertal? Vi è stata una lenta agonia generale fino alla morte solitaria dell'ultimo del gruppo? Una brutale estinzione di massa? Nessuno sa come muoiono gli uomini. Né come finirà la nostra umanità ormai unita in un mondo semplificato dal quale le umanità antiche sono scomparse.

Un'umanità ormai unita?

E dire che oggi la percepiamo come molteplicità di culture, di tradizioni, di lingue, di modi di stare al mondo. Queste percezioni, queste costruzioni, alimentano tutte le nostre tensioni, le guerre, gli stermini. E se nel quotidiano la grande storia sembra ripresentarsi al banchetto dei defunti, alla fine ci differenziamo gli uni dagli altri per l'esigenza politica di ritagliarci i nostri orizzonti. Eppure la nostra umanità mostra soltanto i vari volti di un'unica maniera di stare al mondo, e a unirla non è soltanto la biologia ma, in un senso più profondo, sotto il velo delle nostre costruzioni, la totalità dei nostri valori più radicati. Nel 1985, Sting cantava dei russi e dell'isteria delle nostre società disunite, tendendo una mano, un pensiero, una speranza verso est e preannunciando i bagliori del crollo sovietico di qualche anno dopo. La parentesi post-sovietica oggi si è richiusa? La nostra storia di Oriente e di Occidente, di scambi e chiusure, sarebbe allora un lontano riflesso di quelle antiche storie di 40.000 anni fa e oltre, con due aree definite da brevi momenti di scambio interrotti da lunghi periodi di stasi e di ripiegamento su se stessi? Da millenni di centinaia di ripetizioni ed echi? Resta ancora tutto da capire.

Ma non vi ingannate: qui e ora tutto è semplice. Viviamo in un mondo semplificato rispetto a ciò che fu nel suo remoto passato, quando forme umane biologicamente diverse si incrociavano o ignoravano attraverso i millenni. Quando gli umani si distinguevano ancora non soltanto su basi culturali, ma strettamente biologiche. Quando gli umani si integravano nelle medesime diversità che oggi riconosciamo nel regno animale. Per le popolazioni non umane non vi è stata alcuna semplificazione. Decine di specie di canidi, decine di specie di rondini; una sola umanità. Il mondo degli umani ormai è un universo semplificato. Semplificato dalle estinzioni passate.

Questa semplificazione, quest'anomalia selettiva che distingue con una certa crudezza la nostra umanità dagli altri viventi, è naturale? O artificiale?

Oggi torno a chiedermi: come muoiono gli uomini?

3.
Come muoiono gli uomini?

Una grammatica tra due mondi

A che cosa assomiglia questo mondo post-Neandertal a cui diamo tanta importanza?

Per le antiche società neandertaliane la tradizione era una cosa seria. Pensate solo che le loro produzioni artigianali di 42.000 anni fa, all'epoca ancora sparse per tutta l'Eurasia, presentano le medesime impostazioni tecniche osservabili presso i Neandertal di 250.000 anni fa. Non che queste popolazioni non avessero usi propri, o che fossero statiche da un punto di vista evolutivo, anzi. Sembra però che l'assetto fondamentale delle loro organizzazioni non abbia conosciuto grossi stravolgimenti durante quel lunghissimo arco di tempo. Il loro era un contesto ben preciso, che veniva riprodotto nel corso degli anni senza rotture con gli equilibri ancestrali. Vi si riconoscono perfettamente tradizioni, modalità, stili che si conservano per un certo periodo e poi vengono sostituiti da altri stili e altre modalità, ma sempre secondo un determinato modo di stare al mondo. I Neandertal non dimenticano il passato. Ma come definire le loro straordinarie caratteristiche? Non stiamo parlando di semplici sistemi tecnici, di uno specifico modo di scheggiare la selce, di realizzare utensili o armi. Vi era probabilmente qualcosa di più profondo, su cui doveva basarsi la struttura stessa di questi sistemi. Qualcosa di più sottile, ben ancorato sul fondo. Non è tanto una questione di punte di selce o di schegge, di lame, di uno specifico tipo di oggetti o dell'uso di una tecnologia al posto di un'altra, quanto di maniere. Maniere riprodotte per centinaia di anni, che però è ancora difficile definire con parole semplici. Sono troppo specifiche. Dico maniere ma potrei dire stile o fraseologia, o grammatica. Sì, ecco che cos'è: un insieme di regole che attribuiscono un senso preciso all'intero sistema. Un determinato orientamento semantico. Inutile stordirsi con termini tecnici, perché, in sostanza, ai fini del mio discorso non è davvero interessante sapere se quegli strumenti in pietra siano stati realizzati secondo il metodo discoide o il Levallois o chissà quale altro. Non è una questione di tecnologia. Potremmo anche avere per le mani degli idrovolanti; non cambierebbe ciò che sto tentando di definire. Il punto non è soltanto che quelle società riproducono all'infinito una serie di conoscenze ancestrali di origini immemori, ma che in tali riproduzioni si manifestano equilibri particolari, che nel corso degli anni seguono sempre la medesima grammatica. Del resto, fra quegli utensili possiamo identificare vere e proprie tradizioni e culture e rintracciarne le origini, le configurazioni, i territori, le trasformazioni. Possiamo costruire una storia delle società antiche, constatando di volta in volta che l'organizzazione delle conoscenze si ripete all'infinito e sempre secondo determinate maniere e grammatiche. Non stiamo dicendo che le popolazioni neandertaliane non fossero in grado di sottrarvisi; piuttosto che, forse, tutta la popolazione umana in generale obbedisce a proprie grammatiche specifiche. E forse in queste maniere, in queste etologie umane, già notate in *Néandertal nu*, vi è qualcosa da comprendere. In tal senso, il Neandertal non sarebbe più immobile o più prigioniero della sua etologia, dei suoi comportamenti fondamentali, istintivi, naturali, condizionanti, di quanto non lo siamo noi stessi. Forse, però, le due grammatiche non sono uguali. Quando rileviamo la peculiare forma di creatività propria delle società neandertaliane, emergono per contrasto alcune peculiarità dei *Sapiens*: ripetizioni, ridondanze nelle loro tradizioni artigianali. Una fraseologia della ricorrenza gestuale che mette in luce strutture molto più profonde e recondite al cuore delle nostre società, della nostra umanità. Per contro, nel gioco della creazione infinita che traspare dagli strumenti a tranciante, dai coltelli o dalle armi neandertaliani, interviene uno specifico rapporto con la materia. Una dialettica stupefacente con le rocce, le consistenze, i colori, le forme. Nulla viene imposto alla materia. L'artefice gioca, si adegua e realizza il proprio progetto in funzione delle qualità della roccia che sta trasformando. È un semplice adattamento? O è qualcosa di più profondo? In quel modo di non imporsi in maniera troppo diretta sulla materia, di giocare con l'oggetto naturale, i gesti dell'artefice non esprimono già la trasformazione del suo progetto secondo le proprietà più nascoste di ciò che utilizza?

È come se la materia non fosse soltanto un oggetto passivo, ma l'attore principale della creazione.

Come se la materia avesse le sue ragioni, le sue logiche, con le quali bisogna scendere a patti. Quasi che la roccia fosse dotata di una volontà propria, una volontà che lo scheggiatore decifra, evidenzia, lascia emergere. Forse qui la mano trasforma la pietra e la pietra, a sua volta, plasma il progetto e la stessa volontà umana. Questo ci restituisce il contesto di immensa creatività della quotidianità neandertaliana. Una creatività tecnica che si amalgama con l'ambiente naturale. Con le realtà a cui l'artefice si adegua.

A ben pensarci, però, questa dialettica non ci rivela anche qualcosa di noi?

Lo si vede dallo stupore che proviamo di fronte a questi oggetti, di fronte a una creatività quasi infinita, che si manifesta in ogni forma e in ogni modo, come se la roccia possedesse una propria vita e una propria volontà. Il mio stesso stupore, che tento di condividere e di verbalizzare ma che, è evidente, elude facilmente le parole, non rimanda a ciò che siamo noi, ossia *Sapiens*? A ciò che sono tutte le nostre società? Vi è come una linea di demarcazione, un tratto comune al di là di ogni differenza culturale, che si manifesta nella continua ripetizione dei nostri progetti artigianali, a prescindere delle proprietà singolari delle materie con cui lavoriamo.

Le produzioni artigianali dei *Sapiens* di ogni epoca, cultura e tradizione indicano altri modi di stare al mondo, che si distinguono proprio perché sono così diversi da quelli neandertaliani. Perché esprimono qualcos'altro. Tali produzioni non ci parlano soltanto degli oggetti o dei progetti dei loro artefici. Ci parlano delle società a cui appartengono. Delle umanità a cui appartengono. Dei loro sguardi e delle loro grammatiche. E da quelle selci risalenti a 40.000 anni prima della nostra era o a un'epoca ancora precedente – a seconda che si esamini l'area africana o quella del Levante mediterraneo, dove il *Sapiens* si è aggirato per tanto tempo quanto i primi Neandertal in Europa – emergono altri equilibri. Quelle ridondanze più o meno marcate, quelle selci che sono ovunque sempre le stesse, ci parlano di noi, delle nostre concezioni, delle nostre rigidità, delle nostre riproduzioni sociali, dei nostri modi di stare al mondo, delle nostre strutture. Non in quanto occidentali, ma in quanto umani, in quanto ultimi sopravvissuti di tutte le altre umanità passate. E se in questa riflessione che riguarda tanto la Creatura quanto Noi vi è un fondo di verità, forse dobbiamo trarne una lezione che è importante formulare e decifrare. L'infinita ripetizione delle selci dei *Sapiens* potrebbe suggerire l'esistenza di strutture profonde che configurano la nostra umanità e il nostro bisogno inestinguibile di voler essere sempre insieme, di voler sempre riprodurre gli atti e le maniere dei componenti del gruppo.

Apologia di chi soffoca

Esiste in noi la volontà di fare come l'altro. Di fare la stessa cosa, tutti insieme. Di vestirsi nello stesso modo, e così facendo di segnalare il nostro attaccamento a valori precisi, il nostro legame con una comunità o una classe sociale. Claude Lévi-Strauss faceva notare che le società non si distinguono tanto per il loro isolamento, la loro distanza nello spazio e nel tempo o la loro storia specifica, quanto per la loro prossimità. Per l'esigenza di affermare che siamo diversi da chi ci sta di fronte. Abbiamo bisogno di rimarcare più e più volte che la nostra comunità costituisce una società, un'unità, e in quanto tale una massa omogenea, una massa distinta dalle altre.

Comunicare tale distinzione, ovviamente, equivale a comunicare che siamo tutti identici all'interno del nostro gruppo. Nel bisogno di manifestare la nostra singolarità dichiarando valori unificati, codificati, visibili a colpo d'occhio, ritroviamo lo stesso modo di stare al mondo che esprimono le selci dei *Sapiens*, benché risalgano a diverse decine di millenni fa. Spetterà a noi archeologi, prima o poi, interrogarci sulle origini strutturali di questo atteggiamento, su come si sia sviluppato questo modo di stare al mondo. Per quanto riguarda le sue origini temporali, probabilmente dovremo spingerci molto indietro, ben al di là di 100.000 anni fa.

Per tornare a noi: da questo bisogno di fare gruppo e di identità non si evince forse che, presso i *Sapiens*, la differenza o è vissuta con disagio o risulta inaccettabile? Se è visibile e viene individuata, la condanna è pesante e subitanea. Nessuno vuole essere diverso. È come se il riconoscimento della differenza comportasse, per riflesso, una sentenza di rifiuto. Un rifiuto fisico, come nelle forme di esclusione analizzate da Michel Foucault nel suo studio sui manicomi e le carceri, dove vengono rinchiusi gli originali, i folli, gli individui che non riescono a integrarsi, tutti coloro di cui bisogna diffidare, che bisogna allontanare e far sparire. Si infligge loro il silenzio e si nega la loro stessa esistenza. Si fa in modo che diventino invisibili, che non disturbino. Insomma, che non esistano più in quanto realtà quotidiane. Meno violento, ma ancora più subdolo, è il rifiuto morale.

In diverse società tradizionali, anche l'individuo che trasgredisce i divieti finisce per essere cancellato. E quando non viene fisicamente escluso e rifiutato, si fa in modo che scompaia cancellandone il nome, vietando per sempre di pronunciarlo. All'individuo resta soltanto la sua esistenza in carne e ossa, ma non esiste più nelle parole del gruppo. Come rilevato da Foucault, allora come oggi il diverso viene ostracizzato, cancellato, infangato, negato. La sentenza più terribile. Viene estirpato dalla società, reso invisibile e messo a morte, fisicamente o moralmente.

Deve regnare l'ordine assoluto.

L'ordine regna grazie alla paura che la nostra differenza venga percepita e identificata. Grazie alla paura che il gruppo capisca che siamo diversi, perché tutti noi, per qualche aspetto, potremmo essere diversi. In ciascuno di noi, dunque, si annida una componente di paura, consapevole o meno. È una specie di barriera di protezione, un monito che ci contiene, nostro malgrado, senza che i membri del gruppo debbano pronunciare una sola parola o un avvertimento. La paura della nostra differenza, la paura che l'altro scopra la nostra differenza, ci mantiene nei ranghi. Ma non si tratta di un malessere universale, perché questa grammatica che ci è propria è quella dei *Sapiens*.

Anche Boris Cyrulnik ha sollevato la questione della servitù volontaria,[1] quella che ci ricorda che pensare con la nostra testa conduce sempre all'isolamento. Nel suo libro, Cyrulnik ha esaminato un dato di fatto incomprensibile: anche di fronte alle azioni più turpi – di cui il XX secolo ci ha fornito abbondanti esempi – l'individuo preferisce seguire il gruppo piuttosto che prenderne le distanze o esprimere una libertà di pensiero. Come abbiamo potuto scegliere, perfino quando eravamo liberi di non farlo, di uccidere dei bambini pur di non distinguerci dal gruppo? Pur di non essere

[1] Boris Cyrulnik, *Le lavorateur et les mangeurs du vent*, Odile Jacob, Paris 2022 (tr. it. di Valentina Ballardini, *La comodità del male. Libertà interiore e servitù confortevole*, Il Margine Editore, Trento 2023).

ostracizzati, di non risultare diversi? Possiamo uccidere un innocente senza alcun motivo. In piena libertà di azione. Soltanto per avere la certezza di essere come gli altri, con gli altri. La realtà messa in luce da Cyrulnik è turpe e abominevole, ma anche terrificante, perché dimostra che soltanto una piccola minoranza – sempre minima – è in grado di rifiutare un ordine privo di senso. E lo rifiuta non soltanto perché si tratta di un'infame aberrazione, ma perché non riesce a eseguire quell'ordine, perché ne è soffocata. Ma chi soffoca non è che una minima percentuale. Una percentuale trascurabile nel corpo sociale. Il rifiuto della folla, della massa, del pensiero dominante in realtà ci terrorizza. Ci mette a nudo, ci costringe ad accettarci per quello che siamo e non per quello che il gruppo giudica accettabile secondo il suo modo di stare al mondo.

È nella paura che si radica la dominazione, congelando qualunque idea e qualunque forma di libertà. "*Fear is the mind killer*", la paura uccide la mente, come ci ricorda Frank Herbert in *Dune*.[2] Ma al di là della paura, queste rivelazioni richiamano il tema dell'obbedienza analizzato da Bergson: "Perché si obbediva? Non ce lo domandavamo; avevamo preso l'abitudine di ascoltare i nostri genitori e i nostri maestri".[3] In realtà, l'obbedienza non ha fondamento, è una componente intrinseca delle nostre nature, dell'intero gruppo sociale che si autocontrolla e si autocostringe. "Noi non ce ne rendevamo esattamente conto, ma dietro i nostri genitori e i nostri maestri intuivamo qualcosa di enorme o piuttosto di indefinito, che gravava su di noi con tutto il suo peso, avendo loro per intermediari. Abbiamo detto più tardi che questo 'qualcosa' è la società." E se proprio in questo risiedesse la potenza, la forza dei *Sapiens*? Se l'incredibile

[2] Frank Herbert, *Dune*, Chilton Books, Philadelphia-New York 1965 (tr. it. di Giampaolo Cossato e Sandro Sandrelli, *Dune*, Fanucci Editore, Roma 2012, p. 30).

[3] Henri Bergson, *Les Deux Sources de la morale et de la religion*, Félix Alcan, Paris 1932 (tr. it. di Mario Vinciguerra, *Le due fonti della morale e della religione*, SE, Milano 2006, p. 11).

efficienza delle nostre società consistesse in questa maniera di fare gruppo? Di non essere più se stessi ma una parte del tutto? Un tutto che, mediante la cancellazione dell'individuo, diventa infinitamente più potente.

Non sarà tutta qui, in fondo, l'efficienza del *Sapiens*? Una forza collettiva fondata sulla paura. Non un eccesso di saggezza ma uno straripamento del gruppo sull'individuo. La sua cancellazione a beneficio delle identità collettive.

Capiamo d'istinto quanto possa essere profondamente efficiente un corpo sociale unificato, che per sua natura esclude qualunque divergenza. È un'efficienza temibile, totale, cieca, che avanza sempre come un sol uomo. Ma allora, chi sono gli individui che soffocano di cui parlava Cyrulnik, coloro che non riescono a seguire, a obbedire in blocco? Sono i primi fautori del cambiamento nelle nostre società? Oppure le prime vittime del movimento di massa, cancellate e dimenticate, che forse un giorno verranno prese a esempio, quando la società sarà cambiata secondo i propri tempi? Quando la nuova società avrà bisogno di riconoscersi, di giustificarsi, di legittimarsi con altri nomi, altri valori, altre maniere, altri modelli?

Abbiamo dunque a che fare con un'archeologia del pensiero nella quale distinguiamo strati di umanità diverse. Non si tratta più di confrontare i coltelli con le lame in selce, di calcolare il numero degli ornamenti o rimarcarne l'assenza presso l'uno o l'altro popolo o ancora di ricercare i più antichi fra i primi simboli; si tratta di guardare sotto la superficie per esaminare le strutture mentali delle umanità passate e presenti. E se alla fine il quadro generale sui *Sapiens* non è particolarmente luminoso, vi rintracciamo comunque l'origine della notevole efficienza di questo gruppo dal passo sincronizzato. Ma siamo ancora nell'ambito dell'archeologia o abbiamo già oltrepassato i confini del pensiero, per spingerci verso la filosofia? Siamo già nell'impensabile? Ci stiamo avvicinando inevitabilmente a spazi proibiti che non sono più di pertinenza della scienza, della vera scienza, quella che conta, misura, allinea con precisione via via più rigida? Qui è probabile che lo sguardo neandertaliano abbia qualcosa da insegnarci – qualcosa su cui vale la pena di riflettere – a proposito di ciò che siamo.

L'incontro indefinibile tra *Sapiens* e Neandertal, che potrebbe aiutarci a comprendere meglio la nostra umanità, ancora ci sfugge. Un po' come gli uomini selvaggi, gli yeti e i barmanou, che diventano sempre più elusivi a mano a mano che li si insegue. L'incontro della nostra umanità con un'altra va collocato in quei medesimi contesti mitologici del pensiero? E che cosa ci aspettiamo da un tale incontro, impenetrabile e ignoto?

Le tradizioni neandertaliane probabilmente mutarono all'improvviso per la prossimità delle popolazioni di *Sapiens* installatesi nei loro territori, anche se non è possibile definire un contatto preciso, perché non ne sono rimaste tracce vere e proprie. Parliamo quindi di acculturazione, ma soltanto in senso lato, come se la semplice vista degli oggetti dei *Sapiens*, da lontano, fosse bastata a traghettare tutte le società neandertaliane in un altro universo tecnico. In un'altra cosa indefinita che però consideriamo pienamente moderna, perché vi ritroviamo tutte le modalità dei *Sapiens* successive alla dissoluzione dei Neandertal. Quest'altra cosa include la comparsa dei primi ornamenti realizzati con osso, avorio e denti, e delle varie tecnologie per l'utilizzo delle materie dure animali. Soprattutto, troviamo le prime comunicazioni codificate e un eccesso di irrazionale che si esprime negli accessori, negli abiti, nelle rappresentazioni, tutte quelle frivolezze che non hanno il minimo senso per chi non ne conosce i codici ma che consentono di distinguere a colpo d'occhio, grazie alle apparenze, lo status dei membri della comunità.

Non capite? Ma sì, capirete. Nessuno sfugge alla sfera.

Nessuno sfugge alla sfera

Capiamo ancora molto poco dei processi di cambiamento delle società umane. Non sappiamo come reagiscono due società tradizionali quando si incontrano; che cosa accade a due visioni del mondo, due concezioni dell'esistenza, due immaginari distinti e impermeabili quando vengono a contatto. Collasso? Creolizzazione? Acculturazione?

Intanto, due società fondamentalmente diverse possono davvero incontrarsi? Certo, i corpi o gli occhi possono incontrarsi a livello fisico. Ma le mentalità? Le tradizioni? Le concezioni? Le mitologie? Quando parlo di mitologie non mi riferisco a Odino appeso per un piede a Yggdrasil, l'albero cosmico. Mi riferisco al fatto che nessuna società interagisce con la realtà oggettivata del mondo, perché la realtà del mondo non esiste. È seccante, ma è così. Il nostro sguardo, la nostra comprensione, la nostra analisi, le nostre reazioni, interazioni e interpretazioni, le nostre visioni non sono che rappresentazioni. Costruzioni. Le nostre percezioni del mondo che ci circonda sono del tutto artificiose. Non hanno nulla di reale; sono costruzioni prive di fondamento oggettivo. Non esiste altra realtà se non quella delle costruzioni sociali di cui siamo impregnati. Sono questi i nostri miti: le costruzioni mitologiche che ci permettono di immaginare e di interagire con quella che crediamo essere la realtà esterna, quella che ci restituiscono i nostri sensi.

Attenzione: al di fuori delle nostre rappresentazioni nulla esiste così come lo vediamo. È il nostro universo mentale, o meglio, la nostra sfera. Ogni società ha costruito, attraverso la sua storia, nel corso dei millenni, la propria sfera mentale. Ogni società può essere considerata una sfera, ha una propria sfera di rappresentazioni che non sono intellettualizzate né consapevoli. Le ereditiamo già nel ventre di nostra madre, per osmosi. E in verità non le costruiamo noi. Sono loro che ci costruiscono. Costruiscono il nostro sguardo e la nostra capacità di vedere e percepire al loro interno, impedendoci di cogliere ciò che sta al di fuori. Limitano la nostra immaginazione sullo stato del reale e su ciò che esiste al di là della nostra bolla.

Non capite? D'accordo. Servono delle immagini.

È estate; siete per strada, circondati da gente che non conoscete. Indossate i vostri bei pantaloni bianchi, o la gonna, o quel che vi piace di più. Ma nessuno di quegli indumenti è necessario. Fa caldo. Però, dato che non siete in spiaggia, vi pare naturale essere vestiti. In realtà, quelli che vi coprono il corpo sono codici, segni irrazionali. Non sareste a vostro agio senza quei segni, anche se a volte vi sembra di soffocare un po' sotto la stoffa. Non c'è nulla di naturale nell'indossare un paio di pantaloncini o anche un semplice astuccio penico. O meglio, è naturale per un determinato individuo all'interno del proprio corpo sociale. Se una signora che indossa gli *shorts* incontra un papuano con il suo astuccio penico, ciascuno dei due troverà l'altro un po' strano. Di sicuro un po' buffo, o magari proprio ridicolo. Ed è vero; lo sono entrambi, perché non conoscono i codici di chi hanno di fronte. Non capiscono nulla della realtà dell'altro.

Ognuno è prigioniero di sé. Della sua storia. Della sua cravatta, del suo cappello, del suo astuccio penico. Della sua bolla. Della sua sfera.

La sfera è potente.

È onnipresente, e scinde il nostro mondo in tante unità assoggettate alle proprie evidenze. Ai propri pensieri dominanti, al contempo irrazionali e inconsapevoli. Probabilmente non è mai possibile uscirne davvero. Al massimo se ne possono deformare i bordi tentando di toccare l'esterno o di vedervi attraverso, come fosse una bolla di sapone. Ma la sfera non può esplodere come una bolla di sapone, è sempre lì. È ciò che siamo: la nostra materia, il nostro spirito, il nostro sguardo, i nostri codici, le nostre reazioni. È la totalità dei nostri sensi e delle nostre percezioni. L'insieme delle nostre interpretazioni e delle nostre comprensioni. Tutto ciò che è situato al di fuori della sfera appare distorto, e nella maggior parte dei casi ci è invisibile.

La sfera di una società comprende qualsiasi realtà; non soltanto il buon senso – che capiamo facilmente essere una pura costruzione – ma anche i sensi fisici. Il nostro modo di sentire gli odori, di avvertirli come dolci, forti, piacevoli.

Il nostro modo di vedere, ciò che proviamo. La nostra concezione del tempo. Il nostro modo di commuoverci o meno per un'ala di farfalla spezzata. Fa tutto parte della sfera. Potremmo dire che un individuo è una sfera che galleggia all'interno della grande sfera, cioè della bolla della sua società. Credo che stiate cominciando a capire.

Ora, che cosa succede quando due sfere, due società che non sono mai entrate in contatto si incontrano? Dai resoconti sui primi approcci tra occidentali e indigeni nelle Americhe sappiamo che, all'inizio, i due universi rimangono impermeabili all'alterità, come due bolle di sapone che rimbalzano l'una contro l'altra. In un primo tempo dunque non si incontrano. Neppure si vedono davvero. Si giustappongono senza riuscire a percepirsi, senza mai concepirsi realmente. Le prime effettive interazioni sono giustapposizioni di senso prive di comunicazioni, dove l'Altro viene interpretato, semplificato, incorporato, delimitato nella propria sfera di comprensione del mondo. Se viene incorporato, lo è come l'aceto nell'olio, e attraverso determinate chiavi di lettura che permettono alla propria sfera di incorporare l'esistenza di un'altra la cui differenza non viene percepita per ciò che è davvero.

Dalle "genti celesti" agli opossum bianchi

Il 15 marzo 1493, Cristoforo Colombo ritorna in Spagna e si affretta a scrivere una lettera al re Ferdinando d'Aragona e alla regina Isabella di Castiglia:

> Non mai videro genti vestite e navi. Io tostoché giunsi in quel mare tolsi violentemente dalle prime isole alcuni Indiani affinché imparassero da noi le nostre cose e a noi insegnassero quelle da loro in que' paesi conosciute. Ed avvenne infatti secondo il nostro desiderio, ché in breve noi li comprendemmo, ed essi [...] ci furono di gran giovamento. Vengono ora sempre meco e mi credono sempre disceso dal cielo, quantunque abbiano a lungo trattato con noi e trattino ancora, ed essi erano i primi ad indicarci tutto ciò che noi volevamo, gli uni

agli altri man mano ad alta voce gridando: Venite, venite e vedrete le genti celesti.[4]

Colombo racconta che queste popolazioni non sono così diverse da lui e dai suoi uomini, e che è possibile assoggettarle alla Corona spagnola e alla cristianità; in maniera simile, Giulio Cesare riferiva di aver trovato fra i galli colti sacerdoti e filosofi e il culto di un dio del commercio simile a quello del pantheon romano, indici di condizioni economiche e di un livello di civilizzazione che avrebbero facilitato l'integrazione di quel gruppo nell'Impero. La riduzione dell'altro a sé non è segno di un riconoscimento dell'unità umana bensì, in tutta probabilità, di precise mire politiche che inducono a mettere in primo piano una descrizione intenzionalmente semplificatrice dei popoli incontrati. Colombo riporta la frase "vedrete le genti celesti" per adulare la società spagnola e stabilire la superiorità morale della Corona. Ma al di là degli obiettivi politici che si possono ravvisare nelle sue parole, la frase in questione probabilmente rivela realtà molto più profonde. Se l'espressione "genti celesti" evidenzia fino a che punto i nativi avessero frainteso quell'incontro stupefacente, la prospettiva storica ci permette di rimarcare quanto poco gli europei, a loro volta, avessero compreso la realtà dell'evento. Assistiamo quindi all'incontro di due universi incapaci di teorizzare o comprendere la precisa realtà che hanno di fronte.

Nel momento – seppure identificato in modo artificioso – del primo incontro tra quei due lontani universi culturali, le popolazioni del Vecchio Mondo e del Nuovo Mondo erano separate soltanto da una quindicina di millenni. Pochissimi, rispetto ai 500.000 anni che separano i Neandertal dai *Sapiens*. Purtroppo non conosciamo né le parole precise né le effettive impressioni dei nativi americani. Può darsi che sia stato Colombo – in accordo con il suo progetto di con-

[4] Cristoforo Colombo, *Lettera ai reali di Spagna*, tr. it. di Giovanni Vaccari, in *Storia universale*, SEI, Milano 1912. [*N.d.T.*]

quista – a coniare l'espressione "genti celesti", dalla quale comunque si intuisce che nessuna delle due popolazioni era adeguatamente attrezzata, a livello concettuale, per comprendere l'altra.

Se è vero che quindici millenni paiono un'inezia rispetto al mezzo milione di anni che un tempo separava Neandertal e *Sapiens*, le parole di Colombo rimangono comunque una testimonianza preziosa, perché disponiamo di pochissime altre documentazioni sul primo sguardo reciproco di due popolazioni lontane.

Al contrario di quanto abbiamo fatto nel caso delle Americhe, per la colonizzazione dell'Australia non è possibile fissare il momento del primo incontro, neppure a livello simbolico, artificiale. E qui come altrove mancano gli sguardi esterni alle nostre società. Sguardi che ci guardino. Che parlino di noi, fuori da noi. Non abbiamo quel rimando, quello specchio che ci riflette. Che racconta davvero il primo contatto. Ma in tutti i continenti quello sguardo si intuisce, si intravede, talvolta nelle parole dei testimoni stessi e talvolta in quelle dei loro figli, coloro che oggi non sono più riconosciuti, se non implicitamente, come i proprietari delle loro terre ancestrali. Dalle parole di Colombo filtrano le sue mire, i suoi pregiudizi, le sue comprensioni, i suoi silenzi volontari e involontari. Ma tutte le parole e le frasi, perfino quelle matematiche, sono soltanto filtri. Filtri con cui tentiamo di comprenderci, anche se – qualche volta è evidente – non è mai possibile comprenderci del tutto. Per quanto riguarda la grande Australia, possiamo ascoltare le parole di Uncle Allen John Madden, un rappresentante dei gadigal, gli aborigeni della regione in cui oggi sorge Sidney.[5] Per non offenderne il pudore, ci limiteremo a dire che Madden è nato nel 1949 e che descrive le impressioni del suo gruppo in occasione di uno dei primi contatti con gli

[5] Allen John Madden, *First Contact. A Contemporary Aboriginal Perspective*, in *Stories & Ideas*, Museum of Contemporary Art Australia, Sidney 2009.

europei negli anni novanta del Settecento, un secolo e mezzo prima della sua nascita. Non è davvero importante che il testimone non sia diretto, né sapere se i suoi antenati abbiano mai provato ciò che lui attribuisce loro al momento dell'incontro con Arthur Kriddler Phillip nel 1788, anno in cui il capitano inglese sbarcò sulle coste di quello che oggi è il New South Wales. Abbiamo visto che gli sguardi sono filtri, e un approccio matematico e ben ordinato alla storia qui non ci interessa. Al contrario, è proprio il filtro che è portatore di senso, che ci offre uno sguardo. Uno sguardo distorto, come tutti gli sguardi, anche a causa dei 150 anni che separano Madden dal capitano Phillip. Ma anche le parole pronunciate nel 1788 sarebbero filtri. Le strutture del pensiero e la comprensione del mondo degli europei di allora non sono le stesse delle nostre, oggi. E il filtro di quelle parole, nonostante lo scarto di 150 anni, potrebbe essere preferibile all'interpretazione contenuta negli scritti di un ufficiale della Marina di Sua Maestà Giorgio III, re di Gran Bretagna e Irlanda. Certo, il pensiero espresso da Madden è una raccolta di opinioni basata sulla tradizione molto concreta dei suoi antenati – che hanno effettivamente incontrato Phillip – e sulle mille storie che si raccontano da allora nell'ambiente culturale degli aborigeni del gruppo eora. Potrebbe anche trattarsi di un insieme di storie diverse recuperate qui e lì, dalla radio o su Internet. Non si sa, e poco importa. Perché sono parole pronunciate dall'interno di quella sfera. Madden dichiara di appartenere a quello che chiama "il popolo invisibile". Questa volta gli invisibili non sono gli uomini rifugiatisi sulle montagne lontane o nelle ultime selve impenetrabili. Gli invisibili sono gli individui di cui i bianchi parlano al passato, per le strade di Sidney o altrove. Coloro che nello sguardo dei bianchi esistono soltanto in negativo. "Mi infastidisco ancora quando la gente parla di noi come se ci fossimo estinti [...]. Ero seduto all'aeroporto di Alice Springs con mio fratello e mia cognata e ho sentito queste persone che dicevano che a Sidney non ci sono neri [...]. Viene fuori che quelli se ne stanno a Vaucluse e cenano a Watsons Bay, quindi è ovvio che non vedono nessun *blackfella*. [...] Magari noi siamo vestiti diversamente dai 'veri' *blackfellas*, che tutti sembrano credere vengano soltanto dal Nord accompagnati da lance e canguri, ma esistiamo. Siamo sempre esistiti."

È dunque così che muoiono gli uomini?

Diventano invisibili per loro scelta, spinti dal terrore o forse peggio, dallo sguardo di chi non li vede? Di chi non può vederli perché stanno al di fuori della sua sfera. Di chi non sa riconoscere un aborigeno a meno che non gli appaia a cavalcioni su un canguro, con in mano una lancia protesa verso il cielo. È Madden a parlare, ma questo scenario disturbante si ripete ovunque; negli Stati Uniti, in Mongolia, in Etiopia o in Australia, dappertutto si racconta la medesima storia. È come se la situazione fosse ovunque la stessa. Gli altri, i diversi, i selvaggi, quelli dei tempi antichi, quegli strani tizi un po' sporchi sono spariti. Spariti da molto tempo, con le loro piume, i loro strani modi e i ridicoli amuleti. Non ne resta nulla. È tutto folklore. Come quei folletti che non popolano più la Bretagna e l'Irlanda e che paiono essere scomparsi del tutto negli ultimi sogni dei bambini selvaggi. I bambini dei fiumi e dei campi, i bambini di prima degli schermi. Le fate si sono estinte insieme agli ultimi sogni selvaggi di quei bambini. Il pensiero qui sembra allontanarsi verso ambiti inaspettati, che però sono centrali per il nostro discorso. Abbiamo visto che, quando due sfere si incontrano, ciascuna rimane sostanzialmente invisibile all'altra. Non si vedono davvero. Perché, se nessuno sfugge alla propria sfera, questa sembra perfino capace di rendere invisibile, di far scomparire ciò che non può concepire. La percezione di qualsiasi realtà è dunque contingentata da strutture inconsapevoli ma rigidamente limitanti e delimitanti. Se una società crede in un essere divino capace di resuscitare i morti, di camminare sull'acqua o di riscattare i peccati dell'intera umanità, gli conferisce una sua esistenza propria. Un'esistenza potente. La realtà delle entità soprannaturali, cristiane o fatate, è frutto del pensiero collettivo che si trasmette per osmosi, di generazione in generazione. È così che i sogni dei bambini, trasmessi, costruiscono la realtà di uno sguardo sul mondo. Quando Madden afferma di far parte del popolo invisibile, non è un modo di dire. Non sta dipingendo una bella immagine poetica. Sta sottolineando una componente fondamentale della reazione delle società umane di fronte all'alterità, alla differenza. Sta spiegando fino a che punto nessuno sfugge alla sfera, che arriva a rendere invisibili gli altri. Siamo tutti dentro la sfera.

Nella sfera, ciò che non esiste può essere realtà assoluta, e ciò che è diverso si cancella, scompare, diventa invisibile.

Madden fa parte degli invisibili. A Sidney non ci sono neri.

Torniamo alle sue parole, al suo sguardo sul primo contatto tra aborigeni ed europei. Uno sguardo sincretico che testimonia 150 anni di contaminazioni e di processi di trasmissione, ma che parte dalla sua sfera. Uno sguardo dall'interno.

> I *blackfellas* li vedevano risalire la costa e non sapevano che cosa fossero. [...] Anche quando arrivarono qui, i *blackfellas* li credevano opossum intenti a salire e scendere dagli alberi della nave [...]. Non sapevamo se fossero uomini o donne. Un tipo con un mantello rosso, un cappello, una parrucca e una calzamaglia deve per forza essere un po' matto. [...] All'inizio il governatore Phillip fece una buona impressione grazie al suo sorriso sdentato. L'estrazione dei denti è uno dei nostri rituali di iniziazione, e quella fu la prima cosa che notammo in lui. Significava che era un saggio, un iniziato. E che era un uomo; così gli chiedemmo di abbassarsi i calzoni e lui rifiutò, ma ordinò a uno dei marinai di farlo. [...] In quel momento tutto andava bene. Era arrivato sangue fresco, per dirla con un linguaggio moderno. Ma il dialogo ci mise poco a inasprirsi, perché ci rendemmo conto che quei tizi non se ne andavano. Erano arrivati per restare. E loro non ci misero molto ad abbattere tutti gli alberi, da Farm Cove fino alla palude in cui oggi si trova Hyde Park.

Nelle parole di Madden rileviamo il medesimo schema degli scritti di Colombo. Da un lato si percepisce che gli altri sono come noi, che possiamo ricondurli a noi. Al contempo, però, sembrano possedere caratteristiche stupefacenti, inqualificabili. È gente venuta dal cielo, opossum. Per fortuna, il capitano Phillip è sdentato, dunque può essere riconosciuto come umano. Ma resta comunque una creatura folle, con l'abito rosso e la parrucca, e bisogna fargli abbassare i calzoni per assicurarsi che tutto sia al proprio posto, come da noi.

Consideriamo alcuni elementi fondamentali di questo schema. Le prime fasi dell'incontro sono incerte. Le rispettive sfere sono tanto distanti che ciascuna popolazione accetta, in una certa misura, di riconoscere l'altra come umana ma un po' folle, oppure crede che sia arrivata dal cielo o che si dedichi ad attività prive di senso, registrate soltanto fra gli opossum.

In questo primo momento appare chiaro che le sfere sono impermeabili. Le due umanità si osservano a vicenda in un gioco di specchi deformanti, senza comprendersi. Senza qualificare l'altra come pienamente umana. Oppure, tale qualificazione poggia in realtà su un malinteso: per un caso fortuito, il capitano Phillip poteva contare su un sorriso sdentato, una caratteristica qualificante, incontestabile, propria soltanto degli uomini.

Tuttavia il primo contatto è fugace, e nel caso di Colombo come in quello di Phillip all'incomprensione seguono tensioni anche violente. Non sempre va così; può capitare che il contatto si interrompa e rimanga fissato in quel primo momento.

È l'insegnamento di Ishi, di cui abbiamo narrato la triste epopea nel primo capitolo. Alla vista dei bianchi, gli yahi scelgono di vivere nascosti. Il loro è un occultamento duraturo, perenne, totale, che prosegue fino all'estinzione del gruppo. Abbiamo quindi l'evitamento, l'invisibilizzazione volontaria. Gli umani diventano *ombre*. In questo caso, non c'è un secondo momento. Il processo di incontro tra umanità non ha alcun seguito effettivo e si interrompe.

Quando invece il primo momento lascia spazio a contatti più approfonditi si hanno alcune interazioni, ma in questa seconda fase le due popolazioni rimangono sempre all'interno delle rispettive sfere, e qualunque comunicazione o scambio si riduce al solito gioco di specchi deformanti. Mittente e ricevente si inviano l'un l'altro codici simili a lunghi monologhi, ciascuno convinto che l'altro pensi come lui. Che l'altro sia come lui, benché "un po' matto". In questa fase il gioco dei monologhi può essere concepito come una serie di malintesi. Ciascun mittente invia segnali involontari che gli sembrano ovvi e che, in realtà, per il ricevente non hanno alcun senso. Ci si osserva senza riuscire a vedersi. Ci si parla senza sentirsi, con effetti sostanzialmente inaspettati che talvolta, a causa di minimi dettagli, possono precipitare intere società in spazi incerti. È il concetto alla base del film *Ma che siamo tutti matti?*

Ma che siamo tutti matti?

Ma che siamo tutti matti? è un film prodotto da Sudafrica e Botswana uscito nel 1980, che racconta come la scoperta di un oggetto straordinario finisca per stravolgere rapidamente l'organizzazione di un gruppo di cacciatori-raccoglitori san dell'Africa meridionale. L'intruso è una bottiglia di Coca-Cola caduta da un aereo. Il gruppo san la recupera e decide che sono stati gli dèi a mandarla. Fonte di curiosità e desiderio, la bottiglia viene impiegata sempre più spesso nelle varie attività quotidiane. Il regista del film, Jamie Uys, ha scelto la bottiglia di Coca-Cola in quanto emblema rappresentativo delle nostre società, e anche perché "è un bell'oggetto, per chi non ha mai visto del vetro". La bottiglia dunque viene usata come mattarello, pestello e strumento musicale e in breve tutti se la contendono, finché non scoppia una serie di conflitti che destabilizzano pericolosamente i rapporti sociali all'interno del gruppo. Xi, l'uomo che ha scoperto la bottiglia, decide allora di portarla ai margini del mondo conosciuto per restituirla agli dèi.

Il film è stato oggetto di alcune critiche. Innanzitutto, è uno sguardo occidentale su un gruppo di popolazioni africane rappresentate come esotiche e tagliate fuori dal mondo; nel contesto dell'apartheid, tale approccio non poteva che rivelarsi un'arma a doppio taglio. Inoltre, promuove l'immagine del buon selvaggio, la cui armonia sociale viene guastata dal semplice contatto – seppure alla lontana – con i bianchi. Negli anni ottanta del Novecento diverse società locali erano già state profondamente destrutturate e numerose comunità san avevano finito per dipendere dagli aiuti alimentari esterni. Ma in quel contesto di società colonizzate, marginalizzate, talvolta fisicamente dislocate in altri territori, il film di Uys non si presenta come un'opera di denuncia. L'antropologa Toby Alice Volkman dirà nel 1985: "Non è che ci sia molto da ridere nella Bushmanland: mille raccoglitori depressi, un tempo indipendenti, ammassati in una patria sordida e tubercolotica, costretti a tirare avanti con semola di mais e zucchero, a bere Johnnie Walker o birra fatta in casa, a combattere gli uni contro gli altri e a entrare nell'esercito sudafricano".[6] Questo scenario rappresenta una realtà universale per tutti i popoli tradizionali. Una di quelle realtà che le nostre società faticano a incorporare nel loro sguardo condiviso sul mondo. Quarant'anni dopo, la situazione dei san e di migliaia di altre popolazioni non è affatto migliorata; è come se, nel nostro inconscio, l'alterità trovasse posto soltanto come intrattenimento per turisti. In tal senso, il fatto di vestirsi di pelli, ornarsi di piume o indossare un semplice astuccio penico non permetterebbe nessuna integrazione nelle società globalizzate. E le forme del folklore, macabre espressioni commerciali delle fantasticherie occidentali, verrebbero mantenute soltanto a garanzia della nostra moralità. In realtà, la morale non c'entra. L'alterità è diventata una vetrina per turisti. Uno spazio di profitto economico in cui è possibile convocare uno sciamano e manipolare gli immaginari delle nostre società. Viste

[6] Toby Alice Volkman, *Despite the movie, there's little to laugh at in Bushmanland*, "The New York Times", 19 maggio 1985, p. 20.

dall'interno, queste forme culturali non sono che una vaga eco di realtà passate. Le società tradizionali sono ormai profondamente devastate. A uno sguardo esterno, negli spazi internazionali globalizzati, nessuna vera alterità è accettabile. Gli individui coperti di piume servono soltanto ad animare i parchi a tema post-etnografici. Li si manda in scena per far divertire il turista. Non soltanto queste alterità oggi sono sostanzialmente moribonde, ma se davvero le loro tradizioni fossero ancora in uso non verrebbero né rispettate né tollerate. Vi sfido a prendere l'aereo indossando nient'altro che un astuccio penico. A prescindere dall'aeroporto di partenza e dalla destinazione. Già definito un "non luogo", uno spazio artificiale in cui, più che in qualsiasi altro posto, tutti fingono di piegarsi alle illusioni più superficiali delle nostre società, l'aeroporto è innanzitutto un preambolo. Un progetto di società astratte, allineate, semplificate. Una zona sperimentale in cui testare le possibilità politiche di un futuro sterilizzato. L'alterità non può avere diritto di cittadinanza se non entro i limiti dell'accettabile. Cioè in un bel reportage televisivo pulito e sterilizzato, oppure essiccata artificialmente dietro le teche di un museo o sotto forma di intrattenimento per turisti dall'intelletto troppo limitato per poter immaginare un confronto con il Selvaggio dopo svariati secoli o millenni.

Vi sembrano parole dure?

In verità sono troppo morbide. Troppo gentili di fronte alle realtà dell'ecosistema sociale planetario in cui l'alterità, se non è ridotta a oggetto di consumo, rimane un'evidente abiezione che viene relegata automaticamente nel campo dell'esotismo. In uno spazio che per definizione è un po' sporco e disturbante. Se l'esotico ci sfugge, se è libero, se esiste, il nostro inconscio lo limita, come per riflesso, nell'ambito del poco raccomandabile. Del ridicolo. Siamo sempre stati, siamo ancora e probabilmente resteremo sempre, tutti, gli opossum degli altri. Le sfere non si comprendono mai davvero. In sostanza non si accettano.

Eppure Jamie Uys ha girato *Ma che siamo tutti matti?*

mosso dall'ammirazione per i *bushmen*, i gruppi san in cui si era imbattuto durante le riprese di un documentario sugli animali nel Deserto del Kalahari. Il personaggio di Xi è interpretato da un vero san (Gcao Tekene Çoma); dunque, benché sia facile attaccare la storia del film, un incontro tra i due popoli è avvenuto davvero, anche se si è svolto in maniera molto diversa e anche se la descrizione che ne fa Jamie Uys ricorda qualcosa di già sentito: "All'inizio Gcao non capiva, perché nella loro lingua non esistevano parole che indicassero il lavoro. Poi l'interprete gli ha chiesto: 'Vuole venire con noi per qualche giorno? [...]' L'aereo non l'ha per nulla impressionato. È convinto che siamo dei maghi, quindi pensa che possiamo fare qualunque cosa. Niente l'ha impressionato".[7] L'episodio e le parole scelte per raccontarlo ci riportano brutalmente alla testimonianza di Colombo, creando così un ponte di mezzo millennio tra due eventi lontani: "Vengono ora sempre meco e mi credono sempre disceso dal cielo". Non affrettatevi a trarre conclusioni da questo collegamento stupefacente. È improbabile che i due episodi siano indicativi della percezione delle società occidentali da parte dei popoli nativi. Quelle parole provengono dall'interno della nostra sfera. Dal nostro interno. Vengono da Uys e da Colombo, con uno scarto di cinquecento anni. Sono filtrate dai nostri sguardi, dalle nostre concezioni, dalle nostre selezioni. Non intendo dire che i san e i taino non le abbiano pronunciate davvero, ma è probabile che avessero detto parecchie cose. E quelle che citano Colombo e Uys sono straordinariamente simili. Le due frasi scelte, selezionate, filtrate presentano corrispondenze incredibili e lasciano intendere non che i taino o i san vedessero gli occidentali come maghi o uomini scesi dal cielo, ma che gli occidentali, attraverso i loro filtri mentali, hanno trattenuto fra mille espressioni proprio quelle che permettono loro

[7] Judy Klemesrud, *The Gods Must Be Crazy – A Truly International Hit*, "The New York Times", 28 maggio 1985.

di posizionarsi nello sguardo altrui come esseri superiori, eterei, divini. Come creazioni divine. Le due frasi evocano anche un concetto occidentale ancora più radicato, secondo cui l'uomo sarebbe stato creato da Dio a sua immagine e somiglianza. L'uomo siamo noi. Siamo sempre noi. Il rimando al testo biblico non implica per estensione che la pluralità degli esseri umani abbia natura divina. Questo mito delle origini ci riveste integralmente senza proiettarsi sulle altre umanità, la cui natura va di volta in volta definita, valutata, posizionata. La volontà di proiettare la natura divina su altre società, d'altronde, non è nulla per cui entusiasmarsi, e comporta la distruzione di qualunque divergenza culturale mediante processi di cristianizzazione universale forzata. Avviare tali processi di integrazione secondo determinate concezioni delle nostre società equivale a negare il valore delle altre tradizioni. In Africa e nelle Americhe, quest'opera di salvataggio delle anime e di creazione di umani ha rappresentato e rappresenta tuttora qualcosa di spaventoso. Gli ipocriti processi di destrutturazione volontaria di qualsiasi alterità vengono sempre messi in atto in nome del bene. Il bene, com'è ovvio, è definito da valori universali. Soggettivamente universali. E ancora oggi, spinti dall'inconscio e dalla nostra impostazione mentale, crediamo di incarnare Dio. Un Dio non ancora incarnato nei corpi delle popolazioni aborigene.

I racconti di Colombo e di Uys dimostrano fino a che punto siamo prigionieri dei nostri filtri mentali. Senza esserne consapevoli, dichiariamo che la nostra natura divina è apparsa evidente agli occhi dei popoli che abbiamo incrociato nel corso della nostra storia. Attraverso i secoli, i loro strani sguardi si richiamano senza mai mutare. Sui nostri magici vascelli, galleggianti o volanti, trasportiamo altri umani che riconoscono come evidenza concreta la nostra divinità. Veniamo dal cielo. Siamo dei maghi. Tutti filtri potenti che ci impediscono, ci proibiscono di concepire sia gli altri sia noi stessi per quello che siamo, semplicemente.

È buffo.

Ed è anche triste.
Straordinari primati costruiti a immagine di Dio.
Siamo decisamente tutti matti.

Acculturazione e implosione delle sfere

È una bella storia. Ma senza dubbio l'alterità appare più che mai impercettibile, intangibile, inqualificabile. Proviamo di nuovo a fare un passo di lato. Al di là della storiella tragicomica di Jamie Uys, il racconto dell'oggetto eccezionale caduto dal cielo e capace di distruggere gli equilibri sociali di una popolazione non ha proprio nulla da insegnarci? Lo so, nessuno sfugge alla sfera, e nella prima fase del contatto non sembra possibile alcun dialogo reale. L'incontro fra società lontane, con tutta probabilità, si esprime semplicemente come un gioco di monologhi incerti, una sorta di partita di tennis in cui si lancia la palla all'avversario, che però insiste a rimandarcela. Sennonché nel tennis i giocatori condividono i medesimi codici. Gli spettatori, che invece non li condividono e non sono consapevoli del gioco di rappresentazioni sociali a cui stanno partecipando, si addormentano al terzo palleggio. Bisogna conoscere i codici. È chiaro che, nelle partite tra professionisti, la posta in gioco non è la palla ma il pubblico, che si guarda e si rappresenta. Il movimento della palla è soltanto una scusa, il rumore di fondo di un'aggregazione sociale. O no?

Torniamo all'incontro di due sfere che non conoscono nulla dei rispettivi codici. Naturalmente il confronto tra due società può limitarsi al primo momento, se una delle due capisce di non capire nulla o che non c'è nulla da capire – e tantomeno da guadagnare – e decide di diventare *ombra*. È ciò che avevano fatto Ishi e i suoi yahi.

Ma che ne è del secondo momento se le due sfere, talvolta loro malgrado, cominciano a influenzarsi senza comprendersi, a modificarsi, ad annettere pezzi dell'altra non per farla propria ma per farne altra cosa? Qualcosa che abbia senso in base ai valori e alla comprensione del mondo del proprio gruppo. La seconda fase allora potrebbe somigliare a ciò che Jamie Uys ha voluto raccontare con il suo film? È sempre difficile esaminare i fatti etnografici da questa prospettiva. Innanzitutto, perché i primi contatti sono molto distanti da noi, dunque non possiamo analizzare in tempo reale lo svolgimento degli eventi e i loro effetti sui gruppi umani. E in generale, anche le popolazioni più remote ormai navigano in rete per studiare i nostri modi di costruire la realtà. Anche noi, per loro, siamo un soggetto interessante e divertente. Come abbiamo visto, è probabile che le società più remote avessero scelto l'isolamento non perché ignoravano il mondo, ma proprio perché lo conoscevano e avevano deciso di allontanarsi dalla macchina globale, di farsi *ombre*. Ma oggi queste società devono essere piuttosto rare e rimangono, per definizione, inclassificabili. Peraltro, fra i gruppi che invece non sono diventati *ombre*, diversi hanno saputo proteggere la propria sfera, ed è possibile analizzare i rapporti che hanno stabilito con i loro oggetti e con i nostri. Questi rapporti non hanno nulla di ovvio e non seguono le strutture culturali che ci sono familiari. Tale scollamento, di cui purtroppo sono stato testimone, ricorda la storia della bottiglia caduta dal cielo che stravolge un intero gruppo.

Dicembre 2005. Partiamo per il sud-ovest dell'Etiopia, diretti al bacino del Weyt'o, un fiume lungo il quale vivono diversi gruppi: allevatori di montoni, cacciatori, raccoglitori, guerrieri. Non conosco granché di questa parte dell'Africa, ma chi può vantare una simile conoscenza? L'Etiopia ospita un'incredibile varietà di culture e di lingue. Mentre avanziamo sui sentieri, vediamo scorrere paesaggi di una bellezza sconvolgente; o meglio, li vediamo non appena ci allontaniamo dalle città, dove si accumulano le miserie più indicibili.

Le città qui offrono un inquietante spaccato della globalità. Una sintesi di tutti i suoi scogli, di tutte le schiavitù. Di tutte le sfere arenate e poi esplose per diventare qualcosa che non ha senso. Qualcosa di profondamente disturbante che per qualche dollaro si asciuga sul viso degli altri. Ma questo è il mio sguardo? Nella savana incontrerò molte persone che, con parole loro, esprimeranno la speranza di raggiungere la città. La speranza di avere un pezzo d'Europa a portata di mano. Di trovarsi a due passi dall'Eldorado. Dalla vita facile, la bella vita che si vede sugli schermi come un vago sogno a distanza. Con bella acqua pulita e fresca nel rubinetto e tutto il resto. Tuttavia, in quelle città di bidoni e cemento non ho visto che sconcerto. Gente disumanizzata e stravolta che può soltanto proseguire il cammino, essendo ormai partita. Forse quel vago sogno si trova sulla strada per l'Europa. Ma invece che alla bella vita, la strada porta a ogni forma di schiavitù dei corpi. Lo spirito è il primo a spezzarsi. Sembra quasi che molte città africane funzionino come un centro commerciale della speranza, spacciata a basso prezzo. È per quello che la gente ci va. Così si toglie la speranza a chi arriva da ogni angolo del paese e la si rinchiude in qualunque possibile gabbia di disperazione. Qui sei e qui resti. Masse umane che si ingrossano dentro a baracche di lamiera e che hanno soltanto la forza di sdraiarsi e aspettare. Aspettare che cosa? Si aspetta. Si direbbe che l'obiettivo sia l'attesa stessa, una volta che lo spirito si è spezzato. La bella vita non si raggiunge salendo su quella barca, né su quella successiva. Né su un'altra. Parrebbe quasi un romanzo di Zola. Ma *Germinale* è un grazioso racconto per bimbi sensibili. Qui, se si osa guardare, si vede l'indicibile.

Siamo tutti colpevoli di quelle città africane. Loro. E noi.

Allora bisogna scappare dalle città. E non è per le città che siamo venuti qui. La Stanford University, in California, mi ha chiesto di sviluppare un programma di ricerca nel bacino del Weyt'o. Scollamento totale. Tre sfere fondamentalmente stagne, impermeabili le une alle altre. L'Etiopia, Stanford e io, la terza sfera.

A Stanford studiano poco più di 17.000 persone, immerse in un immenso campus di 3300 ettari. È un'università molto piccola. Gli Stati Uniti contano circa 20 milioni di studenti. Meno di un millesimo frequenta Stanford, che ha le dimensioni di una piccola facoltà universitaria francese. Per darvi un'idea, parliamo di poco più della metà degli studenti dell'Università di Nizza. Il campus di Stanford è un enorme parco naturale disseminato di querce pluricentenarie e di palme enormi. È perfetto. Intendo dire che è tutto semplificato e ordinato. Perfino gli insetti sembrano essere stati addestrati a non disturbare. Si ha un'impressione quasi inquietante di ordine eccessivo. È tutto troppo ideale, troppo semplificato per essere piacevole. Ma è senza dubbio magnifico. Passeggiando fra quelle foreste addomesticate e artificiali si incontrano edifici che esulano da qualunque definizione sensata di realtà. Immensi chiostri neoromanici in pietra da taglio. Ampie facciate di chiese ricoperte di mosaici d'oro. Nonostante ciò, dal campus sono usciti ottantuno premi Nobel. Yahoo, Google, Hewlett-Packard, Netflix: tutti prodotti di Stanford. Questa piccola università dispone di quasi 38 miliardi di dollari. In Francia, il budget totale destinato all'istruzione universitaria è inferiore ai 34 miliardi. Ci troviamo nel cuore di una sfera davvero particolare. Affascinante, quasi spaventosa.

Il mio primo contatto con Stanford è una grande immagine stampata su una T-shirt. Un cielo di un blu acceso fa da sfondo a una grande facciata ricoperta di mosaici d'oro e a giganteschi viali costeggiati da palme centenarie. Primo contatto. Prima evidenza. L'immagine dev'essere finta. Eppure, sei mesi più tardi vengo immerso in quell'universo sfalsato. In quell'immagine photoshoppata. Altra sorpresa: l'immagine non era stata creata da nessun programma. Era soltanto una foto, nuda e cruda. Stanford è una proiezione di fantasie europee nella materialità, nella pietra e negli alberi. Uno straordinario soggetto di studio. Non so se mi abbia incuriosito di più Stanford o l'Etiopia. Si tratta di due sfere umane affascinanti. Io, che ho appena conseguito il dottorato con la mia tesi sull'uomo di Neandertal, mi ritrovo a osservare due umanità straordinariamente diverse, impermeabili, che tentano invano di interrogarsi. Mi vedo assegnare il ruolo di intermediario, quando anche la mia sfera è sostanzialmente sfalsata rispetto a quelle due rappresentazioni del mondo. Mi sono pagato la tesi suonando la cornamusa nelle strade sporche di Marsiglia. Metà musicista di strada, metà mendicante, in continua osservazione. Quando si è parte della strada si vedono diverse cose. Talvolta si diventa intrattenimento, ma in genere si rimane invisibili, e non si pensa più alla musica. Si osserva circondati dalle note, senza essere davvero osservati. Ciò che si offre ai passanti, ciò che loro vedono, è un'immagine in kilt. Non siamo noi, non sono io. È un'illusione a buon mercato, non appena cade una moneta. Ogni tanto ne arriva una bella da due euro. È raro. La mia specialità è osservare. Analizzare. Decifrare lo spettacolo del quotidiano, il suo esotismo che mi incuriosisce quanto quello dei Neandertal. Ma per riuscire a concepirlo bisogna esiliarsi. Esiliarsi da se stessi. Ripulirsi dalle scorie del nostro io, del nostro tempo, dei nostri valori, delle nostre maniere, di tutti i nostri limiti mentali, come spiegavo in *Néandertal nu*. Della materia di tutte quelle cose, della nostra sfera, che ci ricopre come olio. Che ci rimane addosso, anche quando ci crediamo nudi. Soprattutto quando ci crediamo nudi.

Ecco quindi tre sfere improbabili destinate a incontrarsi nel Corno d'Africa. Due universi lontani, indefiniti, e un osservatore sfalsato. Partiamo da Addis Abeba, la capitale dell'Etiopia, con i nostri 4x4, gli autisti e materiali in abbondanza. E reti gigantesche in cui sono state imballate le nostre scorte d'acqua, sigillate fino all'ultima goccia in un numero incalcolabile di bottiglie di plastica. In teoria non berremo né mangeremo nulla che non sia sterilizzato. Diamo per scontato che i nostri corpi non siano abituati ai batteri locali. Insomma... personalmente non ne ho idea. Durante la mia ultima missione in Africa di dodici anni prima, nel Sahel del Mali, l'équipe francese beveva direttamente dal pozzo senza porsi il minimo problema. Ci limitavamo a mettere nella borraccia una pastiglietta composta da cloro e argento colloidale per eliminare la fauna batterica. Nient'altro. Ma qui sono l'unico francese, e bisogna adattarsi.

L'Etiopia non rappresenta davvero un'avventura. È una destinazione turistica riconosciuta, e i conducenti dei fuoristrada trasportano ogni anno oltre 800.000 clienti da un hotel elegante all'altro, in un tour ben organizzato che attraversa panorami stupendi. L'inquietante spettacolo della città svanisce molto presto, sostituito da meravigliosi paesaggi umani che tornano a immergerci in un mare di colori e sorrisi.

Certo, l'atmosfera è quella del classico giro turistico. Il percorso è stato appositamente pianificato per assicurare ogni comodità ai viaggiatori, che così possono immaginarsi in un remake del film di Sidney Pollack, *La mia Africa*. L'Africa romantica del passato, incarnata dalla bellezza dei popoli liberi e selvaggi e dal distacco aristocratico dell'ex baronessa Karen von Blixen-Finecke.[8] Tuttavia, bisogna riconoscere che ormai è trascorso un secolo e che ogni incontro ha il gusto industriale delle patatine fritte con la maionese e degli additivi delle Coca-Cola ghiacciate. Quei cent'anni hanno giocato un brutto scherzo a tutti i gruppi umani. Non che prima fosse meglio, ma dall'Africa all'Australia, passando per le Americhe, le società tradizionali sono collassate su se stesse. Come se le sfere, non potendo davvero trasformarsi, fossero implose. *Puf*. Giusto un rumore sordo, e gli individui ornati di piume e la loro bellezza selvaggia sono spariti. Credo che le città africane siano proprio questo: ciò che resta dei popoli indigeni dopo l'implosione. Dopo il *Puf* universale. Gente distesa per terra in attesa che tutto si assopisca nella polvere del duro suolo. La loro sfera è implosa e loro sono caduti a terra. *Puf*. Sono rimasti lì, bloccati, inebetiti, arenati.

Le città africane sono le gabbie delle sfere implose.

Del resto, non rimane nulla neanche delle baronesse dall'atteggiamento aristocratico, delle nobildonne che osserva-

[8] Isak Dinesen (pseudonimo di Karen Blixen), *Out of Africa*, Gyldendal and Putnam, København-London 1938 (tr. it. di Lucia Drudi Demby, *La mia Africa*, Feltrinelli, Milano 1959).

no da lontano, accarezzate da collane di perle e pellicce di zibellino. *Puf*. Come se tutto quel mondo fosse stato soltanto un sogno. Come se fosse stato numerizzato, digitalizzato. Fra l'altro, la digitale è un fiore affascinante. È uno dei veleni naturali più potenti al mondo. Come un monito del mondo floreale al digitale, se capite cosa voglio dire.

Intanto noi viaggiamo e ci allontaniamo dalle città, dalle loro sfere implose, dai corpi scheletrici riversi che non fanno più umanità. In ogni villaggio, i ragazzini corrono dietro ai veicoli con le mani tese. "*Heeyyy! They say Hello! Hellooooo!*" Sorrisoni a trentadue denti e mani tese. La persona alla mia destra, che viene dalla California, sente dire "*Hello!*" in ogni villaggio. Io sento "*Dollar! Dollar! One dollar!*" È vero che il loro accento è forte. E poi l'inglese non è la mia lingua madre. Avrà ragione lei, del resto ci stiamo muovendo su percorsi turistici. Gli itinerari che attraversano tutta l'Africa sono ben segnalati e curati, mostrano ciò che si può mostrare. I paesaggi umani, però, restano inquietanti. Viaggiando in auto vediamo gli abiti, gli ornamenti, i colori, le case mutare a un ritmo incredibile. Mi dicono che in Etiopia si parla un centinaio di lingue diverse. E dietro alle varie lingue si cela un universo, un'impressionante diversità umana che si muove, si espande, canta, parla, ride. Sono tutti magnifici, lontano dalle città. Ma di sicuro parecchi di loro guardano la TV. Parliamo di quasi vent'anni fa.

Forse quei guerrieri con le lance oggi hanno uno smartphone infilato nelle stringhe di cuoio delle loro cartucciere? Non so. Ecco quello che so. Vedo sfilare magnifici guerrieri con grandi lance in ferro appoggiate sulle spalle. Camminano lungo i sentieri, belli come danzatori, belli come Giove con la folgore rivolta al cielo. In molti casi è la lancia a fare l'uomo. La lunghezza e la forma delle lance mutano sotto i miei occhi insieme agli abiti e alla composizione delle capanne, delle casette, delle costruzioni del quotidiano. A ciascuno la sua lancia. A ciascuno la sua lingua. A ciascuno il suo modo di essere uomo. La vivacità delle singole culture cambia di vallone in vallone. Senza dubbio, le lance degli etiopi sono tanto numerose quanto i formaggi francesi. E questa bella arma è quasi sempre accompagnata da un oggetto importante, fonte di potere e di invidia. Un oggetto magico: il kalashnikov. Tutti i guerrieri con le lance, tutti i pastori, tutti quelli che percorrono gli itinerari africani sfoggiano il loro bravo AK-47. Inventato nel secondo dopoguerra, il kalashnikov oggi è una delle armi più diffuse. Indistruttibile e semplice da utilizzare, è presente in tutto il mondo nell'ordine del centinaio di milioni. In Africa è un must irrinunciabile, non si può uscire senza. Nel 2005, l'AK-47 è lo smartphone del pastore etiope. Lo si porta con noncuranza su una spalla tenendolo per la punta della canna, come si farebbe con un bastone a cui fosse appeso un fagotto. Sono stupendi questi guerrieri color ebano dal viso dipinto di bianco e di giallo, con il loro cannoncino di metallo lustrato da milioni di impugnature quotidiane. Dalle continue carezze sul calcio di legno. I kalashnikov vengono aggiustati alla bell'e meglio, a volte con lo scotch, spesso con fibre e corde. E sono decorati con amuleti di pelo, conchiglie o piume. Non è una visione rassicurante, ma non si direbbero davvero armi. Sono più che altro abiti, bastoni, ornamenti, segni. E se ogni tanto le espressioni negli occhi dei guerrieri non invitano a sostenerne lo sguardo, il loro viso è spesso amichevole, perfino raggiante. Non sono sul piede di guerra; l'AK-47 è innanzitutto una frivolezza maschile come un'altra. Mi è capitato di incontrare uno di questi uomini nella savana, mentre ero solo e intento a cercare selci e ossa preistoriche nei fossi scavati dall'erosione dei corsi d'acqua. La cosa positiva di quando ci si incontra da soli è che il contatto è radicalmente diverso. Ci si ritrova fra noi. Fra uomo e uomo, perché i rapporti fra maschi e femmine sono diversi, complicati, ci sono dei codici, no? Qui né lui né io conosciamo i codici dell'altro. Siamo fra uomini. Verrebbe da dire "fra amici", ma queste sono le parole della mia sfera. Non ho la minima idea di quel che il nostro incontro evochi in lui. Ma ci avviciniamo l'uno all'altro, ci sorridiamo in maniera discreta, senza calcare la mano, senza esagerare. Non bisogna strafare, se si vuole che un incontro sia un vero incontro. Ci si siede, ci si scambia del tabacco. Si fuma insieme, in silenzio. Come se fosse normale. Come se ci si capisse. Eccezion fatta per le solette di plastica ai piedi, lui è nudo, con un vecchio straccio avvolto in testa, forse per ripararsi dal sole. Forse per lucidare il kalashnikov di tanto in tanto. Ha appena posato a terra un facocero, un cinghiale della savana, abbattuto da poco. Abbiamo fumato. Credo che ci rispettiamo, che si sia instaurata una certa fiducia. Alla fine scambiamo qualche parola. Farfugliamo in inglese. Indico il kalashnikov, poi il suino. *No, no*. Mi indica il suo arco. I kalashnikov sono oggetti cerimoniali, messaggi, moniti, prima che armi. In generale, i nostri pastori non hanno modo di acquistare i proiettili. È già abbastanza complicato racimolare i soldi per l'arma. L'AK-47 può sparare seicento pallottole al minuto. Una fortuna. Dunque bisogna che si veda. L'obiettivo è questo, salvo eccezioni. Il fucile del mio nuovo amico è decorato con alcune perle, le stesse dell'arco, tutte posizionate alla medesima distanza dai bordi. È un oggetto perfettamente integrato nella sua sfera, ma non è davvero funzionale. Al calcio, sotto una decorazione, è fissato un proiettile, giusto in caso di necessità. Anche lui è stato lucidato con cura e brilla. Anche lui è ornamento e monito. Come quelle rane multicolori, troppo vistose, che ci avvertono di non toccarle. Come la digitale. Bella, affascinante, crudele. Qui non c'è nessun veleno. Il veleno si applica soltanto sulle punte di freccia. Il kalashnikov invece è un segnale di rispetto; indica che io mi rispetto e che mi si deve rispettare. A ben pensarci, non equivale a uno smartphone ma, più probabilmente, a una cravatta. È un segno di adesione a un insieme di valori. Indica uno status. Un modo di posizionarsi. L'osservanza di determinati codici, proprio come il pezzo di stoffa con cui noi spesso ci decoriamo il collo. Naturalmente, non tutti hanno accesso a quell'oggetto del desiderio. Ma se ne condividono i codici, il valore in quanto segnale di rispetto. Di rispetto virile. Così, mentre proseguo su questi percorsi, i miei occhi cominciano a distinguere. Non si vede al primo colpo, ma parecchi kalashnikov sono fatti di legno. Da cima a fondo. Sono stati pitturati, copiati, camuffati, con l'aggiunta di un cannoncino di metallo ricavato dalle lattine di conserva. Non sorridete. I loro proprietari vorrebbero potersi permettere un vero kalashnikov e avvertire su di sé lo sguardo rispettoso degli altri. Vorrebbero essere considerati alla pari di quelli che ce l'hanno fatta. Ne abbiamo tutti bisogno. Solo che noi quelle brutte cravatte non le indosseremmo. Oh, non sto attaccando nessuno, non denuncio nulla, non punto il dito. Odierei puntare il dito, anche contro un pensiero dominante. Cerco soltanto di osservare le evidenze. Di apprendere informazioni. Tutti abbiamo bisogno di codici. Senza codici non ci sarebbero parole. Nessuno scambio, nessuna rappresentazione. Il mondo senza codici è quello delle città dove giacciono coloro che sono implosi. Fuori dalla sfera non esistono né codici né rifugi. In assenza di codici tutto viene rimpiazzato dallo spaccio, dagli accordi al ribasso. E al livello più basso c'è l'uomo come ultima merce. La morte dei vecchi codici tradizionali sembra poter lasciare spazio soltanto ai traffici facili, in cui tutto viene monetizzato liberamente, senza limiti. Nella schiavitù e nella negazione di qualunque speranza.

Nell'ultimo secolo l'implosione è stata totale, universale. Lo spostamento d'aria non ha risparmiato nessuno. Ha trasformato il popolo – tutti i popoli – in un'umanità sconvolta.

Ma qua e là potrebbe essere sopravvissuta una speranza, un'attesa precedente all'agonia, qualche cosa insomma. Un'eco? O magari un'ombra?

Uomini negli alberi

Grazie alle nostre indagini archeologiche possiamo allontanarci dagli itinerari dei giri turistici. Non appena si lasciano i percorsi principali, gli equilibri cambiano. I tour operator non brillano per originalità. Formula vincente non si cambia. E queste geografie umane non si prestano all'improvvisazione. Anche nelle zone turistiche, l'Africa non si improvvisa. Non si trovano né bed and breakfast né graziosi alberghetti fuori dal sentiero battuto, l'unico previsto. La deviazione non è né contemplata né concepibile. Eppure, già allontanandosi di poco dal grande giro turistico, è possibile confrontarsi con un'alterità che si credeva scomparsa.

I mondi perduti saranno dunque ancora vivi, ad appena qualche passo da noi? Proprio là, sul ciglio della strada? L'alterità mi ha sempre affascinato. Ho tentato di incrociarla, naturalmente, in ogni recesso. Negli anni novanta ho cercato di scappare in qualunque luogo raggiungibile. Nel Sahel o nel Deserto del Gobi. Verso la Siberia. Ho incrociato sguardi e domande. Speravo di trovare i resti di mondi inabissati, ma ho trovato soltanto l'abisso, l'abisso senza i resti delle antiche epopee. In realtà, non è del tutto esatto. A forza di spingermi avanti, di esplorare, di avanzare sempre più lontano in ogni dove, qualche confronto c'è stato. Qua e là giacevano ancora resti di tempi antichi, di antiche divinità. A un passo dalla fine, e raramente dove me li aspettavo. Qualche volta, il confronto con l'alterità ci piomba addosso appena svoltato l'angolo, nei luoghi più inattesi: in Bretagna, una sera dei mondiali di calcio del 1998, o in un'antica vallata irlandese ormai nascosta, soffocata dalle serie infinite di prefabbricati. E non è detto che trovi la sua massima espressione alla presenza degli ultimi sciamani della Mongolia. Lo sguardo è molto importante. Anzi, è ben più di questo. Ormai l'alterità richiede innanzitutto di educare lo sguardo, di reincantarlo. Di saper guardare da un'altra prospettiva e leggere fra le righe. È questo sguardo laterale che ci permette di guardarci dritto negli occhi, di distinguere, all'interno della nostra società, gli elementi che costituiscono il nostro esotismo. Allora sì che l'esperienza ci permette di uscire da noi stessi, dai nostri valori e dalle nostre concezioni. Dalla nostra sfera. Non si torna indietro indenni.

Forse, in realtà, non si torna indietro affatto.

Questa volta però l'alterità non è dietro l'angolo, ma davvero in un angolo della savana.

Bisogna allontanarsi dagli itinerari turistici e raggiungere il bacino del fiume Weyt'o. Da Stanford, analizzando le immagini satellitari, avevamo individuato alcune aree di erosione nascoste dagli arbusti, dove i rivoli avevano smosso e scavato il terreno rivelando un deposito di tesori archeologici. Le nostre indagini puntano proprio a quei borri naturali, per poterne identificare il contenuto. Più facile a dirsi che a farsi. I sentieri finiscono, poi comincia la savana, soffocante. Quindi si va di machete, si striscia per terra, si attraversano i corsi d'acqua. Bisognerebbe scoprire quali punti sono liberi dai coccodrilli, ma non sempre si riesce a vedere il fondo. E neppure le nostre guide maale sembrano essere sempre sicure di loro stesse. Sì, questa operazione archeologica è molto vicina a quelle di Indiana Jones. Sono il primo a stupirmi, ma quella saga hollywoodiana alla fine non è solo folklore, anche se non è mai successo che una croce indicasse la posizione di un tesoro. Le nostre immagini satellitari, invece, ci avevano visto giusto. Le erosioni sono davvero là, e custodiscono una serie di reperti antichi particolarmente interessanti. Ma per raggiungere la nostra croce e percorrere qualche chilometro di savana dovremo camminare per ore, immersi nel caldo pesante come piombo.

Ecco un episodio che merita di essere raccontato. Una volta arrivato nei pressi di una delle erosioni, vedo emergere da terra oggetti in selce incredibilmente ben conservati. Bifacciali, utensili in pietra e altri resti abbandonati da cacciatori del Paleolitico. Meravigliose tracce di insediamenti preistorici, risalenti con ogni probabilità a oltre 300.000 anni fa e risputati fuori dalla savana. Per raggiungere quel punto ci sono volute più di cinque ore di marcia serrata sotto il sole cocente, e ormai dobbiamo ripartire per arrivare al nostro accampamento prima che faccia buio. È evidente che non riusciremo a tornare a questo deposito, soprannominato Igaro IV. Qualche scatto fotografico non è sufficiente a documentare una simile scoperta. Inoltre, stiamo effettuando una semplice prospezione, dunque non siamo autorizzati a prelevare i reperti. Propongo all'équipe di tornare alla base e di lasciarmi qui, affinché io possa fare qualche schizzo degli oggetti più caratteristici. Poi li raggiungerò. Conosco la direzione e cammino più in fretta di loro. Qualcuno protesta, ma non intendo ripartire ora. Il caso è chiuso. Mi siedo su un tronco e comincio a disegnare. Il primissimo problema sono le zanzare, che ricoprono il corpo non appena ci si ferma. Le allontano grazie a un olio altamente tossico. Bisogna adattarsi. Se il problema delle zanzare è piuttosto facile da risolvere, rimanere soli nella savana significa fare i conti con altre realtà. Circa mezz'ora dopo la partenza del gruppo, comincio a sentire rumori di passi e di rami spezzati. È chiaro che si stanno avvicinando in cerchi concentrici. Babbuini. Fra i più aggressivi di tutti i nostri parenti scimmieschi. Il rumore dei rami non è dovuto ai loro movimenti. È un modo di avvertirmi che sono un intruso nel loro territorio. Simpatici, i babbuini. Avvertono prima di colpire. Mi inquadrano, si avvicinano. Cominciano a lanciare rami e qualche pietra a destra e a sinistra. Ma sono anche armati! Altro che bifacciali, accidenti! Devo sbrigarmi a disegnare, e ogni tanto lanciare qualche grido nel tono più rauco possibile. Ci comunichiamo a vicenda i limiti da non oltrepassare. Ma bisogna pur venire a patti con gli occupanti di questi luoghi, che peraltro sono dotati di una forza impressionante. Per fortuna sono ancora un po' dubbiosi, mi lasciano giusto il tempo di terminare il disegno e documentare qualche bel pezzo archeologico. Ci si adatta. L'intruso sono io. E loro sono anche più forti. A distanza di tempo, è una storia fantastica, e dà un'idea di come vivano le popolazioni presso le quali ci siamo installati per qualche settimana.

Il bacino del Weyt'o ospita numerose culture. Noi ci sistemiamo presso i maale, un gruppo di guerrieri e cacciatori che girano nudi e armati di arco e frecce. Il primo incontro con loro mi lascia stupefatto. Nel corso delle mie peregrinazioni geografiche, dal Gobi al Sahel, dall'Irlanda occidentale agli altopiani anatolici, mi sono confrontato soltanto con i residui delle antiche popolazioni tradizionali. Con le ombre delle loro ombre. Con le agonie delle loro glorie passate, delle epoche in cui esisteva ancora qualcosa di originale. In questo piccolo angolo di Etiopia vengo finalmente colto di sorpresa, smentito nelle mie percezioni di una globalizzazione sconfortante. Abbiamo lasciato da un po' i percorsi turistici e ci stiamo avvicinando al fiume Weyt'o. La sagoma di un vecchio albero si staglia netta a qualche metro di distanza, in cima al massiccio roccioso sul quale il nostro 4x4 si sta lentamente inerpicando. Presto gireremo intorno a quella presenza vegetale. Ma ecco che mi ritrovo proiettato nell'altrove. Sono sconvolto. All'improvviso ho la gola serrata. Rimango senza parole. Sui grandi rami orizzontali del vecchio albero sta in piedi, sospesa per aria, una decina di guerrieri. Nudi. Con tanto di faretre piene di frecce sistemate di traverso sulla schiena, arco in mano. Guerrieri nudi, con nient'altro che archi e frecce: ecco l'altrove tanto atteso. L'altrove che non mi aspettavo più mi sovrasta con assoluta naturalezza. I loro grandi sorrisi esprimono un'accoglienza calorosa. Intorno all'albero sono posati alcuni oggetti, i loro oggetti: tutti in legno, in pelle e fibre. Davvero? Tutto ciò esiste davvero, ancora? Guerrieri nudi che vivono seguendo i ritmi della caccia e grazie alla potenza dei loro archi. Avverto un'improvvisa speranza di libertà. Di alterità. Gli scritti di Malaurie, di Paul-Émile Victor, di Lévi-Strauss (nonostante le sue tristi descrizioni dei tropici) hanno cullato tutto il mio percorso di vita. Mi hanno impregnato di quegli altrove popolati di umani distanti, e non limitati, dalle nostre concezioni. Di incontri con alterità svanite. Ma mille smarrimenti geografici non mi avevano mai messo di fronte né preparato a quei sapori delicati.

Nelle settimane seguenti potrò approfittare di questa prossimità per assorbire le conoscenze ancestrali di quegli uomini. Non che l'Occidente non sia ancestrale; lo siamo tutti. Ma insomma, loro sono diversi. Rappresentano un'altra via. Un'altra storia. Scopro come fabbricano gli archi, detti *kossi*, e le frecce, *ichi*. Di queste ne conto nove tipi, tutti pensati per la caccia: dalla *pumka*, che termina con un piatto in legno con cui stordire gli uccelli, ai *sissiagwi*, veri e propri aghi ricurvi con cui trafiggere la carne delle prede più piccole, come lucertole e serpenti. Scopro i loro veleni e i pezzi di legno – *surung* – che gli arcieri strofinano a mano per ricavarne scintille con cui accendere il fuoco, *tami*. Tutti momenti di scoperta. Di intensa condivisione. Ma non fatevi illusioni: non è che non abbiano mai avuto contatti con i bianchi. Molto prima di me sono passati i missionari, probabilmente negli anni trenta del secolo scorso. È stato tanto tempo fa, eppure qui sono tutti buoni cristiani. È probabile che esistano già bibbie in lingua maale. Nessun ricordo degli antichi dèi, anche se, a forza di insistere, qualcosa riemerge dalla memoria collettiva. Le antiche credenze vengono svelate quasi di nascosto. Con una sorta di imbarazzo. No, no, si ostinano a dire prima di descrivermi la creazione dell'universo, non era davvero una religione. Non era nulla di che. Storie bizzarre. Devo tenerlo presente.

Il popolo vicino, a qualche chilometro di distanza, non è meno interessante. Ma il territorio degli tsamai è attiguo al grande percorso turistico che ha avuto l'impatto più diretto sulle antiche strutture tradizionali. Sono belli, gli tsamai, uomini e donne, con i loro corpi ornati di perle. Guerrieri perlati. Guerrieri dotati di lance.

Maale e tsamai combattono regolarmente, a causa di montoni smarriti o rubati. Ma la guerra è anche una necessità sociale. Rende possibile la pace e lo scambio delle donne, la sopravvivenza genetica dei due gruppi e soprattutto la trasmissione delle tradizioni. E così, regolarmente, una marea di frecce maale scagliate da lontano massacra gli tsamai, le cui lance si rivelano utili soltanto a contatto diretto con l'avversario. Mi viene raccontato che l'ultima schermaglia, risalente agli anni novanta, ha provocato qualche centinaio di morti su una collina nei paraggi. I corpi sono stati abbandonati lassù. Da allora non ci si può avvicinare. Sembra che i rapporti al momento siano di nuovo pacifici, tuttavia mi viene anche spiegato che, per prendere moglie, un maale deve portare al suo gruppo i testicoli di un giovane tsamai. E viceversa. Un metodo interessante per bilanciare l'espansione delle nuove generazioni. Antiche usanze che, in teoria, ormai sarebbero proibite. Eppure tutti si tengono sempre vicino un lungo pugnale, legato a una cordicella appesa in vita. Non si sa mai. Una volta o l'altra potrebbe presentarsi l'opportunità di usarlo. Io non ne so niente. Sono parole loro. Nel corso di una delle prospezioni archeologiche vedo un bimbetto di qualche anno ricoperto di perle bianche e blu. Uno tsamai! Sulle terre maale! Non è così scontato. Le mie guide maale mi riprendono subito:

"È un maale."
"Ma se è coperto di ornamenti tsamai?!"
"Sì, ma adesso siamo in pace."

È un'informazione straordinaria. Secondo diversi studiosi della preistoria, infatti, gli ornamenti personali indicano l'identità profonda di un gruppo sociale e permettono di distinguere gli antichi gruppi culturali o linguistici. Rappresentano una porta aperta su un'etnografia passata e inaccessibile mediante la sola analisi delle produzioni artigianali, degli utensili e delle armi, tutte tecnologie meno utili per riconoscere le società portatrici di un medesimo bagaglio culturale. Questi popoli invece mi raccontano tutta un'altra storia. Gli ornamenti si condividono, e si indossano quelli dei nemici diventati amici. Ma un guerriero con l'arco non diventerà mai e poi mai un guerriero con la lancia. La pace siglata tra due diversi gruppi culturali e linguistici ha i suoi limiti. Le armi definiscono gli uomini, e anche una certa idea di umanità. Ricorderete quel che dicevo sui kalashnikov; anche le armi sono ornamenti. Sono soprattutto ornamenti, che identificano tanto il gruppo quanto il posto di ciascun individuo all'interno della propria società. Quando separiamo gli ornamenti dal resto delle produzioni materiali di una sfera sociale del Paleolitico, forse perdiamo di vista questioni importanti. Ci sono le armi, le perle e tutto il resto. Ogni gesto, ogni episodio contribuisce alla trama di una società. Alla trama che definisce un'umanità. Ognuno di quei gesti ed episodi è parte integrante dei sistemi di rappresentazione degli individui e delle società. E nessuna parte può essere separata o estratta dalla matrice all'interno della quale ha un senso. Soprattutto quando si è in pace.

Ma allora, forse, qualche volta si potrebbe sfuggire alla sfera? E vedere le altre? Per trarne ispirazione, per cambiare, per trasformarci? Non credo, se non alla maniera dei camaleonti, in un'imitazione superficiale, come si fa nei balli in maschera o nei giochi dei bambini, in cui ci si finge indiani, cowboy o remoti guerrieri metallici diretti ad Alpha Centauri. Del resto, quel maale coperto di perle tsamai era un bambino. Non aveva ancora raggiunto la pubertà. Non era ancora un uomo. Indosserà ancora quelle perle bianche e blu dopo essere stato accolto nel novero degli adulti? Dopo l'iniziazione che farà di lui un uomo? Dopo aver portato ai suoi i testicoli di uno tsamai?

Siamo ai margini dell'ambito concettuale in cui armi e ornamenti, società e linguistica, guerra e pace definiscono i gruppi umani e alcune loro possibilità di influenzarsi a vicenda. Di trasformarsi. Siamo alle porte della transizione. Ricordate quelle industrie di transizione che potrebbero essere o non essere neandertaliane e che segnerebbero il passaggio da quell'umanità a noi, prima della scomparsa? Transizione. Acculturazione. Sono concetti vaghi, mal definiti rispetto a ciò che è una società umana. Per non parlare di quando non li proiettiamo su due società umane, ma su due umanità separate da 500.000 anni di differenza. Come si influenzeranno? Saranno in grado di influenzarsi? Riusciranno a guardarsi? Non credo. Nessuno sfugge alla sfera.

Le umanità non si guardano davvero. Non si comprendono davvero. Forse; perché le mie parole sono sempre accompagnate dal dubbio. Aprono spazi che ciascuno è libero di esplorare.

Ma che siamo tutti matti? Un sequel

Questa storia ha un triste epilogo. Non soltanto quella dei Neandertal o dei popoli del Weyt'o, di cui non so cosa sia stato. Anche quella del mio – troppo – breve soggiorno fra i maale. Abbiamo visto le selci. Ho cercato di osservare i magnifici aspetti particolari di quelle popolazioni. Ma è arrivata l'ora di ripartire. I nostri fuoristrada sono sormontati da montagne di bottiglie di plastica vuote, tenute ferme da grosse reti agganciate al tettuccio. I nostri rifiuti. Rifiuti che però sono diventati oggetto di invidia e di trattative, avviate senza che io ne sia stato informato. Diversi maale sono venuti a reclamare le bottiglie. I loro stupendi recipienti in legno non possono competere con quella manna di contenitori, traslucidi come l'acqua e leggeri come l'aria. Nessuno mi ha detto nulla fino alla vigilia della partenza, ma la decisione è stata presa. I maale potranno avere le nostre bottiglie, tutte le bottiglie nelle reti, ma dopo che saremo partiti, per evitarci le richieste quotidiane e le gelosie. Quelle reti gigantesche fanno gola a tutti. Sono diventate la posta in gioco di ogni sorta di strategia. *Ma che siamo tutti matti?* Davvero. Jamie Uys aveva costruito una specie di profezia africana intorno alla sua bottiglia di Coca-Cola. Da qualche giorno, le nostre reti sono sorvegliate da una guardia maale. In vista di tanta ricchezza promessa e presto disponibile, infatti, si sta preparando una rivolta. L'équipe però sembra contenta. L'affare è deciso. Noi torniamo senza rifiuti ingombranti e omaggiamo i maale dei nostri generosi doni.

È la fine del legno. La fine della bellezza. E tutti sono contenti. C'è una grande incoscienza. Siamo tutti pivelli, tutti incoscienti. Non si tratta neppure di cinismo, ma proprio di banale incoscienza. Tutta quella bellezza artigianale, quel qualcosa fuori dal tempo che avevo tanto cercato, finirà così. A causa nostra. A causa mia?

Che banda di fessi.

Ma non vedono nulla dietro ai loro grandi sorrisi gentili?

Ce ne andiamo, siamo contenti. Gli uomini sono semplicemente gentili? Gentili e ciechi e incoscienti?

Dovrò agire da solo e senza farmi vedere. Nessuno di loro mi capirebbe. Né i miei colleghi americani né i guerrieri nudi, i cacciatori con l'arco che da settimane bramano i nostri oggetti in plastica. Dovrò attendere la notte, la protezione del buio. Armarmi di coltello nell'ombra. E sgozzare in silenzio, una dopo l'altra, tutte le bottiglie. Sgozzare il nostro progetto disgustoso. Da solo.

Non me ne vanto. Non ne avevo mai parlato finora. Provo soltanto vergogna. Ho fatto bene? Chi ero io per impormi così, nell'ombra, sui guerrieri nudi e sui miei colleghi americani? Che cos'è successo quando i nostri veicoli sono scomparsi dietro l'orizzonte?

Nel luglio 1951, Jean Malaurie si era rivolto al comandante in capo della base strategica americana di Thule, nel cuore del territorio inuit, dicendogli: "*Go home*", andate a casa.

Altro tempo. Altro luogo. Altra agonia.

Sono passati settant'anni. Nessuno è tornato a casa, tranne gli inuit. Nelle quadrate case dei bianchi, si capisce.

Il mio tentativo di salvataggio, il mio "*go home*" personale, non è stato meno disperato.

Lì però non ero solo come Malaurie, o come Victor o Lévi-Strauss. "L'inferno sono gli altri," diceva Sartre. Forse è così. Ma l'inferno siamo anche noi stessi. Con i nostri dubbi. I nostri vagabondaggi. Le nostre azioni troppo tardive. Le nostre coscienze troppo limitate.

Dalle bottiglie avevo bevuto anche io. Che cosa è successo, dopo?

I maale navigano in Internet? Sono amici degli tsamai sui social? Che idea folle, voler fissare quell'istante, quella società in un altrove. Un altrove da opporre alla mia disperazione di fronte a una globalità di cui avverto la bruttezza come uno schiaffo, come una costrizione assoluta che si insinua ovunque. Come un progetto totale. Totalmente totalitario.

Ho agito per il bene dei maale, i miei tristi etiopi?

Mi piace pensare così, naturalmente. Mi piace attribuirmi quel ruolo. Ma devo rinunciare a certe pretese, e accettare anche la mia parte più oscura. Volevo un altrove per me. Per il mio solo piacere, in definitiva. Volevo un altrove che una notte ho disegnato a forza con la lama del mio coltello. Sono io il fesso. Siamo noi. Sempre.

La volontà di preservare è già appropriazione. E il mio ruolo in questa storia, con il mio carico di ego, non è certo invidiabile. Eppure, lo sapevo che quando si va a incontrare l'Altro lo si cambia. Si cambia.

Nei nostri ricordi disordinati

È pur vero che questa mentalità, questa maniera di preservare il mondo o di appropriarsene, rinchiudendolo nei libri o nelle scatole, nei nostri musei di pietra, è profondamente radicata nelle tradizioni occidentali. È parte della nostra storia. È il rapporto che ci lega alle antiche reliquie. Il nostro desiderio di addomesticare il mondo, di catalogarlo. Di semplificarlo. Fissare, identificare, registrare. Preservare? È la faccia visibile delle nostre semplificazioni e appropriazioni. Siamo noi, ancora.

In Europa come nell'America del Nord, immense collezioni di oggetti appartenuti a tutte le nazioni amerindie si accumulano in musei impressionanti. Milioni di oggetti provenienti da mille culture delle Prime Nazioni. Quelle a cui abbiamo rubato la terra e che abbiamo privato della memoria.

Come potete immaginare, ho trascorso molto tempo nei nostri musei. Raccolte archeologiche. Raccolte etnografiche. Ovunque, il legame del tempo. L'inscatolamento. Ho girato parecchio nei magazzini degli istituti americani, fra selci millenarie e oggetti di legno e cuoio del secolo scorso. Spesso solo, ma circondato dallo spessore della storia dei mondi. Di tanto in tanto arriva qualche nativo americano.

Vengono a vedere se riescono a ricordare. I loro passi risuonano sui pavimenti di metallo. In genere sento soltanto i passi. E soprattutto i silenzi. Non dicono nulla. In effetti è sbalorditivo. Io li osservo dal mio angolo; hanno gli occhi sgranati. Non lo sapevano. Non sapevano che esistessero tutte quelle cose. Che fossero state raccolte tante cose della loro memoria antica. Della loro storia antica. Della loro vita antica. O meglio, di quella che si immaginano sia stata. Non sanno, non più. Guardano, vedono. Qualcosa nel loro cuore canta, e qualcosa piange. Un'eco, un mito. Un'invenzione, certo. Poco importa. Queste sono le madri delle loro madri. Tutto ciò che si pensa è vero, in fondo, quando lo si pensa veramente, con sincerità. Che cosa conta per loro, adesso, al di fuori del sogno?

Ma i bianchi credono di sapere. E in ogni caso gli oggetti sono là. In quei corridoi metallici. Pezzi di cuoio e di corteccia, pellami, legni, pitture, campioni di terra. Tutti riposti in scaffali di ferro. I nativi vengono a cercare un ricordo che ormai è soltanto un'ombra, un sussurro. Un sussurro che li colpisce allo stomaco. È come non aver mai conosciuto davvero il proprio padre, la propria madre. Hanno l'aria smarrita, la gola serrata, mentre avanzano lungo i corridoi. E anch'io, con tutte le mie ridicole protezioni: la cuffia, i guanti, i sovrascarpe, il grembiule sotto il camice bianco. Con il mio travestimento bianco e blu da ricercatore. Non sono forse ridicolo, a coprirmi di plastica ogni estremità del corpo per poter essere autorizzato a manipolare oggetti di un'epoca antica? Bisogna stare al gioco. Giocare a far finta che tutto ciò serva a qualcosa. Bisogna fingere di credere che non sia un rito un po' assurdo di questi bianchi. Anche loro si inventano un ricordo perduto. Neanche loro hanno davvero conosciuto i propri genitori. Anche loro sono stati sradicati e colpiti da amnesia, come i nativi che vagano per i corridoi. Lontani dalla loro terra. E da qualche parte, dentro di loro, sanno che è una vergogna.

Non mi piace. Non mi piace quello che facciamo noi. Non mi piace ciò che fanno quelli che lavorano nei musei.

Hanno modi gentili, ma parlano e guardano... Come dire? Con una sorta di condiscendenza discreta. Benevola. La peggiore. Come quando si parla ai bambini senza sapere come farlo.

In America esiste un programma di "rimpatrio" per restituire ai nativi gli oggetti che appartenevano alle loro nazioni. Si tratta ovviamente di restituzioni fatte con il contagocce, controvoglia. Ho sentito parecchie frasi in proposito che non denotano né partecipazione né intelligenza. "È ridicolo, è folklore, una ricreazione, un'invenzione, mescolano tutto, non hanno più nessuna tradizione, non conoscono neppure le loro lingue. Si inventano usanze indiane che esistono soltanto nei film di Hollywood. È davvero una follia..."

È vero che, quando guardo con discrezione i visitatori nativi, vedo che indossano jeans o un cappello Stetson, o una collana di turchesi. Magari l'hanno acquistata al gift shop, in questo museo o in un altro. Ed è vero che parlano inglese, li sento. È vero che non sanno più che cosa siano quegli oggetti. Non conoscono più le tradizioni artigianali. Hanno perduto l'intelligenza manuale dei loro padri, la dolcezza delle parole delle loro madri. È vero. Mi si stringe il cuore, ma purtroppo è vero.

Eppure, quando guardo la donna che li guida lungo i corridoi... Che dire... Che ricordi ha conservato, lei, delle sue radici? È chiaramente di origini italiane. Ma che cosa ne è rimasto? Che memoria ha dei suoi padri e delle sue madri? La *Gioconda* venne dipinta nel 1503, proprio mentre avevano luogo i primi contatti tra gli europei e i popoli delle Americhe. Questa incantevole guida non assomiglia proprio a Monna Lisa, devo dire.

È... vestita da caramella rosa, mettiamola così. Scarpe rosa con paillette, maglia e giacca rosa abbinate a una gonna rosa. E, come ultimo tocco essenziale, rossetto rosa. È chiaro che non solo le sue conoscenze sulle popolazioni tradizionali delle Americhe sono molto superficiali, ma non può neanche rivendicare il patrimonio culturale dell'Italia rinascimentale. Anzi, è probabile che ne esprima l'esatto contrario. È una persona abbastanza gradevole, e di tanto in tanto scambiamo due parole. È un puro prodotto americano, ma si dichiara italiana. Profondamente italiana, sinceramente italiana. Sa perfino dire "Buongiorno", il che non è poco, trattandosi di un'americana.

Capite, adesso?

Siamo tutti indiani senza terra e senza storia. Senza ricordi dei nostri genitori. Siamo tutti clown tristi. Privi di ogni memoria. Siamo tutti guide vestite da caramelle rosa e indiani che indossano jeans e Stetson.

Tutti noi siamo così. Con i nostri riferimenti confusi. Con i nostri ricordi disordinati.

L'umanità si riassume dunque in questa creatura incastrata tra due grandi, profonde fatalità? Una creatura effimera, che vive qualche anno appena. Una creatura amnesica, che non conosce e non può preservare la propria memoria.

Il tempo dell'estinzione

Sì, lo so. Sono consapevole di quanto siano tristi simili affermazioni. È doloroso interrogarsi sulle nostre possibili traiettorie. Ma questo è un libro triste, lo sapete. Anche se qualche volta tento di ridere. Non si affronta la più grande estinzione umana senza guardarsi per qualche momento dritto negli occhi, quando si arriva al punto. Se ci si arriva. Questo libro oscilla tra la risata e il pianto. Il pianto vero, quando ci si scontra con l'oscurità umana. L'oscurità insita nei nostri istinti, nelle nostre azioni. Nella nostra storia e nelle nostre culture. Ma tutte queste parole sono cassetti, che riponiamo con cura in appositi vani di legno. Ve l'ho detto. È la nostra abitudine di classificare e categorizzare. Di semplificare il mondo per poterlo comprendere, almeno un po'. Per illuderci di comprenderlo, almeno un po'.

"Cultura" è una parola grossa. Intendo dire che è vaga,

è soltanto uno scomparto, il nostro scomparto. Una nostra semplificazione. È tutto ciò che obbedisce alla sfera. La cultura non è determinata né dalla lingua né dai nostri soli usi. La cultura è osmosi. Osmosi degli antenati, delle migliaia di generazioni che ci hanno preceduto, trasmessa da frasi consapevoli ma soprattutto da non detti inconsapevoli.

Siamo la materia genealogica che scorre in noi, ma non possiamo vederla o definirla con grande precisione. E forse le nostre modalità sono soltanto ciò che traspare di realtà assai più vaste, che ci trascendono completamente; di trasmissioni millenarie, inconsapevoli, che traboccano sull'individuo. La morte dei Neandertal spezza queste inconsapevoli catene millenarie che ci uniscono al nostro passato. Ma non è soltanto questo. La morte dei Neandertal non esiste, non in questi termini. L'immagine di un incontro faccia a faccia tra *Sapiens* e Neandertal ci induce a concepire queste due umanità in maniera essenzializzata, come fossero due realtà differenti. Due cassetti stagni. Due blocchi. E se invece i Neandertal non fossero stati una sola umanità, ma un insieme di umanità che si sono pian piano distinte nel corso di decine di millenni? In un processo di differenziazione non soltanto culturale, ma anche biologica? Una differenziazione dei corpi. E che ruolo avevano i meticci? E i meticci dei meticci? Tutte quelle umanità rimaste essenzialmente invisibili nelle nostre analisi?

Certo, insieme ai Neandertal muoiono culture e società. Jared Diamond ha esaminato e teorizzato il collasso di società e civiltà grandi e piccole, da Roma alle modeste tradizioni del Nord. Quelle morti, quelle estinzioni, non sono che virgole. Riguardano società, organizzazioni, determinati modi di fare l'umanità. Ma i Neandertal non sono una civiltà; sono centinaia di civiltà che crollano una dopo l'altra come pezzi del domino.

Sono le loro modalità, le loro carni, a collassare. A estinguersi. Probabilmente, la scomparsa delle società e delle relative culture rappresenta la parte facile della storia. La punta dell'iceberg. La porzione visibile, che può comunque essere terribile. Sono semplici scomparse, semplici morti di società umane. Ma la scomparsa delle società può raggiungere la sua logica conclusione spingendosi, talvolta, fino all'estinzione dei corpi fisici. "Ishi e sua madre rimasero insieme fino alla morte di lei [...]. Poi si ritrovò solo, senza compagni, per il resto della sua vita nascosta." Una vita nascosta durata quasi tre anni. E qui, come nel caso dei Neandertal, il collasso delle società va di pari passo con la morte fisica. La morte del corpo separato dall'altro mondo, il nostro, di cui Ishi non si sentirà mai parte. "Si sentiva così diverso, così distinto da tutti, che rifiutava l'idea di essere come gli altri, e non gli sembrava opportuno che lo considerassero un loro simile. 'Io sono qualcuno, voi siete gli altri, è nella natura inevitabile delle cose,' ecco grossomodo il suo pensiero." Il ricordo di Theodora Kroeber lascia intuire che Ishi avesse già colto, a modo suo, il concetto irriducibile della sfera. E la storia del suo popolo è soltanto uno degli infiniti casi che mostrano come, oltre alle società, a volte muoiano anche i corpi, quelli di tutti gli uomini e di tutte le donne.

Ma quindi, perché gli esseri umani muoiono? Quale può essere la forza potente e inconsapevole che, agendo nel profondo, conduce all'eliminazione di qualsiasi alterità? Ecco che ritroviamo le spaventose figure dei mangiatori di uomini. Tutti lo siamo. Qual è allora questa forza di eradicazione che forse ci portiamo dentro? È possibile verbalizzarla? E se non possiamo comprenderla del tutto, magari sapremo almeno diffidarne? A patto di trovare le parole per definire questa nostra parte oscura. Pensiamo alle sbigottite parole con cui Lucien Bodard ha descritto l'umano nella sua cruda realtà di mangiatore di uomini. Perché tutto ciò accade? "Questi indiani sono rimasti più o meno liberi, più o meno padroni di se stessi, fino al 1940 circa. È allora che ha avuto inizio l'ultimo genocidio, che prosegue ancora oggi. La causa dei massacri? Non un Eldorado, non una semplice questione di ricchezze e cupidigia. È il mondo moderno, il progresso, semplicemente. Tutte le forze complesse, contradditorie e onnipotenti che compongono la marcia verso ovest."

Bodard espone gli avvenimenti che hanno luogo, in segreto, all'ombra dell'immensa foresta. L'esplosione dei corpi fisici. L'implosione dei corpi sociali. Ma che cos'è la marcia verso ovest? Qual è questo ineluttabile mondo moderno che non può che accadere? Questo progresso che sembra funzionare come un invincibile rullo compressore, che macina e ingurgita le carni umane? Una macchina umana. Una macchina guasta che sembra non potersi mai arrestare. I nativi muoiono soltanto a causa delle macchine umane. Delle costruzioni mentali. Delle nostre logiche. Delle nostre esortazioni ad avanzare nella selva. Non abbiamo neppure la scusa dell'Eldorado: uccidiamo per uccidere. Abbattiamo la differenza. Mangiamo le sfere, non potendole inglobare. Non cominciamo dunque a intravedere un disegno generale? Uno schema delle sostituzioni: semplice, e al contempo infinitamente complesso, perché questi processi di scomparsa sono sempre stati esaminati dall'esterno. Se ne rilevano i fattori più visibili, più evidenti, più semplici. Pandemie, guerre, acculturazioni, carestie, incapacità di adattarsi al nuovo mondo, ai mutamenti che avanzano e mangiano – nella foresta e ovunque – le carni e le anime degli uomini. Alla fine, queste mille ragioni, queste mille scuse, non saranno soltanto la conseguenza di qualcosa di più profondo? Le congiunture e gli impatti naturali a cui vengono ricondotti gli antichi schianti appaiono gli uni più spaventosi degli altri. Ma appaiono anche banali, una volta che si iniziano a ricercare le cause profonde degli eventi.

Stando a varie analisi, lo stesso Neandertal sarebbe svanito, evaporato, a causa di sistemi climatici collassati su se stessi. Di biotopi devastati, pandemie, eruzioni vulcaniche, radiazioni stellari. Tutte esplosioni che avrebbero eradicato qualunque popolazione umana, tranne la nostra. E diversi processi ed episodi biotici rimarcano che anche la nostra umanità, insieme ad altri fattori, avrebbe contribuito alla grande estinzione. Anche Ishi allora sarebbe morto di freddo? Di fame? Sì. Ma sì, è evidente, i corpi muoiono per queste cose. Allora è vero, Ishi e il suo gruppo sono morti come muoiono tutte le umanità rifugiate nella foresta. Per via di quegli effetti. In ultima istanza, è proprio così che muoiono gli uomini. A fine corsa dovevano pur morire, bisognava che i loro corpi si spegnessero per via di quegli effetti.

Quelli che abbiamo appena nominato.

Dunque stiamo guardando troppo da vicino. Saremo mai in grado di analizzare le vere cause?

Thomas Stearns Eliot ci suggerisce che il mondo finisce "non con uno schianto, ma con un gemito".[9]

È un'affermazione assolutamente controintuitiva. Applicando questo concetto ai Neandertal e ad altre umanità del Paleolitico, non ci sarebbe bisogno di risalire a una grande eruzione vulcanica o a qualche altro fragore esterno alle società umane. I colpevoli non sarebbero né il collasso del campo geomagnetico terrestre né le mille pulsazioni climatiche del passato. Né quell'umanità né la nostra si estinguerebbero a causa delle carestie o di un enorme bagliore capace di spazzare via l'insieme delle nostre costruzioni. Quegli effetti, per terribili che siano, non possono costituire le cause più profonde dei grandi processi di estinzione. Non riflettono la logica recondita di quelle distruzioni.

L'orrore di Hiroshima non ha rappresentato una fine, ma un inizio. Quasi ottant'anni dopo quel bagliore spaventoso, Hiroshima è diventata il principale centro industriale e portuale del Giappone. Le implosioni termonucleari, i conflitti più radicati, le potenti eruzioni vulcaniche, gli tsunami, le grandi carestie di Kangi, Kenshō, Tenmei e Tenpō, niente di tutto ciò ha provocato il crollo del Giappone. La piccola isola del Pacifico resta una potenza mondiale a livello strategico, economico e culturale. È la forza dei suoi quadri mentali, della sua sfera, a rendere questa civiltà inalterabile, immune a qualunque cedimento definitivo? Incastonata nelle sue potenti costruzioni culturali, la sfera del Sol Levante lascia scorrere sul proprio impero le congiunture più

[9] Thomas Stearns Eliot, "This is the way the world ends / Not with a bang but a whimper", da *The Hollow Men*, in *Poems. 1909-1925*, Faber & Faber, London 1925 (tr. it. di Roberto Sanesi, *Poesie*, Bompiani, Milano 2000).

spaventose. Le stesse che hanno colpito le nostre lontane civiltà e a cui ascriviamo i rispettivi crolli.

E se il poeta avesse ragione? Seguiamo Eliot. Le civiltà non scompaiono con uno schianto. Da Roma alla Grecia, dall'Egitto alla Mesopotamia, collassano tutte lentamente su se stesse, senza fare grande rumore.

È così nella cultura come nella natura. Eppure conosciamo le distruzioni dei biotopi, gli incontri con le specie invasive e tutti i processi che portano all'estinzione. Non meno del 99,99 per cento degli organismi vissuti sul pianeta Terra oggi sono estinti. E se spesso ricordiamo la grande esplosione meteorica che avrebbe eliminato i dinosauri in un abbagliante lampo siderale, in genere gli altri organismi sono morti lentamente. In silenzio. Con i loro gemiti assordanti.

I tracolli delle società umane sono stati ampiamente teorizzati da diversi studiosi, fra cui Arnold Joseph Toynbee e Jared Diamond,[10] i quali li attribuiscono a un insieme di fattori ambientali e conseguenti interazioni umane. Tuttavia, entrambi osservano che, al di là di tutti questi processi ed episodi, a un livello più profondo, "le civiltà muoiono per suicidio, non per omicidio". Per l'incapacità di raccogliere le sfide del proprio tempo. Un'incapacità di cui sembrano essere le uniche responsabili.

Qui però occorre porsi qualche domanda. Il concetto di crollo non sarà un'ennesima costruzione? Una categoria accettata troppo rapidamente nei nostri modi di pensare il tempo e le società, con le loro successioni millenarie? La nostra idea di crollo non rischia di opacizzare quelle realtà?

Cambiamo prospettiva e torniamo a guardare in diagonale. Pensiamo al XIX secolo.

Che cosa è accaduto al XIX secolo, che ci ha preceduto

[10] Arnold J. Toynbee, *Civilisation on Trial*, Oxford University Press, Oxford 1948 (tr. it. di Giuseppe Paganelli e Amina Pandolfi, *Civiltà al paragone*, Bompiani, Milano 1949); Jared Diamond, *Collapse. How Societies Choose to Fail or Succeed*, Penguin, New York 2004 (tr. it. di Francesca Leardini, *Collasso. Come le società scelgono di sparire o di vivere*, Einaudi, Torino 2005).

di appena qualche passo? È proprio dietro di noi. Se siete nati negli anni settanta del secolo scorso, tutti gli anziani della vostra infanzia erano figli dell'Ottocento. Li avete frequentati, li avete visti sparire.

E, malgrado tale vicinanza e presenza fisica, i nostri regimi politici sono profondamente diversi da quelli di allora. Le nostre tecnologie appartengono a un altro universo. Le nostre arti e la nostra architettura sono lontanissime da quelle degli impressionisti e dell'Académie des beaux-arts. Non è neppure detto che una persona comune oggi riuscirebbe a comprendere le parole di una persona comune del XIX secolo. Considerando le massime espressioni tecniche e culturali dell'epoca, potremmo chiederci con una certa inquietudine che cosa ne è stato di quella civiltà impressionante, misteriosamente svanita senza che sia possibile rintracciarne l'estinzione o comprenderne la scomparsa.

Allora, come precipitano le società umane? Come crollano i sistemi politici? Le grandi opere architettoniche? Le strutture linguistiche? Le arti? Le tecnologie? Le religioni?

Il poeta ci aveva avvertiti. Con un gemito.

Forse, in realtà, tutto ciò si manifesta – e si è sempre manifestato – soltanto con gemiti. Gemiti che potrebbero quasi alimentare l'illusione che le civiltà non muoiano mai davvero, non conoscano mai una fine compiuta. Già il grande linguista Georges Dumézil aveva rilevato l'incredibile persistenza di tradizioni orali molto antiche nel Caucaso e in tante altre regioni della vecchia Eurasia. In Iran, a dispetto della corrente religiosa dominante, vivono ancora alcuni zoroastriani. Il divino Ahura Mazda plasma ancora l'universo mentale di decine di migliaia di persone, e gli ayatollah continuano a temere le potenzialità di Zarathustra.

Tutto muore, e tutto perdura. Sempre. Con forti gemiti.

È forse possibile che questi collassi siano in realtà nostre costruzioni intellettuali? Che siano dovuti alla nostra necessità di catalogare le cose e di stabilire un inizio e una fine, di fissare dei limiti? Le nostre visioni e previsioni di grandi crolli non saranno una conseguenza del nostro modo di concepire le realtà del mondo? Delle nostre storie di apocalissi e vendette divine che hanno affossato gli esseri umani a ogni loro errore? Questa massa di tracolli sarà forse la nostra maniera di approcciarci alle immensità temporali del passato, a quello spessore temporale che ci sommerge e che tentiamo di tagliare a fette per poterlo comprendere e digerire meglio?

Forse, anche in questo caso siamo prigionieri della sfera. Imballati e inquadrati in solide costruzioni mentali che guidano il nostro sguardo sempre nella stessa direzione.

Il concetto di collasso ci restituisce soltanto una parte dell'antica storia della nostra umanità. Non ci racconta il modo in cui le società alla fine si articolano e si riproducono, eppure li vediamo questi snodi, questi momenti di transizione: dalla grande estinzione dei Neandertal alla transizione dei cacciatori-raccoglitori del Paleolitico verso la sedentarizzazione, l'agricoltura, l'allevamento. Addio Paleolitico, benvenuto Neolitico. Ben più che semplici crolli, questi due momenti di rovesciamento delle società rappresentano le svolte più significative della storia umana. Lo studioso di preistoria Jacques Cauvin analizza proprio il passaggio al Neolitico e l'abbandono di tutti gli antichi modi di stare al mondo. E in proposito osserva: "In principio era il mito". Rifiutando limiti ambientali, pressioni alimentari e cambiamenti climatici, Cauvin non colloca più le società ai margini del processo che avrebbero subito quale esito naturale della lunga storia umana, per riposizionare le nostre costruzioni mentali, i nostri pensieri, le nostre strutture immateriali al centro di una delle maggiori rivoluzioni sociali ed economiche della nostra storia. "In principio era il mito" significa che le transizioni dalla vita nomade a quella sedentaria e dalla caccia all'allevamento dovettero obbedire a precise necessità immateriali, religiose e mitologiche, dando luogo a una delle più profonde riorganizzazioni sociali, tecniche ed economiche nella storia della società umane.

Sarebbe dunque questa prevalenza del pensiero, del mito, della comprensione del mondo a spingere le nostre umanità a esplorare e a transitare all'unisono in universi radicalmente diversi. Vi stupisce?

Collassi, riorganizzazioni, rovesciamenti dipendono allora innanzitutto dal nostro sguardo? Il rovesciamento delle civiltà è per prima cosa un collasso interno delle nostre concezioni, delle nostre credenze, dei nostri miti? Un'implosione, un crollo delle sfere mentali di una società? Un tracollo di tutte le strutture immaginarie che costruiscono uno sguardo sul mondo e uniscono le popolazioni per farne una società? Presso i popoli tradizionali, l'implosione della sfera si manifesta con lo sviluppo di un sentimento di vergogna di sé e con un processo di infantilizzazione – ben documentati in ambito etnografico – che caratterizzano l'arretramento di una società di fronte a nuovi modi di stare al mondo. Il crollo e la dominazione non riguardano soltanto le espressioni materiali delle popolazioni, le loro produzioni artigianali, i loro saperi e le loro usanze. Il dominio mentale e i pensieri dominanti infatti sono al cuore di quei processi che generano le forme di infantilizzazione e di vergogna di sé.

Tali processi possono essere alimentati anche dalle concezioni mitologiche delle popolazioni destinate a non tenere il passo. Nei *conquistadores* i maya videro l'incarnazione delle loro divinità e delle loro profezie. Furono quindi le loro costruzioni mentali a determinare il crollo. In questi casi intervengono processi immaginari sorretti dall'ideologia e dalle credenze, nella certezza dell'avvento di un destino inevitabile, che è invece illusorio. La scomparsa e la sostituzione di sé come dato di fatto. Come senso della storia. È questa la famosa marcia della modernità descritta da Bodard. Nessuno si oppone alla marcia della storia, ma è una marcia irrazionale, inconsapevole. Condivisa e accettata come qualcosa di evidente. Questa evidenza, che ci guida verso un destino percepito come ineluttabile, in realtà è soltanto un prodotto del nostro immaginario condiviso, comune. Potente. Una sorta di bulldozer dell'inconscio. E noi avanziamo, anzi, peggio, obbediamo a queste costruzioni mentali, tutti insieme, come un sol uomo.

È una visione condivisa che rende invisibile tutto il resto. La sfera funziona così.

Eppure molte nazioni amerindie, confinate ai margini della società, non si sono né estinte né volatilizzate. Continuano a esistere, quindi forse l'isolamento forzato nelle riserve appositamente concepite non è stato il motivo principale della grande cancellazione di questi popoli. Sembra chiaro come il sole che la loro sparizione fisica sia stata la conseguenza della loro sparizione dai nostri immaginari; da quelli dei bianchi, ma anche dai loro. Come se la cancellazione fosse l'esito naturale della marcia della storia. Chi decide la marcia? Nessuno. La creiamo tutti insieme. Nelle nostre sfere, nelle strutture che ci uniscono e ci inquadrano senza che possiamo vederle. Senza volerlo, inconsciamente. È qualcosa che ci trascende e che sembra avanzare in autonomia, fuori da noi. Un potente e irresistibile meccanismo di autodistruzione che trascina con sé tutte le costruzioni mentali che rendono possibile una società.

Siamo dunque ben lontani da esplosioni, boati e schianti.

Ora capite? Capite qual è il fattore decisivo nei rovesciamenti di umanità?

Qui si rintanano tutti i nostri miti, le nostre credenze, le nostre concezioni. Dagli elementi più materiali all'esistenza delle fate e di altre creature inventate da noi, in Islanda come nella vecchia Irlanda. Esaminando la scomparsa del piccolo popolo, defunto insieme a coloro che ne serbavano il ricordo, rileviamo processi mentali simili a quelli appena visti. Il piccolo popolo e le altre nostre costruzioni, credenze e religioni ci invitano a esplorare i nostri immaginari e l'immaginario di tutte le cose scomparse. Saperi, tradizioni, religioni, tutto ciò che un tempo plasmava le nostre certezze sulle realtà del mondo. Tali costruzioni immateriali hanno configurato ogni nostra espressione materiale, hanno delimitato le nostre vite, ci hanno spinto a erigere menhir, piramidi e cattedrali nella concretezza più evidente. Quei giganti di pietra non sono forse la proiezione – nei nostri paesaggi, nel nostro mondo materiale – delle nostre fantasticherie più folli? Quelle opere insensate, sovrastanti, svettanti e profondamente inutili non sono innanzitutto il frutto dei nostri immaginari?

Sono le costruzioni immaginarie a inquadrare più di ogni altra cosa le nostre percezioni della realtà. Il collasso degli immaginari, dei miti, delle credenze e delle concezioni del mondo non sarà dunque la forza invisibile che per prima, senza fare rumore, trascina tutte le società umane nell'abisso?

Le società non collassano per contingenze materiali, per sconvolgimenti, guerre, carestie o epidemie.

Le esplosioni, i tonfi e i botti, le urla, le orribili strida, le agonie rumorose non sono allora che i mille terribili episodi della storia delle società umane. Le immense esplosioni sono sempre parte del quotidiano. Sono i nostri episodi terribili, spaventosi. Episodi e storie che tuttavia non determineranno mai il destino di nessuna società.

Eravamo stati avvertiti. Le società umane collassano, per riprendere Eliot, con un semplice gemito.

Sembra proprio che sia l'implosione della sfera – il quadro invisibile che regola ogni essere umano, ogni concezione del mondo condivisa da un gruppo di persone – a provocare la morte degli uomini. Le sfere implose sono i milioni di persone sconvolte che giacciono a terra nelle città africane, e tutti i popoli prostrati dall'alcol e dalle droghe, privi di volontà, visione o speranza. Dagli aborigeni agli inuit, dai san ai nativi delle grandi foreste. E tutte le persone arenate nelle 334 riserve degli Stati Uniti. Nella miseria dei territori di San Carlos o di Pine Ridge, di Tohono O'odham o di Standing Rock. Il quotidiano qui è scandito soltanto dalle attese. Non esistono obiettivi né orizzonti. È l'implosione della sfera, della cornice tradizionale entro cui viene concepito il mondo, di tutte le strutture mentali consapevoli e inconsapevoli, dei quadri culturali. La loro sfera è collassata su se stessa. Sono queste implosioni, molto più delle carestie e dei cambiamenti climatici, a spingere le persone all'inevitabile suicidio.

Alla fine non ci sono grandi esplosioni né crolli massicci. È soltanto il collasso del loro sguardo sulla realtà del mondo a segnare la morte degli uomini. Ma vedere o intravedere altri umani le cui modalità di comprensione, le cui sfere siano radicalmente diverse dalle nostre basta quindi a cambiare la nostra visione della realtà? A rovesciarla, ineluttabilmente, verso un altrove? A rovesciarla in quello che ormai viene inteso come il nuovo senso della storia? Quello in cui veniamo coinvolti tutti, senza possibilità di resistenza, come un sol uomo?

Ecco, quindi, che le nostre certezze e le nostre realtà vacillano. E se finora avessimo compreso soltanto gli eventi episodici che si ripercuotono sulla storia delle umanità? Se avessimo soltanto sfiorato la superficie? Una superficie spaventosa e schifosamente gelida che però, come è accaduto a Hiroshima, non condiziona mai in profondità i nostri modi di stare al mondo. E se l'essenziale risiedesse altrove? Nelle sfere mentali che ci guidano e ci trasportano, nostro malgrado?

Questa tesi ha implicazioni inquietanti. Non sto dicendo che non siamo creature di carne e di sangue che necessitano di cibo terreno per poter sopravvivere. Sto dicendo che, per nostra natura, le nostre costruzioni sociali ci trascendono e ci trasportano sempre, a passo forzato, verso un altrove di cui non abbiamo alcuna consapevolezza.

Come se le nostre costruzioni mentali superassero, da sole, tutte le altre contingenze del nostro mondo.

Scrivere queste parole, mettere a nudo le strutture inconsapevoli che sembrano inquadrare e dirigere la nostra vita, ci consentirà di emanciparcene almeno un poco?

Epilogo
Così muoiono gli uomini

Abbiamo imboccato percorsi inesplorati. Abbiamo esaminato le sfere che ci incapsulano nelle nostre costruzioni mitologiche, costruzioni che consolidano il nostro senso di legittimità e che al contempo determinano la potenza della nostra forza di eradicazione.

Vi avevo avvertiti. È un libro triste.

Ci troviamo in zone di turbolenze. Profonde turbolenze che influenzano le nostre concezioni della realtà del mondo e della natura umana. Da ciò deduciamo anche qual è il motivo che probabilmente ci impedisce di costruire rappresentazioni precise e oggettive del mondo intorno a noi: l'impossibilità di posare sul mondo uno sguardo emancipato dai nostri potenti filtri mentali, i nostri filtri invisibili. Quelli che ci guidano e organizzano, nostro malgrado.

Avendo ricollocato le costruzioni sociali al centro dei processi che plasmano le società umane, dobbiamo immaginare la nostra umanità, nella sua lunghissima storia, come in gran parte emancipata dalle contingenze naturali, climatiche, biologiche e ambientali. Non è invece possibile concepire l'uomo al di fuori delle sfere mentali che lo incapsulano fin nel profondo. Le sfere ci uniscono e nello stesso tempo ci rendono ciechi di fronte a qualsiasi forma di alterità. Restituiamo dunque all'umanità, alla nostra umanità, la potenza del suo pensiero. È però un pensiero invasivo, che spinge alla normalizzazione, alla standardizzazione. Che ci sospinge nei ranghi, nostro malgrado. Un pensiero al quale non si sfugge tanto facilmente.

Eccoci riconosciuti nelle nostre gabbie mentali, che ci trasportano tutti insieme, all'unisono. Tale caratteristica garantisce alla nostra umanità una notevole efficienza. Una potenza incredibile. Forse è questa la forza che, agendo nell'ombra, ci ha permesso di prendere il sopravvento su tutte le altre forme di umanità passate. Una forza che potrebbe anche essere la nostra principale debolezza.

È dunque assai possibile che le società dei *Sapiens* siano condizionate soltanto, e da moltissimo tempo, dalle loro costruzioni mentali. E che agiscano come entità pienamente emancipate dal loro territorio. La nostra visione dei crolli di civiltà, sempre modellata sulla storia delle società umane e sulle contingenze del loro ambiente naturale, potrebbe non aver colto le cause fondamentali di quei processi. Al di là di tutti i cataclismi, tutte le pandemie, le guerre, le carestie, il collasso sarebbe dovuto sostanzialmente all'implosione delle sfere mentali. Quelle che regolano e organizzano l'insieme delle concezioni sulle quali, senza saperlo, si strutturano le società umane.

Quanto all'uomo di Neandertal: sarà stato più fragile, più dipendente dalle alterazioni del suo habitat?

Secondo il ragionamento sviluppato finora, i *Sapiens* non si adattano ai territori, vi si impongono. Esistono senz'altro variazioni graduali, ed è evidente che le società (presenti o passate) si adattano. Ma presso i *Sapiens* le costruzioni sociali e mentali si impongono sull'ambiente. E confrontandole con ciò che esprimono le produzioni artigianali neandertaliane – la loro forte dialettica con le rocce e le altre materie – non ci si può non interrogare sul modo in cui questo gruppo intende il mondo. I Neandertal impongono il proprio immaginario sul mondo materiale, come facciamo noi senza volerlo? Oppure si adattano?

Atteniamoci al mio ragionamento e alla mia interpretazione delle produzioni neandertaliane. Invece di imporre frontalmente, mediante la forza dello spirito, i loro progetti sulla materia, queste popolazioni si adeguano, adattano, creano. Estraggono lo spirito dalla materia. Trasformano la propria creatività secondo le realtà del mondo. Lasciano emergere dalla materia quel che vi percepiscono. Come se seguissero, passo dopo passo, in una straordinaria dialettica con la materialità, le proprie pareidolie. Forse è qui che si manifestano le loro arti più profonde, la loro vera creatività.

Un pensiero del genere potrebbe conferire un certo peso alle teorie che vedono nell'ambiente naturale, nel paesaggio, la causa dell'estinzione di quella specifica umanità?

In genere si ritiene che collassi ed estinzioni si articolino in processi storici necessariamente distinti per società e regioni. In teoria, quindi, tali processi avrebbero potuto concludersi in maniera ben diversa. Ma possiamo soltanto immaginare che aspetto avrebbero avuto le regioni di un'America antica in cui le popolazioni locali avessero in gran parte preso il sopravvento sui coloni europei. E nonostante l'immensità del territorio e la diversità dei popoli che lo abitavano, ciò non è accaduto. Quasi che alcune concatenazioni storiche fossero ineluttabili e indicassero una direzione che nessuno poteva ostacolare. Eppure, questa direzione non può essere esistita al di fuori delle nostre concezioni e costruzioni mentali. Più della successione di specifici eventi, non sarà stata la forza di quelle costruzioni mentali e la loro accettazione finale da parte di tutte le popolazioni locali ad aver impresso una determinata svolta alla storia delle Americhe? La potenza delle nostre immagini mentali e dei nostri miti, che hanno finito per annettere qualsiasi forma di pensiero divergente, ha spazzato via, con naturalezza, come se esistesse un senso della storia, l'insieme di quelle popolazioni e le loro antiche concezioni del mondo. Come se le costruzioni mentali degli uomini potessero diffondersi senza volerlo in ciascuno di noi, nostro malgrado.

Una sorta di proliferazione virale, una pandemia di pensieri dominanti.

E così ripiombiamo nella storia del XX secolo, con le sue potenti ideologie che, dal comunismo al nazismo, hanno dettato il passo alle varie umanità. Ideologie e pensieri che nulla sembrava poter fermare, e che hanno lasciato soli gli umani di fronte all'implacabile direzione della storia. Eppure, tutte quelle immense strutture e impalcature totalitarie erano soltanto un prodotto delle nostre costruzioni mentali, proiettate sulla materia. Così abbiamo configurato, con la sola forza della mente, la materialità del mondo. Come con i menhir, le piramidi e le cattedrali.

Nessuno si oppone alla sfera. Nessuno si oppone al senso della storia, alla proliferazione virale di tutte le nostre sfere mentali.

Ripartiamo per le lontane contrade del Paleolitico. Benché i vecchi *Sapiens* avessero incontrato un'incredibile varietà di società umane nel corso del loro cammino attraverso l'Eurasia, l'esito di questo processo fu universale. Estinzione di tutte le culture e di tutte le umanità. Anche in questo caso il collasso dipese da un confronto tra umanità? Dal naufragio delle costruzioni mentali e ideologiche che strutturavano l'universo inconsapevole delle popolazioni locali? Un naufragio del mito? Un'implosione della sfera? È probabile che la causa vada ricercata nelle profonde differenze etologiche di queste due umanità, differenze che avrebbero poi spinto i Neandertal, nel loro gioco di specchi deformanti con i *Sapiens*, in un vicolo cieco.

Avevano forse intuito, a livello inconscio, che si trovavano di fronte a un'altra versione di se stessi? Non una versione più umana, ma più efficiente.

I processi di normalizzazione dei comportamenti dei *Sapiens* che abbiamo evidenziato di fatto assicurano alla nostra umanità una serie di vantaggi oggettivi in qualunque campo tecnico e logistico. Al contempo, però, bisogna sottolineare quanto possa essere pericolosa questa caratteristica di uniformazione, di standardizzazione delle concezioni e dei modi di stare al mondo. È un pericolo che emerge anche dal nostro particolare rapporto con gli spazi naturali, con la biosfera che abbiamo stupidamente abbandonato, come rileva l'antropologo Philippe Descola. Ma non è soltanto questo. La materia umana, se non si presta attenzione, può essere ancora più pericolosa.

Questo gioco di specchi deformanti, questo confronto tra la visione dei *Sapiens* e quella neandertaliana ci permette di riconoscere ed evidenziare alcuni elementi che sembrano impostare la nostra natura; le maniere dei *Sapiens* di essere umani. Ma che cosa ci rivela l'identificazione dei processi mentali tipici di queste due umanità? Possiamo scoprire come si è estinto l'uomo di Neandertal, insieme a tutto ciò che portava con sé?

L'estinzione neandertaliana non può essere riconducibile a un unico evento. Dev'essere stata il risultato di una successione di avvenimenti storici che hanno avuto luogo in un intervallo relativamente breve. È sconcertante constatare fino a che punto ci sia impossibile definire con precisione e sicurezza uno solo di quegli avvenimenti. Quando pensiamo agli archeologi, li immaginiamo impegnati a indagare su una storia, a ricercare le origini delle cose umane. Ma con il Neandertal la situazione si ribalta. Ricerchiamo la fine ultima, senza che questa annunci in alcun modo l'inizio di qualcos'altro. La nostra umanità conduce la propria esistenza in totale autonomia, e non nasce dall'estinzione dell'altra, della creatura. Abbiamo due storie parallele. È quasi un paradosso.

Come ho già ricordato, nel 2014 io e altri quarantasei autori abbiamo pubblicato sulla rivista "Nature" un ampio rapporto sui principali siti neandertaliani dell'Europa continentale; nella conclusione riferivamo che, in tutto il territorio compreso tra la Russia e la Spagna, non erano state trovate tracce di antiche tradizioni neandertaliane successive a 42.000 anni fa. Pur trattandosi di uno studio importante, perché ridefiniva la cronologia dell'estinzione dei Neandertal, non poteva rendere conto dei processi che contribuirono a quella che fu in realtà una doppia estinzione: estinzione delle tradizioni umane ed estinzione di umanità. Nelle pagine precedenti abbiamo analizzato tali processi a partire dal ritrovamento dei resti di un corpo di Neandertal. Abbiamo così potuto constatare i limiti di tutti i nostri metodi analitici e seguire lo sviluppo delle nostre riflessioni in merito alle scoperte principali. Oltre al corpo, sono venute alla luce divergenze genetiche straordinarie. La rivelazione dell'inaspettata pluralità degli ultimi Neandertal ha sollevato profondi interrogativi. Com'è possibile che popolazioni neandertaliane stanziate in territori molto prossimi l'uno all'altro si siano ignorate per oltre 60.000 anni? Qui non c'entrano i *Sapiens*, ma le strutture delle popolazioni neandertaliane. Il loro modo di stare al mondo, il loro isolamento. E alla fine, come unico esito di quei lunghi processi di differenziazione sociale e genetica, la sostituzione con i *Sapiens*. Una sostituzione che nella Grotta Mandrin non si presenta come un'estesa sequenza di generazioni umane, ma come una sorta di istantanea temporale.

È incredibile, ma questa sostituzione di umanità potrebbe davvero ridursi a qualche stagione. La rapidità del processo esclude qualunque ipotesi sul contributo di fattori climatici o ambientali. Non sembra esserci stato nessun lento stillicidio terminato con l'estinzione.

Abbiamo quindi scoperto che gli ultimi Neandertal d'Europa erano un'umanità plurale. Quando cominciarono i processi di estinzione, il nostro continente ospitava numerosi gruppi neandertaliani molto diversi. Le differenze non riguardavano soltanto le culture, ma anche la carne. È impressionante pensare a una differenziazione di 60.000 anni fra popolazioni che vivevano in regioni vicine. Come si è visto, alcuni Neandertal del Mediterraneo risalirono verso l'Europa continentale seguendo il corso del Rodano; il loro spostamento però non diede origine a nessun incontro o scambio. È come se le società neandertaliane non avessero più interagito, per trincerarsi in territori non comunicanti. L'incredibile separazione fra le varie popolazioni ebbe conseguenze profonde sulle loro strutture sociali e sul loro rapporto con i territori in cui sembravano essersi isolate e radicate. Questo non è forse un fattore decisivo nella nostra analisi dell'estinzione?

Tuttavia, se seguiamo il mio ragionamento su quell'incredibile creatura che è il Neandertal, dobbiamo concludere che gli indizi archeologici che ci hanno permesso di inglobarla nel nostro modo di stare al mondo potrebbero essere soltanto un prodotto delle nostre proiezioni. Delle nostre costruzioni, che sembrano aver direttamente condizionato la nostra immagine degli ultimi Neandertal spingendoci ad associarli al Castelperroniano, una delle prime culture cosiddette moderne. In verità, gli studi hanno dimostrato che il Castelperroniano presenta evidenti affinità con le tradizioni del Levante mediterraneo, che sappiamo essere opera dei *Sapiens*. Attenendoci a questi risultati, dobbiamo presumere che il Castelperroniano corrisponda a una fase migratoria dei *Sapiens* in Europa occidentale, il che di fatto esclude il collegamento con le popolazioni neandertaliane, come invece suggeriscono gli attuali dati forniti dalle scienze dure, ossia dalle analisi genomiche e proteiche e dalle datazioni. La mia analisi è dunque da intendersi come una previsione. La capacità di fare previsioni è una proprietà fondamentale delle scienze, anzi costituisce forse la migliore definizione della pratica scientifica. Le scienze dure allora saranno nuovamente costrette – come nel caso delle datazioni di Thorin – a cedere il passo alle scienze umane? Parecchi anni prima degli studi sui resti rinvenuti nella Grotta Mandrin, simili analisi comparative mi avevano già consentito di affermare che il Neroniano avrebbe dovuto essere attribuito alle popolazioni di *Sapiens*. Sarà la storia a decidere.

Tuttavia, il Castelperroniano non è che un particolare curioso. Forse dobbiamo prendere in considerazione la possibilità che tutto l'insieme delle industrie dette di transizione segnali l'insediamento delle prime popolazioni di *Sapiens* in Europa. Se è così, le società neandertaliane si sarebbero estinte senza alterare minimamente le loro tradizioni culturali ancestrali. Bisognerebbe dunque abbandonare del tutto il decennale modello storico che ipotizza un importante mutamento delle società neandertaliane prima dell'estinzione. Sulla scia del presente lavoro occorrerà ripensare completamente la configurazione e il significato di questa estinzione di umanità.

Le fragilità dei Neandertal, comunque, sono soltanto uno degli elementi dell'equazione. Il rifiuto delle teorie naturalistiche – secondo cui le condizioni climatiche, le eruzioni vulcaniche e le epidemie avrebbero potuto contribuire al processo di estinzione – riporta il *Sapiens* al centro della nostra indagine. Le società umane che si sono incrociate nell'immenso territorio eurasiatico erano molto diverse, a livello biologico e culturale. E tali diversità riguardavano sia i *Sapiens*, con le loro numerose usanze, sia le società del Paleolitico sul punto di estinguersi, tutte eredi di cospicue tradizioni. Tradizioni ben distinte. Eppure, insieme ai Neandertal scompariranno anche tutte le altre culture e umanità antiche dell'Eurasia. Uomo di Neandertal, uomo di Denisova, *Homo floresiensis* e via dicendo. Tutte le umanità che ci sono state parallele. Una tale diversità umana, di culture e di civiltà non avrebbe dovuto poter essere spazzata via tanto facilmente.

Eppure, sono morti tutti.

Tutti estinti. Nessuna umanità del Paleolitico sfuggirà a questo destino. Anche qui la coincidenza con l'espansione dei *Sapiens* non può essere trascurata. L'incontro fra umanità diverse deve tornare al centro della questione; il suo ruolo nella scomparsa di qualsiasi alterità non può essere ignorato per pudore né ingenuamente liquidato come uno dei tanti elementi di un'equazione molto complicata. Concentrarsi sul clima, sulle epidemie, sulle eruzioni vulcaniche e su tutti gli eventi che hanno influito sulle vicende delle società umane significa stendere un velo di segretezza sulla nostra storia.

Con ogni probabilità, il fattore *Sapiens* ha avuto un peso fondamentale in quelle estinzioni sistematiche, rapide e totali.

È possibile che qualche dato essenziale sui *Sapiens* ci sia sfuggito e che debba ancora emergere? Qualcosa che trascende le semplici capacità e conoscenze tecniche di questo gruppo? Non basta rimarcare che il *Sapiens* è l'elemento chiave di tutte le estinzioni. Bisogna capire in che modo – a prescindere dagli ambienti, dalle umanità biologiche coinvolte e dalle loro culture – sia riuscito a prendere universalmente il sopravvento. Bisogna analizzare che cosa ci dice questa rivoluzione di 50.000 anni fa. Considerata la diversità degli ambienti e delle umanità biologiche e relative culture colpite, è chiaro che la soluzione all'enigma non andrà ricercata nella geografia, nel clima o nelle tradizioni tecniche e sociali. L'estinzione di tutti gli altri gruppi umani dell'Eurasia è coincisa proprio con le fasi di straordinaria espansione dei *Sapiens*. È come se qualcosa, in quel processo, avesse sistematicamente giocato a loro favore.

Tutte quelle umanità erano forse più fragili della nostra?

Nel primo capitolo del libro osservavo che i *Sapiens* del Neroniano avevano sviluppato la più antica forma di uso dell'arco attestata in Eurasia e che si erano installati con armi e bagagli nelle regioni neandertaliane, abitate da popolazioni che utilizzavano soltanto lance pesanti impugnate a mani nude. Forse potreste pensare che con ciò intendessi stabilire una rigida distinzione tra umanità del Paleolitico e uomini moderni. Ma anche in questo caso è necessario ribaltare alcuni concetti e addentrarci in profondità nella questione.

Non voglio suggerire che i *Sapiens* fossero superiori, da un punto di vista tecnico, alle società aborigene più antiche incontrate in tutta l'Eurasia. Anzi, il mio pensiero è molto lontano da tali semplificazioni lineari, forse perfino opposto. Non mi baso mai su equazioni troppo semplici. L'arco e le frecce non sono affatto le tecnologie che hanno determinato la superiorità dei *Sapiens* sui Neandertal. È qui che occorre grattare ancora un po' sotto la superficie per esaminare le loro differenze, che sembrano essere profondamente legate ai processi di standardizzazione rilevabili soltanto fra le popolazioni moderne. La nascita di quelle impressionanti tecnologie fra i primi *Sapiens* potrebbe dipendere dal loro modo di concepire il mondo? Dai processi di standardizzazione che si riflettono in maniera impressionante nelle produzioni tecniche delle nostre società?

Se è così, forse allora queste tecnologie rappresentano soltanto la punta dell'iceberg. Gli aspetti più evidenti e comprensibili della questione, anche se per dimostrare le differenze tecnologiche tra le due umanità ci sono voluti oltre vent'anni di studi e tre dottorati dedicati alle rispettive tecnologie e collocazioni temporali e alla configurazione delle loro armi.

La mia tesi, già esposta in *Néandertal nu*, non sostiene un'eventuale inferiorità tecnica delle popolazioni neandertaliane rispetto ai *Sapiens*. L'uomo di Neandertal dà prova di notevoli abilità artigianali e le differenze che ho messo in luce non riguardano soltanto la storia della tecnica delle due società. Si tratta di differenze strutturali radicate nelle loro nature, che lasciano intuire come viene concepita la realtà del mondo dalle popolazioni umane. È infatti evidente che la standardizzazione riscontrabile nelle tecnologie dei *Sapiens* non ci parla soltanto delle conoscenze tecniche di questo gruppo, ma anche dell'impostazione mentale e delle etologie delle nostre popolazioni odierne. Ragion per cui non mi concentro tanto sulle punte di freccia, né su ciò che forse rendevano possibile fare ai nostri lontani antenati, ma su questo stesso processo. Sul profondo processo che ha portato all'estinzione di qualunque creatura diversa dal *Sapiens* in tutti gli immensi territori eurasiatici.

Dal momento che ho escluso tutti i fattori naturali dall'equazione, rimane soltanto il *Sapiens*. D'altra parte, asserire che il *Sapiens* abbia soppiantato ogni altra umanità, ogni altra creatura che non fosse lui, è un po' sbrigativo.

Bisogna interrogarsi ancora. Raggiungere il fondo dell'abisso e vedere con i propri occhi che cosa succede là sotto.

Rivoltare le interiora finché non se ne avverte l'odore nauseabondo. Capire, senza giri di parole, che cosa significa affermare che l'espansione dei *Sapiens* è stata la causa diretta dell'estinzione totale delle altre umanità.

Nella storia dell'*Homo sapiens*, le disparità tecnologiche fra società vicine hanno avuto come conseguenza quasi sistematica la sostituzione dei gruppi più fragili. È la storia delle colonizzazioni, delle Americhe, dell'Australia. Le eccezioni sono rare. Non è che i cattivi eliminino i buoni con l'aiuto di formidabili tecnologie, o che i forti mangino i deboli. È che gli umani, per un istinto dettato dalle loro concezioni del mondo, tendono a riunirsi intorno all'efficienza. È l'efficienza che assicura la sopravvivenza e la riproduzione delle società umane. Ma allora, le società che incontrano versioni più efficienti di loro abbassano la guardia per un impulso interiore, determinando così, senza volerlo, il crollo di tutti i propri quadri culturali, di tutti i valori, tutti i miti, tutte le costruzioni? Convinte da un nemico interiore ad abbandonare inconsciamente ciò che sono per lasciare spazio a un'organizzazione umana più efficiente? In questo caso è davvero possibile che i processi di riproduzione e standardizzazione su cui pare fondarsi la nostra umanità segnino il destino delle nostre civiltà al momento dell'incontro. Parliamo di strutture comportamentali, di etologie proprie della nostra umanità che suo malgrado la guidano. Di modi propri ai *Sapiens* che spingono le altre società a estinguersi di fronte alle costruzioni sociali che percepiscono come più efficienti. Ci schieriamo istintivamente dal lato dei vincitori. Certo, la stessa percezione di una superiorità è una costruzione, un mito. Per di più inconsapevole. Ma nel momento in cui questa costruzione, questa percezione inventata senza volerlo, viene condivisa dal dominatore e dal dominato, la sfera più debole implode. Da sola. Stiamo sfiorando il senso invisibile della storia, di fronte al quale nessuno può nulla e si ritrova indifeso? Il senso della storia, la macchina che tritura tutto ciò che incontra e che nessuno sembra poter fermare? La macchina invisibile che sullo sfondo sembra muovere l'intera trama del nostro destino, nostro malgrado? La macchina che in segreto ci sospinge verso altre invenzioni, altre costruzioni mentali, altre sfere?

Qualcosa distingue il *Sapiens* non soltanto dal Neandertal ma anche, forse, da tutte le antiche umanità che ha sostituito. Una sua specificità comportamentale che lo differenzia dagli altri gruppi umani. Il suo modo di stare al mondo, di concepire la realtà del mondo, di rifiutare qualsiasi divergenza rappresenta una semplificazione, un'unificazione delle realtà globali. Questa maniera di standardizzarci, di rifiutare le differenze, non sembra caratterizzare nessun'altra umanità. È probabile che si tratti proprio di una specificità delle nostre popolazioni di *Sapiens*. Di una particolarità. Di un'anomalia che ci impone di riprodurre i comportamenti dominanti che emergono all'interno del gruppo. Questi tratti quasi indicibili della natura umana sono stati esaminati da Boris Cyrulnik in una serie di testi agghiaccianti.

Questo sguardo, tutt'altro che allettante, ci presenta in maniera molto cruda non tanto le nostre società, quanto la nostra natura e il nostro divenire.

Nelle relazioni asimmetriche, il destino dei popoli più fragili sembra irrimediabilmente segnato. Pensiamo alle colonizzazioni: potrebbero essere una replica in chiave minore delle antiche espansioni umane attraverso l'Eurasia del Paleolitico?

Nella nostra recente storia coloniale, però, le asimmetrie erano dovute a differenze piuttosto superficiali: culturali o tecniche. Mentre nella nostra storia antica, la "storia preistorica", non sono entrate in gioco soltanto le strutture tecniche e sociali delle varie popolazioni, ma anche umanità biologiche diverse. Motivo per cui la presenza di relazioni asimmetriche nel Paleolitico dovrebbe indurci a riflettere, fra le altre cose, sui modi di stare al mondo della nostra umanità rispetto a tutte le altre.

Dunque le produzioni artigianali, le tecniche, le standardizzazioni dei *Sapiens* sarebbero soltanto la parte visibile di realtà assai più profonde, la manifestazione di strutture inerenti alla nostra umanità. I nostri equilibri sociali, i nostri rapporti, la nostra musica, le nostre danze, i nostri modi di pensare sono profondamente regolati da queste maniere di stare al mondo. Lo sfruttamento, la sistematizzazione, la valorizzazione sistemica e l'ottimizzazione di tutte le risorse di un territorio non sarebbero allora caratteristiche delle società contemporanee, ma potrebbero dipendere da tratti comportamentali intrinseci alla nostra umanità. Alla nostra carne. Considerando fino a che punto l'organizzazione delle società umane sembri variare in base alle singole tradizioni culturali, questa affermazione appare controintuitiva. Ma il fatto che esistano differenze culturali non significa che non esista un'etologia umana. Significa che è possibile, grazie alle nostre costruzioni sociali, mitigare o esasperare una serie di comportamenti profondamente radicati. La Cultura contro la Natura. Questa semplice possibilità offre un raggio di luce, una speranza all'essere umano.

Il mio ragionamento, con la sua inquietante descrizione della natura della nostra umanità, sarà forse contestato o messo alla gogna. Verrò rimproverato per averne parlato in questi termini. Guai a colui che porta infelicità. È facile che un tale ritratto risulti inaspettato, anche perché non trova affatto riscontro nelle definizioni classiche della natura umana.

Tuttavia in queste righe non voglio puntare il dito su una nostra colpa originaria, soltanto esprimere un avvertimento. Né le pandemie, né l'alterazione dei nostri ambienti, né le eruzioni vulcaniche, né le nostre sterilità, né i rovesciamenti climatici potranno mai porre fine al regno dei *Sapiens*. I nostri discendenti erediteranno le nostre tare insieme alle geografie modificate che avremo creato. E probabilmente il *Sapiens*, come la lontana creatura neandertaliana, non si estinguerà a causa di spaventose congiunture momentanee.

La semplificazione del mondo seguita all'estinzione di tutte le altre creature umane ci ha lasciati soli di fronte a noi stessi. E, ieri come oggi, il trascorrere dei millenni ci suggerisce che soltanto l'umano può far scomparire l'umano.

Sapiens contro *Sapiens.*

Il nostro bisogno di riprodurre i comportamenti dominanti, di standardizzarci, di seguire la massa, tutti insieme, ha conferito alla nostra umanità la sua straordinaria efficienza. La sua forza più profonda. Ed è facile che rappresenti anche la nostra parte oscura. Il nostro tallone d'Achille. Le nostre potenzialità profondamente totalitarie.

Non posso parlare di estinzioni umane senza avvertire una piccola fitta al cuore. Ma non è la visione delle creature estinte ad addolorarmi. Non è ciò che comprendo dei morti, ma ciò che sento per i vivi. Per gli unici sopravvissuti di quelle lontane estinzioni. Mi si stringe il cuore anche a constatare la natura dei *Sapiens*. Una natura che ci mette di fronte alle distopie più cupe. E a tutti gli orrori che ne conseguono.

Vi avevo avvertiti. Questo è un libro triste.

Tuttavia, in quanto padre di due magnifici bambini, non posso limitare il mio sguardo sugli orizzonti più bui.

Di fronte alla nostra natura più recondita esiste soltanto la disperazione?

Di fronte alla nostra etologia, al nostro bisogno di riprodurre i comportamenti altrui, di fronte al gregge e ai movimenti della massa che trasporta tutti come un sol uomo, rimane ancora, forse, una speranza. È la speranza nella pecora nera. L'uomo ha sperimentato numerose realtà e dato vita a molte società. Ha creato tante maniere di stare al mondo. Davanti ai nostri occhi si presentano migliaia di realtà umane diversissime, distribuite lungo la nostra storia e in tutti i continenti. Quelle migliaia di società dimostrano che la nostra Natura può essere piegata alle nostre costruzioni culturali. Alle nostre sfere mentali. Queste parole non sono da intendersi come la solita banalità sull'uomo che è il miglior nemico dell'uomo. Sono da intendersi come una nota di speranza.

La volontà dei *Sapiens* di riprodurre, di imitare i comportamenti altrui non implica infatti la possibilità di un rovesciamento radicale e collettivo delle nostre società, delle nostre modalità? Una possibile implosione della sfera, una scappatoia.

Quindi, sì, il nostro bisogno vitale di fare gruppo, di fare un'unica cosa tutti insieme, ci pone di fronte al peggior lato nascosto dell'uomo. Ma qualche volta, almeno qualche volta, quando la Cultura si ribella alla Natura, quel bisogno vitale non potrebbe anche condurci, tutti insieme, verso il meglio?

La pecora nera potrà portare con sé tutto il gregge?

Una speranza, forse.

Perché è così che muoiono gli uomini.

Ma è anche così che guardano al domani.

Ringraziamenti

Questo testo parla dell'essere umano, del suo destino e delle sue costrizioni. Ma anche delle sue speranze di libertà. Lungo questo percorso ci siamo imbattuti in ricordi, sorprese e talvolta, ovviamente, momenti di smarrimento. In queste varie peripezie bisogna ringraziare tutti coloro con cui siamo entrati in contatto e che ci hanno guidato, ispirato e aiutato a uscire da mille impasse. Coloro che ci hanno costruito. Nonna Yvette e il suo carattere di ferro, ma di ferro morbido. Nonno Maurice, fatto solo di gentilezza. Ci mancano sempre, i nostri anziani. E abitano per sempre in noi. L'amico Valéry, diventato fratello, il cui cammino non cessa mai di incrociare il mio, anche a distanza. La mia famiglia, che amo. Tutti quelli che mi hanno dato qualcosa quando suonavo la cornamusa per strada. Ciascuna di quelle monete mi ha regalato un pezzo di libertà per pensare, scrivere e disegnare il lontano passato. Anche il clan di Rosen mi è sempre caro e mi accompagna. La penna così sensibile di Frédéric Bihel, dopo essersi cimentata con il caro Malaurie, si è finalmente soffermata sull'ultimo Neandertal. Le matite di Frédéric lasciano intravedere gli immaginari di domani. Questo libro esplora regioni sconosciute. Apre panorami inaspettati e permette di ripensare alcuni volti della nostra umanità. Sono molto riconoscente alla casa editrice Odile Jacob, per avermi spinto a intraprendere queste indagini e per avermi sostenuto, passo dopo passo, mentre formulavo un pensiero che io stesso scoprivo strada facendo...

Infine: spero che i maale potranno scusarmi per l'episodio delle bottiglie.

Indice

7 Prime parole

9 1. Mescolanze inaspettate mentre si procede verso l'impensato

Accettare il passo nell'ignoto, 9; *Altro luogo, altro tempo?*, 13; *Poesie francesi...*, 17; *Smarrimenti nelle nostre navate termonucleari*, 18; *Nanotecnologie dei primi uomini*, 22; *Dall'impressionismo allo spessore del tratto*, 25; *Mille millenni di trasgressioni anatoliche*, 28; *Mitologie dei primi uomini moderni*, 32; *Uomini chiamati ombre*, 34; *Un primo contatto in senso inverso*, 41; *Fare buon viso a cattivo gioco*, 46

51 2. L'ultimo Neandertal?

Un incontro improbabile, 51; *L'ultimo Neandertal!*, 58; *Immaginari tra due mondi*, 65; *Ribaltamento... Thorin ha 105.000 anni!*, 70; *Dai fiumi che uniscono ai fiumi che separano*, 78; *Luce al di là delle terre sconosciute*, 85; *Un ultimo Neandertal nel suo ambiente? Sfiorare l'inquantificabile*, 93; *Dalla carne alle ossa*, 98; *Lo spirito nella materia e lo sguardo che si scontra con la realtà*, 102; *Processi mentali accanto alla buca*, 104; *Per qualche centimetro di troppo*, 112; *La magia contro l'intangibilità del tempo*, 117; *Il primo degli ultimi contatti?*, 121; *Tre ondate contro un Titanic intellettuale*, 124; *Sorprese genetiche*, 135; *Il vascello di pietra*, 146; *Via col vento*, 151; *Le oasi marine*, 159; *Confluenza dei tre percorsi mediterranei*, 165; *Un mondo semplificato*, 174

177 3. Come muoiono gli uomini?
Una grammatica tra due mondi, 177; *Apologia di chi soffoca*, 180; *Nessuno sfugge alla sfera*, 185; *Dalle "genti celesti" agli opossum bianchi*, 188; *Ma che siamo tutti matti?*, 195; *Acculturazione e implosione delle sfere*, 200; *Uomini negli alberi*, 209; *Ma che siamo tutti matti? Un sequel*, 217; *Nei nostri ricordi disordinati*, 219; *Il tempo dell'estinzione*, 222

235 Epilogo
Così muoiono gli uomini

251 Ringraziamenti